建筑施工现场专业人员技能与实操丛书

材 料 员

沈　璐　周东旭　主编

中国计划出版社

图书在版编目（ＣＩＰ）数据

材料员 / 沈璐，周东旭主编. -- 北京 ：中国计划
出版社，2016.5
（建筑施工现场专业人员技能与实操丛书）
ISBN 978-7-5182-0403-8

Ⅰ．①材… Ⅱ．①沈… ②周… Ⅲ．①建筑材料
Ⅳ．①TU5

中国版本图书馆CIP数据核字(2016)第064176号

建筑施工现场专业人员技能与实操丛书
材料员
沈璐　周东旭　主编

中国计划出版社出版
网址：www. jhpress. com
地址：北京市西城区木樨地北里甲 11 号国宏大厦 C 座 3 层
邮政编码：100038　电话：(010) 63906433（发行部）
新华书店北京发行所发行
北京天宇星印刷厂印刷

787mm×1092mm　1/16　18.25 印张　440 千字
2016 年 5 月第 1 版　2016 年 5 月第 1 次印刷
印数 1—3000 册

ISBN 978-7-5182-0403-8
定价：51.00 元

前　　言

　　材料员是建筑施工企业的关键岗位，建筑施工企业关键岗位必须持证上岗，即在岗或转岗人员均须取得相应的岗位证书方可上岗，因此材料员需参加材料员职业考试才能上岗执业。材料员主要负责项目的材料进场数量的验收，记录出场材料的数量、品种，对其数量负责，收集各种进场材料的产品合格证、质检报告，材料的保管，按规格、品种清点记录各分项工程剩余材料，及时向技术负责人汇报数字，以便做下一步材料计划。为了提高材料员专业技术水平，加强科学施工与工程管理，确保工程质量和安全生产，我们组织编写了这本书。

　　本书根据《建筑与市政工程施工现场专业人员职业标准》JGJ/T 250—2011、《建筑防腐蚀工程施工规范》GB 50212—2014、《普通混凝土小型砌块》GB/T 8239—2014、《烧结空心砖和空心砌块》GB/T 13545—2014、《蒸压粉煤灰砖》JC/T 239—2014、《聚氨酯防水涂料》GB/T 19250—2013、《建筑生石灰》JC/T 479—2013、《胶粉聚苯颗粒外墙外保温系统材料》JG/T 158—2013、《混凝土外加剂应用技术规范》GB 50119—2013等标准编写，主要内容包括材料计划管理、材料采购与验收管理、材料供应与运输管理、材料使用与存储管理、材料统计核算管理、建筑工程胶凝材料、混凝土与砌筑砂浆材料、建筑墙体材料、建筑木材与钢材、建筑装饰装修材料、建筑防水工程材料、建筑保温与隔热材料、建筑防腐与吸声材料。本书内容丰富、通俗易懂，针对性、实用性强，既可供材料人员及相关工程技术和管理人员参考使用，也可作为建筑施工企业材料员岗位培训教材。

　　由于作者的学识和经验所限，虽经编者尽心尽力但书中仍难免存在疏漏或未尽之处，敬请有关专家和读者予以批评指正。

编　者

2015 年 9 月

目　　录

1 材料计划管理

1.1 材料计划的编制

1.1.1 材料计划的编制原则

1. 政策性原则

政策性原则是指在材料计划的编制过程中必须坚决贯彻执行党和国家有关经济工作的方针和政策。

2. 综合平衡的原则

编制材料计划要坚持综合平衡的原则。综合平衡是计划管理工作的重要内容,包括供求平衡,产需平衡,各施工单位间的平衡,各供应渠道间平衡等。坚持积极平衡,按计划做好控制协调工作,以促使材料合理使用。

3. 实事求是的原则

材料计划是组织和指导材料流通经济活动的灵魂和纲领。这就要求在物资计划的编制中始终坚持实事求是的原则。具体地说,就是要求计划指标具有先进性和可行性,指标过高或过低都不行。在实际工作中,要认真总结经验,深入基层和生产建设的第一线,进行调查研究,通过精确计算,使计划尽可能符合客观实际情况。

4. 积极可靠、留有余地的原则

搞好材料供需平衡,是材料计划编制工作中的重要环节。在进行平衡分配时,要做到积极可靠,留有余地。

(1) 积极是指计划指标要先进,应是在充分发挥主观能动性的基础上,经过认真努力能够完成的。

(2) 可靠是指必须经过认真的核算,有科学依据。

(3) 留有余地是指在分配指标的安排上,要保留一定数量的储备,这样就可以随时应付执行过程中临时增加的需要量。

5. 保证重点,照顾一般的原则

没有重点,就没有政策。通常,重点部门、重点企业、重点建设项目是对全局有巨大而深远影响的,必须在物资上给予切实保证。但一般部门、一般企业和一般建设项目也应适当予以安排,在物资分配与供应计划中,区别重点与一般,正确地妥善安排,是一项极为细致、复杂的工作。

6. 严肃性与灵活性统一的原则

材料计划对供、需两方面均有严格的约束作用,同时建筑施工受到多方面主客观因素的制约,出现变化情况,也在所难免,因此在执行材料计划中,既要讲严肃性,又要重视灵活性,只有严肃性和灵活性统一,才能确保材料计划的实现。

1.1.2　材料计划的编制准备

1．施工任务及设备、材料情况

收集并核实施工生产任务、施工设备制造、施工机械制造、技术革新等情况。虽然施工生产用料是建筑安装企业用料的主要部分，但为配合施工顺利进行而确定的施工设备、施工机械制造及维修等方面的用料也不能忽视。

核实项目材料需用量，掌握现场交通地理条件，材料堆放位置（现场布置）。

2．弄清材料家底，核实库存

编制材料计划需要一段时间，尤其是编制年度材料计划，需要的时间更长。编制材料计划时，不但要核实当时的材料库存，分析库存升降原因，而且要预测本期末库存。

3．收集和整理材料

收集和整理分析有关材料消耗的原始统计资料，除材料消耗外，还包括工具及周转材料消耗情况资料，门窗五金材料消耗资料等，并调整各种消耗定额的执行情况，确定计划期内各类材料的消耗定额水平。有些新材料、新项目还要修改补充定额。

4．分析上期材料供应计划执行情况

通过供应计划执行情况与消耗统计资料，分析供应与消耗动态，检查分析订货合同执行情况、运输情况及到货规律等，来确定本期供应间隔天数与供应进度。分析库存多余或不足来确定计划期末周转储备量。

5．了解市场信息资料

市场资源是目前建筑企业解决需用材料的主要渠道，编制材料计划时，必须了解市场资源情况、市场供需平衡状况。

1.1.3　材料计划的编制程序

1．计算需用量

（1）计划期内工程材料需用量计算。

1）直接计算法。是以单位工程为对象进行编制。在施工图纸到达并经过会审后，按施工图计算分部、分项实物工程量，结合施工方法与措施，套用相应的材料消耗定额编制材料分析表。按分部汇总，编制单位工程材料需用计划。再按施工形象进度，编制季、月需用计划。直接计算法为：

$$某种材料计划需用量 = 建筑安装实物工程量 \times 某种材料消耗定额 \qquad (1-1)$$

材料消耗定额根据使用对象选定。如编制施工图预算向建设单位、上级主管部门及物资部门申请计划分配材料指标，以作为结算依据或据此编制订货、采购计划，应采用预算定额计算材料需用量。如果企业内部编制施工作业计划，向单位工程承包负责人及班组实行定额供应材料，作为承包核算基础，则应采用施工定额计算材料需用量。

2）间接计算法。当工程任务落实，但设计尚未完成，技术资料不全；有的工程初步设计还没有确定，只有投资金额与建筑面积指标，不具备直接计算的条件。为了事前做好备料工作，可采取间接计算的方法。按初步摸底的任务情况，根据概算定额或经验定额分别计算材料用量，编制材料需用计划，以作为备料的依据。

凡采用间接计算法编制备料计划的，在施工图到达之后，要立即用直接计算法核算材料实际的需用量，并进行调整。

间接计算法的具体做法如下：已知工程类型、结构特征及建筑面积的项目，选用相同类型按建筑面积平方米消耗定额进行计算，其计算公式为：

$$某材料计划需用量 = 某类型工程建筑面积 \times 某类型工程每平方米某种$$
$$材料消耗定额 \times 调整系数 \tag{1-2}$$

工程任务不具体，如企业的施工任务只有计划总投资，可采用万元定额来计算。其计算公式如下：

$$某材料计划需用量 = 各类工程任务计划总投资 \times 每万元工作量某种$$
$$材料消耗定额 \times 调整系数 \tag{1-3}$$

（2）周转材料需用量计算。周转材料的特点是具有周转性，首先根据计划期内的材料分析确定周转材料总需用量，结合工程特点，来确定计划期内周转次数，再算出周转材料的实际需用量。

（3）施工设备和机械制造的材料需用量计算。建筑企业自制施工设备通常没有健全的定额消耗管理制度，产品也是非定型的较多，可按各项具体产品，采用直接计算法来计算材料需用量。

（4）辅助材料及生产维修用料的需用量计算。该部分材料用量比较小，有关统计与材料定额资料也不齐全，其需用量可采用间接计算法来计算。

$$需用量 = （报告期实际消费量 \div 报告期实际完成工程量）\times$$
$$本期计划工程量 \times 增减系数 \tag{1-4}$$

2. 确定实际需用量编制材料需用计划

根据各工程项目计算的需用量，核算实际需用量。核算的依据有以下几个方面：

1）通用性材料，在工程初期阶段，考虑到可能出现的施工进度超额因素，通常都稍加大储备，其实际需用量就稍大于计划需用量。

2）特殊材料，为保证工程质量，常要求一批进料，因此计划需用量虽只是一部分，但在申请采购中常为一次购进，这样实际需用量就要大大增加。

3）在工程竣工阶段，由于考虑到工完料清场地净，防止工程竣工材料积压，通常是利用库存控制进料，这样实际需用量要稍小于计划需用量。

实际需用量采用以下方法计算：

$$实际需用量 = 计划需用量 \pm 调整因素 \tag{1-5}$$

3. 编制材料申请计划

需要上级供应的材料需编制申请计划。申请量的计算公式为：

$$材料申请量 = 实际需用量 + 计划储备量 - 期初库存量 \tag{1-6}$$

4. 编制供应计划

供应计划是材料计划的实施计划。材料供应部门按照用料单位提报的申请计划及各种资源渠道的供货情况与储备情况，进行总需用量与总供应量的平衡，并于此基础上编制对各用料单位（或项目）的供应计划，明确供应措施（如利用库存、加工订货、市场采购等）。

5. 编制供应措施计划

在供应计划中应明确的供应措施要有相应的实施计划。如市场采购，要相应编制采购计划；加工订货需有加工订货合同及进货安排计划，以确保供应工作的如期完成。

1.1.4　材料计划的编制方法

1. 材料需用计划与申请计划的编制

1）材料部门应与生产、技术部门积极进行配合，掌握施工工艺，了解施工技术组织方案，并仔细阅读施工图纸。

2）按照生产作业计划下达的工作量，结合图纸与施工方案，计算施工实物工程量。

3）查材料消耗定额，计算完成生产任务所需材料品种、规格、数量及质量，完成材料分析。

4）汇总各操作项目材料分析中材料需用量，并编制材料需用计划。

5）结合项目库存量计划周转储备量，提出项目用料的申请计划，并报材料供应部门。

2. 材料供应计划的编制方法

供应部门应对所属需用部门的材料申请计划根据生产任务进行核实，结合资源，进行汇总，经过综合平衡，提出申请、订货、采购、加工、利用库存等供应措施。材料供应计划是指导材料供应业务活动的具体行动计划。

材料供应计划的编制步骤如下：

（1）编制准备。

1）要认真核实汇总各项目材料申请量。

2）了解编制计划所需的技术资料是否齐全。

3）材料申请是否合乎实际，有无粗估冒算或计算差错。

4）定额采用是否合理。

5）材料需用时间、到货时间与生产进度安排是否相符合，规格能否配套等。

（2）预计供应部门现有库存量。因计划编制较早，从编制计划时间到计划期初的这段预计期内，材料仍会不断收入与发出，所以预计计划期初库存十分重要。一般计算方法为：

$$期初预计库存量 = 编制计划时的实际库存 + 预计期计划收入量 -$$
$$预计期计划发出量 \qquad\qquad (1-7)$$

计划期初库存量预计是否正确对平衡计算供应量和计划期内的供应效果有影响，预计不准确，如数量少了将造成数量不足，供需脱节而影响施工；如数量多了，会造成超储而导致积压资金。正确预计期初库存数，要对现场库存实际资源、订货、采购收入、调剂拨入、在途材料、待验收以及施工进度预计消耗、调剂拨出等数据均要认真核实。

（3）确定期末周转储备量。根据生产安排和材料供应周期来计算计划期末周转储备量。合理地确定材料周转储备量（计划期末的材料周转储备），是为下一期期初考虑的材料储备。要根据供求情况的变化与市场信息等，合理计算间隔天数，来求得合理的储备量。

（4）确定材料供应量。其计算公式为：

$$材料供应量 = 材料申请量 - 期初库存资源量 + 计划期末周转储备量 \qquad (1-8)$$

（5）确定供应措施。根据材料供应量和可能获得资源的渠道，确定供应措施，如申请、订货、采购、利用库存、建设单位供料、加工等，并与资金进行平衡，以利于计划的实现。

材料供应计划的表格形式见表1－1。

表1－1 材料供应计划表

编制单位： 编制日期： 年 月 日

材料名称	规格型号	计量单位	期初预计库存	计划需用量						期末库存量	计划供应量							小计	其中	
				合计	其中						合计	其中							第一次	第二次
					工程用料	经营维修	周转材料	机械制造				物资企业	市场采购	挖潜改代	加工自制	其他				

共 页第 页

3. 材料采购与加工订货计划的编制

材料供应计划所列各种材料，需按订购方式分别编制加工订货计划、采购计划。

（1）材料采购计划的编制。凡可在市场直接采购的材料，均应编制采购计划，以指导采购工作的进行。这部分材料品种多，数量大，规格杂，供应渠道多，价格不稳定，没有固定的编制方法。主要通过计划控制采购材料的数量、规格、时间等。材料采购计划的编制见表1－2。

表1－2 材料采购计划

工程名称：

编制单位： 编制日期：

材料名称	规格型号	单位	采购数量	供应进度				采购进度			
				第一次	第二次			第一次	第二次		

表 1 - 2 中的供应进度按供应进度计划的要求填写，采购进度应在供应进度之前，包括办理购买手续、运输、验收入库等所需的时间，即供货所需时间。

（2）材料加工订货计划的编制。凡需与供货单位签订加工订货合同的材料，都应编制加工订货计划。

加工订货计划的具体形式是订货明细表，它由供货单位根据材料的特性确定，计划内容主要有：材料名称、规格、型号、技术要求、质量标准、数量、交货时间、供货方式、到达地点及收货单位的地址、账号等，有时还包括必要的技术图纸或说明资料。有的供货单位以订货合同代替订货明细表，可参考表 1 - 3。

表 1 - 3　材料加工订货计划

编制单位章：　　　　　　　　　　　　　　　　　填报日期：　　年　　月　　日

工程名称：　　　　　　　　　　　　　　　供应单位收到日期：　　年　　月　　日

材料名称	规格型号	计量单位	计划需用量	月度需用量	用途说明	技术要求	质量标准	交货时间	供货方式	备 注

主管：　　　　　　计划员：　　　　　　采购员：　　　　　　制表人：

订货单位按表格要求及企业供应计划等资料，逐一填写。编制时，应特别注意材料规格、型号、质量、数量、供货方式及时间等内容，必须和企业的材料需用计划、材料供应计划相吻合。

1.2　材料计划的实施

材料计划的编制只是计划工作的开始，更重要的工作是材料计划的实施，计划的实施阶段是材料计划工作的关键。

1.2.1　组织材料计划的实施

材料计划工作是以材料需用计划为基础的，材料供应计划是企业材料经济活动的主导计划，可使企业材料系统的各部门不仅了解本系统的总目标和本部门的具体任务，而且了解各部门在完成任务中的相互关系，组织各部门从满足施工需要总体要求出发，采取有效措施，保证各自任务的完成，从而保证材料计划的实施。

1.2.2　协调材料计划实施中出现的问题

材料计划在实施中常因受到内部或外部各种因素的干扰，影响材料计划的实现。通常，影响材料计划实施的主要因素如下：

1. 施工任务的改变

计划实施中施工任务改变主要是指临时增加任务或临时削减任务等，一般是由于国家基建投资计划的改变、建设单位计划的改变或施工力量的调整等引起的。任务改变后材料计划应作相应调整，否则就要影响材料计划的实现。

2. 设计变更

施工准备阶段或施工过程中，往往会遇到设计变更，影响材料的需用数量和品种规格，必须及时采取措施，进行协调，尽可能减少影响，以保证材料计划执行。

3. 采购情况变化

材料到货合同或生产厂家的生产情况发生了变化，影响材料的及时供应。

4. 施工进度变化

施工进度计划的提前或推迟也会影响到材料计划的正确执行。在材料计划发生变化时，要加强材料计划的协调作用，做好以下几项工作：

1）挖掘内部潜力，利用库存储备以解决临时供应不及时的矛盾。

2）利用市场调节的有利因素，及时向市场采购。

3）同供料单位协商，临时增加或减少供应量。

4）与有关单位进行余缺调剂。

5）在企业内部有关部门之间进行协商，对施工生产计划和材料计划进行必要修改。

为了做好协调工作，必须掌握动态，了解材料系统各个环节的工作进程，通常通过统计检查、实地调查以及信息交流等方法，检查各有关部门对材料计划的执行情况，及时进行协调，以确保材料计划的实现。

1.2.3　建立材料计划分析和检查制度

为了能够及时发现计划执行中的问题，确保材料计划的全面完成，建筑企业应从上到下按照计划的分级管理职责，在计划实施反馈信息的基础上进行计划的检查与分析。一般应建立以下几种计划检查与分析制度。

1. 现场检查制度

基层领导人员应经常深入施工现场，随时掌握生产过程中的实际情况，了解工程形象进度是否正常，资源供应是否协调，各专业队组是否达到定额及完成任务的好坏，做到及早发现问题、及时加以处理解决，并按实际向上一级反映情况。

2. 定期检查制度

建筑企业各级组织机构应有定期的生产会议制度，检查与分析计划的完成情况。例如公司级生产会议每月 2 次，工程处一级每周 1 次，施工队则每日有生产碰头会。通过这些会议检查分析工程形象进度、资源供应、各专业队组完成定额的情况等，做到统一思想、统一目标，及时解决各种问题。

3. 统计检查制度

统计是检查企业计划完成情况的有力工具，是企业经营活动的各个方面在时间和数量方面的计算与反映。它为各级计划管理部门了解情况、决策、指导工作、制定和检查计划提供可靠的数据与情况。通过统计报表和文字分析，及时准确地反映计划完成的程度和计划执行中的问题，反映基层施工中的薄弱环节，为揭露矛盾、研究措施、跟踪计划和分析施工动态提供依据。

1.2.4　材料计划的变更和修订

材料计划的多变，是由它本身的性质所决定的。计划总是人们在认识客观世界的基础上制定出来的，它受人们的认识能力和客观条件制约，所编制出的计划的质量就会有差异。计划与实际脱节往往不可能完全避免，然而，重要的是一经发现，就应调整原计划。自然灾害、战争等突发事件通常不易被认识，一旦发生，则会引起材料资源和需求的重大变化。材料计划涉及面广，与各部门、各地区以及各企业都有关系，一方有变，牵动他方，也使材料资源和需要发生变化。这些主客观条件的变化必然引起原计划的变更。为了使计划更加符合实际，维护计划的严肃性，就需要对计划及时调整和修订。

1. 变更或修订材料计划的一般情况

材料计划的变更及修订，除上述基本因素外，还有一些具体原因。通常，出现了下述情况时，也需要对材料计划进行调整和修订。

（1）任务量变化。任务量是确定材料需用量的主要依据之一，任务量的增加或减少，将相应地引起材料需要量的增加或减少。在编制材料计划时，不可能将计划任务变动的各种因素都考虑在内，只有待问题出现后，通过调整原计划来解决。

1）在项目施工过程中，由于技术革新，增加了新的材料品种，原计划需要的材料出现多余，就要减少需要；或者根据用户的意见对原设计方案进行修订，这时所需材料的品种和数量将发生变化。

2）在基本建设中，由于编制材料计划时图纸和技术资料尚不齐全，原计划实属概算需要，待图纸和资料到齐后，材料实际需要常与原概算情况有出入，这时也需要调整材料计划。同时，由于现场地质条件及施工中可能出现的变化因素，需要改变结构、改变设备型号，材料计划调整不可避免。

3）在工具和设备修理中，编制计划时很难预计修理需要的材料，实际修理需用的材料与原计划中申请材料常常有出入，调整材料计划完全有必要。

（2）工艺变更。设计变更必然引起工艺变更，需要的材料当然就不一样。设计未变，但工艺变了，加工方法、操作方法变了，材料消耗可能与原来不一样，材料计划也要相应调整。

（3）其他原因。如计划初期预计库存不正确、材料消耗定额变了、计划有误等，都可能引起材料计划的变更，需要对原计划进行调整和修订。

材料计划变更主要是由生产建设任务的变更所引起的。其他变更对材料计划当然也产生一定影响，但变更的数量远比生产和基建计划变更少。

由于上述种种原因，必须对材料计划进行合理的修订及调整。如不及时进行修订，将使企业发生停工待料的危险，或使企业材料大量闲置积压。这不仅会使生产建设受到影响，而且直接影响企业的财务状况。

2. 材料计划的变更及修订方法

材料计划的变更及修订主要方法如下：

（1）全面调整或修订。全面调整或修订主要是指材料资源和需要发生了大的变化时的调整，如前述的自然灾害、战争或经济调整等，都可能使资源和需要发生重大变化，这时需要全面调整计划。

（2）专案调整或修订。专案调整或修订主要是指由于某项任务的突然增减；或由于某种原因，工程提前或延后施工；或生产建设中出现突然情况等，使局部资源和需要发生了较大变化，一般采用待分配材料安排或当年储备解决，必要时通过调整供应计划解决。

（3）临时调整或修订。如生产和施工过程中，临时发生变化，就必须临时调整，这种调整也属于局部性调整，主要是通过调整材料供应计划来解决。

3．材料计划的调整及修订中应注意的问题

（1）维护计划的严肃性和实事求是地调整计划。在执行材料计划的过程中，根据实际情况的不断变化，对计划作相应的调整或修订是完全必要的。但是要注意避免轻易地变更计划，无视计划的严肃性，认为有无计划都得保证供应，甚至违反计划、用计划内材料搞计划外项目，也通过变更计划来满足。当然，不能把计划看作是一成不变的，在任何情况下都机械地强调维持原来的计划，明明计划已不符合客观实际的需要，仍不去调整、修订、解决，这也和事物的发展规律相违背。正确的态度和做法是，在维护计划严肃性的同时，坚持计划的原则性和灵活性的统一，实事求是地调整和修订计划。

（2）权衡利弊后尽可能把调整计划压缩到最小限度。调整计划虽然是完全必要的，但许多时候调整计划总要或多或少地造成一些损失。所以，在调整计划时，一定要权衡利弊，把调整的范围压缩到最小限度，使损失尽可能地减少到最小。

（3）及时掌握情况。

1）做好材料计划的调整或修订工作，材料部门必须主动和各方面加强联系，掌握计划任务安排和落实情况，如了解生产建设任务和基本建设项目的安排与进度，了解主要设备和关键材料的准备情况，对一般材料也应按需要逐项检查落实。如果发生偏差，迅速反馈，采取措施，加以调整。

2）掌握材料的消耗情况，找出材料消耗升降的原因，加强定额管理，控制发料，防止超定额用料而调整申请量。

3）掌握资源的供应情况。不仅要掌握库存和在途材料的动态，还要掌握供方能否按时交货等情况。

掌握上述三方面的情况，实际上就是要做到需用清楚、消耗清楚和资源清楚，以利于材料计划的调整和修订。

（4）妥善处理、解决调整和修订材料计划中的相关问题。材料计划的调整或修订，追加或减少的材料，一般以内部平衡调剂为原则，减少部分或追加部分内部处理不了或不能解决的，由负责采购或供应的部门协调解决。要防止在调整计划中拆东墙补西墙、冲击原计划的做法。没有特殊原因，材料应通过机动资源和增产解决。

1.2.5　材料计划的执行效果的考核

材料计划的执行效果，应该有一个科学的考评方法，通过指标考评，激励各部门认真实施材料计划。其中一个比较重要内容就是建立材料计划指标体系。它包括下列指标：

1）采购量及到货率。

2）供应量及配套率。

3）自有运输设备的运输量。

4）流动资金占用额及周转次数。

5）材料成本的降低率。

6）主要材料的节约率和节约额。

2 材料采购与验收管理

2.1 材料采购管理的内容

采购管理是计划下达、采购单生成、采购单执行、到货接收、检验入库、采购发票的收集到采购结算的采购活动的全过程，对采购过程中物流运动的各个环节状态进行严密的跟踪、监督，实现对企业采购活动执行全过程的科学管理。

2.1.1 材料采购信息的管理

采购信息是施工企业材料经营决策的依据，是采购业务咨询的基础资料，是进行资源开发，扩大货源的条件。

1. 材料采购信息的种类

（1）资源信息。资源信息包括资源的分布，生产企业的生产能力，产品结构，销售动态，产品质量，生产技术发展，甚至原材料基地，生产用燃料和动力的保证能力，生产工艺水平，生产设备等。

（2）供应信息。供应信息包括基本建设信息，建筑施工管理体制变化，项目管理方式，材料储备运输情况，供求动态，紧缺及呆滞材料情况。

（3）市场信息。生产资料市场及物资贸易中心的建立、发展及其市场占有率，国家有关生产资料市场的政策等。

（4）价格信息。现行国家价格政策，市场交易价格及专业公司牌价，地区建筑主管部门颁布的预算价格，国家公布的外汇交易价格等。

（5）新技术、新产品信息。新技术、新产品的品种，性能指标，应用性能及可靠性等。

（6）政策信息。国家和地方颁布的各种方针、政策、规定、国民经济计划安排，材料生产、销售、运输管理办法，银行贷款、资金政策，以及对材料采购发生影响的其他信息。

2. 信息的来源

材料采购信息首先应具有及时性，即速度要快，效率要高，失去时效也就失去了使用价值；其次应具有可靠性，有可靠的原始数据，切忌道听途说，以免造成决策失误；还应具有一定的深度，反映或代表一定的倾向性，提出符合实际需要的建议。在收集信息时，应力求广泛，其主要途径有：

1）有关学术、技术交流会提供的资料。

2）各报刊、网络等媒体和专业性商业情报刊载的资料。

3）广告资料。

4）各种供货会、展销会、交流会提供的资料。

5）采购人员提供的资料及自行调查取得的信息资料等。

6）政府部门发布的计划、通报及情况报告。

3．信息的整理

为了有效高速地采撷信息、利用信息，企业应建立信息员制度和信息网络，应用电子计算机等管理工具，随时进行检索、查询和定量分析。采购信息整理常用的方法有：

1）运用统计报表的形式进行整理。按照需用的内容，从有关资料、报告中取得有关的数据，分类汇总后，得到想要的信息。例如根据历年材料采购业务工作统计，可整理出企业历年采购金额及其增长率，各主要采购对象合同兑现率等。

2）对某些较重要的、经常变化的信息建立台账，做好动态记录，以反映该信息的发展状况。如按各供应项目分别设立采购供应台账，随时可以查询采购供应完成程度。

3）以调查报告的形式就某一类信息进行全面的调查、分析、预测，为企业经营决策提供依据。如针对是否扩大企业经营品种，是否改变材料采购供应方式等展开调查，根据调查结果整理出"是"或"否"的经营意向，并提出经营方式、方法的建议。

4．信息的使用

收集与整理信息是为了使用信息，为企业采购业务服务。信息经过整理后，应迅速反馈有关部门，以便进行比较分析和综合研究，制定合理的采购策略和方案。

2.1.2　材料采购与加工业务

建筑企业采购和加工业务是有计划、有组织进行的。其内容有计划、设计、洽谈、签订合同、调运、验收和付款等工作，其业务过程可分为准备、谈判、成交、执行及结算五个阶段。

1．材料采购和加工业务的准备

采购和加工业务，需要有一个较长时间的准备，无论是计划分配材料或市场采购材料，都必须按照材料采购计划，事先做好细致的调查研究工作，摸清需要采购和加工材料的品种、规格、型号、质量、数量、价格、供应时间和用途，以便落实资源。准备阶段中，必须做好下列主要工作：

1）按照材料分类，确定各种材料采购和加工的总数量计划。

2）按照需要采购的材料，了解有关厂矿的供货资源，选定供应单位，提出采购矿点的要货计划。

3）选择和确定采购、加工企业，这是做好采购和加工业务的基础。必须选择设备齐全、加工能力强、产品质量好和技术经验丰富的企业。此外，如企业的生产规模、经营信誉等，在选择中均应摸清情况。在采购和加工大量材料时，还可采用招标的方法，以便择优落实供应单位和承揽加工企业。

4）按照需要编制市场采购和加工材料计划，报请领导审批。

2．材料采购和加工业务的谈判

材料采购和加工计划经有关单位平衡安排、领导批准后，即可开展业务谈判活动。所谓业务谈判，就是材料采购业务人员与生产、物资或商业等部门进行具体的协商和洽谈。业务谈判应遵守国家和地方制定的物资政策、物价政策和有关法令，供需双方应本着地位平等、相互谅解、实事求是、搞好协作的精神进行谈判。

（1）采购业务谈判的主要内容。

1）明确采购材料的名称、品种、规格和型号、数量和价格。

2）确定采购材料的质量标准和验收方法。

3）确定采购材料的运输办法、交货地点、方式、办法、交货日期以及包装要求等。

4）确定违约责任、纠纷解决方法等其他事项。

（2）加工业务谈判的主要内容。业务谈判，一般要经过多次反复协商，在双方取得一致意见时，业务谈判就告完成。加工业务谈判的主要内容如下：

1）明确加工品的数量、名称、品种、规格、技术性能和质量要求，以及技术鉴定和验收方法。

2）确定加工品的加工费用和自筹材料的材料费用，以及结算办法。

3）确定加工品的运输办法、交货地点、方式、办法，以及交货日期及其包装要求。

4）确定供料方式，如由定制单位提供原材料的带料加工或承揽单位自筹材料的包工包料，以及所需原材料的品种、规格、质量、定额、数量和提供日期。

5）确定定制单位提供加工样品的，承揽单位应按样品复制；定制单位提供设计图纸资料的，承揽单位应按设计图纸加工；生产技术比较复杂的，应先试制，经鉴定合格后成批生产。

6）确定原材料的运输办法及其费用负担。

7）确定双方应承担的责任。

3. 材料采购加工的成交

材料采购加工业务，经过与供应单位反复酝酿和协商，取得一致意见时，达成采购、销售协议，称为成交。

成交的形式，目前有签订合同的订货形式、签发提货单的提货形式和现货现购等形式。

（1）订货形式。建筑企业与供应单位按双方协商确定的材料品种、质量和数量，将成交所确定的有关事项用合同形式固定下来，以便双方执行。订购的材料，按合同交货期分批交货。

（2）提货形式。由供应单位签发提货单，建筑企业凭单到指定的仓库或堆栈，按规定期限提取。提货单有一次签发和分期签发两种，由供需双方在成交时确定。

（3）现货现购。建筑企业派出采购人员到物资门市部、商店或经营部等单位购买材料，货款付清后，当场取回货物，即所谓"一手付钱、一手取货"银货两讫的购买形式。

（4）加工形式。加工业务在双方达成协议时，签订承揽合同。承揽合同是指承揽方根据定制方提出的品名、项目、质量要求，使用定制方提供的原料，为其加工特定的产品，收取一定加工费的协议。

4. 材料采购和加工业务的执行

材料采购和加工，经供需双方协商达成协议签订合同后，由供方交货，需方收货。这个交货和收货过程，就是采购和加工的执行阶段。主要有以下几个方面：

（1）交货日期。供需双方应按规定的交货日期及其数量如期履行，供方应按规定日期交货，需方应按规定日期收（提）货。如未按合同规定日期交货或提货，应作未履行合同处理。

（2）材料验收。材料验收，应由建筑企业派员对所采购的材料和加工品进行数量和质量验收。数量验收，应对供方所交材料进行检点。发现数量短缺，应迅速查明原因，向供方提出。材料质量分为外观质量和内在质量，分别按照材料质量标准和验收办法进行验收。发现不符合规定质量要求的，不予验收；如属供方代运或送货的，应一面妥为保管，一面在规定期限内向供方提出书面异议。

（3）材料交货地点。材料交货地点，一般在供应企业的仓库、堆场或收料部门事先指定的地点。供需双方应按照成交确定的或合同规定的交货地点进行材料交接。

（4）材料交货方式。材料交货方式，指材料在交货地点的交货方式，有车、船交货方式和场地交货方式。由供方发货的车、船交货方式，应由供应企业负责装车或装船。

（5）材料运输。供需双方应按成交确定的或合同规定的运输办法执行。委托供方代运或由供方送货，如发生材料错发到货地点或接货单位，应立即向对方提出，按协议规定负责运到规定的到货地点或接货单位，由此而多支付运杂费用，由供方承担；如需方填错或临时变更到货地点，由此而多支付的费用，应由需方承担。

5．材料采购和加工的经济结算

经济结算，是建筑企业对采购的材料，用货币偿付给供货单位价款的清算。采购材料的价款，称为货款；加工的费用，称为加工费，除应付货款和加工费外，还有应付委托供货和加工单位代付的运输费、装卸费、保管费和其他杂费。

经济结算有异地结算和同城结算两大类：

异地结算：系指供需双方在二个城市间进行结算。它的结算方式有：异地托收承付结算、信汇结算，以及部分地区试行的限额支票结算等方式。

同城结算：是指供需双方在同一城市内进行结算。结算方式有：同城托收承付结算、委托银行付款结算、支票结算和现金结算等方式。

（1）托收承付结算。托收承付结算，系由收款单位根据合同规定发货后，委托银行向付款单位收取货款，付款单位根据合同核对收货凭证和付款凭证等无误后，在承付期内承付的结算方式。

（2）信汇结算。信汇结算，是由收款单位在发货后，将收款凭证和有关发货凭证，用挂号函件寄给付款单位，经付款单位审核无误通过银行汇给收款单位。

（3）委托银行付款结算。委托银行付款结算，由付款单位按采购材料货款，委托银行从本单位账户中将款项转入指定的收款单位账户的一种同城结算方式。

（4）支票结算。支票结算，由付款单位签发支票，由收款单位通过银行，凭支票从付款单位账户中支付款项的一种同城结算方式。

（5）现金结算。现金结算，是由采购单位持现金向商店购买零星材料的货款结算方式。每笔现金货款结算金额，按照各地银行所规定的现金限额内支付。

货款和费用的结算，应按照中国人民银行的规定，在成交或签订合同时具体明确结算方式和具体要求。

2.1.3　材料采购合同的管理

当采取订货方式采购材料时，供需双方必须依法签订采购合同。材料采购合同是供需双方为了有偿转让一定数量的材料而明确的双方权利义务关系，依照法律规定而达成的协议。合同依法成立即具有法律效力。

1. 材料采购合同的概念

材料采购合同是指平等主体的自然人、法人以及其他组织之间，以工程项目所需材料为标的、以材料买卖为目的，出卖人（简称卖方）转移材料的所有权于买受人（简称买方），买受人支付材料价款的合同。

2. 材料采购合同的订立

（1）材料采购合同的订立方式。材料采购合同的订立可采用下列方式：

1）公开招标。即由招标单位通过新闻媒介公开发布招标广告，以邀请不特定的法人或者其他组织投标，按照法定程序在所有符合条件的材料供应商、建材厂家或建材经营公司中择优选择中标单位的一种招标方式。大宗材料采购通常采用公开招标方式进行材料采购。

2）邀请招标。即招标人以投标邀请书的方式邀请特定的法人或者其他组织投标，只有接到投标邀请书的法人或其他组织才能参加投标的一种招标方式，其他潜在的投标人则被排除在投标竞争之外。一般地，邀请招标必须向3个以上的潜在投标人发出邀请。

3）询价、报价、签订合同。材料买方向若干建材厂商或建材经营公司发出询价函，要求他们在规定的期限内做出报价，在收到厂商的报价后，经过比较，选定报价合理的厂商或公司并与其签订合同。

4）直接订购。由材料买方直接向材料生产厂商或材料经营公司报价，生产厂商或材料经营公司接受报价、签订合同。

（2）材料采购合同的签订要求。材料采购合同的签订主要应符合以下要求：

1）符合法律规定。购销合同是一种经济合同，必须符合《合同法》等法律法规和政策的要求。

2）主体合法。合同当事人必须符合有关法律规定，当事人应当是法人、有营业执照的个体经营户、合法的代理人等。

3）内容合法。合同内容不得违反国家的政策、法规，损害国家及他人利益。材料经营单位购销的材料，不得超过工商行政管理部门核准登记的经营范围。

4）形式合法。购销合同一般应采用书面形式，由法定代表人或法定代表人授权的代理人签字，并加盖合同专用章或单位公章。

（3）材料采购合同的签订程序。经合同双方当事人依法就主要条款协商一致即告成立。签订合同人必须是具有法人资格的企事业单位的法定代表人或由法定代表人委托的代理人。签订合同的程序要经过下列几个步骤：

1）要约。合同一方（要约方）当事人向对方（受要约方）明确提出签订材料采购合同的主要条款，以供对方考虑，要约通常采用书面或口头形式。

2）承诺。对方（受要约方）对他方（要约方）的要约表示接受，即承诺。对合同内容完全同意，合同即可签订。

　　3）反要约。对方对他方的要约要增减或修改，则不能认为承诺，叫做反要约，经供需双方反复协商取得一致意见，达成协议，合同即告成立。

　　（4）材料采购合同的主要条款。依据《合同法》规定，材料采购合同的主要条款如下：

　　1）双方当事人的名称、地址，法定代表人的姓名，委托代理订立合同的，应有授权委托书并注明委托代理人的姓名、职务等。

　　2）合同标的。它是供应合同的主要条款，主要包括购销材料的名称（注明牌号、商标）、品种、型号、规格、等级、花色、技术标准等。这些内容应符合施工合同的规定。

　　3）技术标准和质量要求。质量条款应明确各类材料的技术要求、试验项目、试验方法、试验频率以及国家法律规定的国家强制性标准和行业强制性标准。

　　4）材料数量及计量方法。材料数量的确定由当事人协商，应以材料清单为依据，并规定交货数量的正负尾差、合理磅差和在途自然减（增）量及计量方法，计量单位采用国家规定的度量标准。计量方法按国家的有关规定执行，没有规定的，可由当事人协商执行。一般建筑材料数量的计量方法有理论换算计量、检斤计量和计件计量，具体采用何种方式应在合同中注明，并明确规定相应的计量单位。

　　5）材料的包装。材料的包装是保护材料在储运过程中免受损坏不可缺少的环节。材料的包装条款包括包装的标准和包装物的供应及回收，包装标准是指材料包装的类型、规格、容量以及印刷标记等。材料的包装标准可按国家和有关部门规定的标准签订，当事人有特殊要求的，可由双方商定标准，但应保证材料包装适合材料的运输方式，并根据材料特点采取防潮、防雨、防锈、防振、防腐蚀等保护措施。同时，在合同中规定提供包装物的当事人及包装品的回收等。除国家明确规定由买方供应外，包装物应由建筑材料的卖方负责供应。包装费用一般不得向需方另外收取，如买方有特殊要求，双方应当在合同中商定。如果包装超过原定的标准，超过部分由买方负担费用；低于原定标准的，应相应降低产品价格。

　　6）材料交付方式。材料交付可采取送货、自提和代运三种不同方式。由于工程用料数量大、体积大、品种繁杂、时间性较强，当事人应采取合理的交付方式，明确交货地点，以便及时、准确、安全、经济地履行合同。

　　7）材料的交货期限。材料的交货期限应在合同中明确约定。

　　8）材料的价格。材料的价格应在订立合同时明确，可以是约定价格，也可以是政府指定价或指导价。

　　9）结算。结算指买卖双方对材料货款、实际交付的运杂费和其他费用进行货币清算和了结的一种形式。我国现行结算方式分为现金结算和转账结算两种，转账结算在异地之间进行，可分为托收承付、委托收款、信用证、汇兑或限额结算等方法；转账结算在同城进行，有支票、付款委托书、托收无承付和同城托收承付等方式。

　　10）违约责任。在合同中，当事人应对违反合同所负的经济责任做出明确规定。

　　11）特殊条款。如果双方当事人对一些特殊条件或要求达成一致意见，也可在合同中明确规定，成为合同的条款。当事人对以上条款达成一致意见形成书面后，经当事人签名盖章即产生法律效力，若当事人要求鉴证或公证的，则经鉴证机关或公证机关盖章后方可生效。

12）争议的解决方式。

3. 材料采购合同的履行

材料采购合同订立后，应当依照《合同法》的规定全面履行。

（1）按约定的标的履行。卖方交付的货物必须与合同规定的名称、品种、规格、型号相一致，除非买方同意，不允许以其他货物代替履行合同，也不允许以支付违约金或赔偿金的方式代替履行合同。

（2）按合同规定的期限、地点交付货物。交付货物的日期应在合同规定的交付期限内，实际交付的日期早于或迟于合同规定的交付期限，即视为提前或延期交货。提前交付，买方可拒绝接受，逾期交付的，应当承担逾期交付的责任。如果逾期交货，买方不再需要，应在接到卖方交货通知后 15 天内通知卖方，逾期不答复的，视为同意延期交货。

交付的地点应在合同指定的地点。合同双方当事人应当约定交付标的物的地点，如果当事人没有约定交付地点或者约定不明确，事后没有达成补充协议，也无法按照合同有关条款或者交易习惯确定，则适用下列规定：标的物需要运输的，卖方应当将标的物交付给第一承运人以便运交给买方；标的物不需要运输的，买卖双方在订立合同时知道标的物在某一地点的，卖方应当在该地点交付标的物；不知道标的物在某一地点的，应当在卖方合同订立时的营业地交付标的物。

（3）按合同规定的数量和质量交付货物。对于交付货物的数量应当当场检验，清点账目后，由双方当事人签字。对质量的检验，外在质量可当场检验，对内在质量，需作物理或化学试验的，试验的结果为验收的依据。卖方在交货时，应将产品合格证随同产品交买方据以验收。

材料的检验，对买方来说既是一项权利也是一项义务，买方在收到标的物时，应当在约定的检验期间内检验，没有约定检验期间的，应当及时检验。

当事人约定检验期间的，买方应当在检验期间内将标的物的数量或者质量不符合约定的情形通知卖方。买方怠于通知的，视为标的物的数量或者质量符合约定。当事人没有约定检验期间的，买方应当在发现或者应当发现标的物的数量或者质量不符合约定的合理期间内通知卖方。买方在合理期间内未通知或者自标的物收到之日起 2 年内未通知卖方的，视为标的物的数量或者质量符合约定，但对标的物有质量保证期的，适用质量保证期，不适用该 2 年的规定。卖方知道或者应当知道提供的标的物不符合约定的，买方不受前两款规定的通知时间的限制。

（4）买方的义务。买方在验收材料后，应按合同规定履行支付义务，否则承担法律责任。

（5）违约责任。

1）卖方的违约责任。卖方不能交货的，应向买方支付违约金；卖方所交货物与合同规定不符的，应根据情况由卖方负责包换、包退，包赔由此造成的买方损失；卖方承担不能按合同规定期限交货的责任或提前交货的责任。

2）买方违约责任。买方中途退货，应向卖方偿付违约金；逾期付款，应按中国人民银行关于延期付款的规定或合同的约定向卖方偿付逾期付款违约金。

4．标的物的风险承担

风险是指标的物由于不可归责于任何一方当事人的事由而遭受的意外损失。通常，标的物损毁、灭失的风险，在标的物交付之前由卖方承担，交付之后由买方承担。

由于买方的原因致使标的物不能按约定的期限交付的，买方应当自违反约定之日起承担其标的物损毁、灭失的风险。卖方出卖交由承运人运输的在途标的物，除当事人另有约定的以外，损毁、灭失风险自合同成立时起由买方承担。卖方按照约定未交付有关标的物的单证和资料的，不影响标的物损毁、灭失风险的转移。

5．不当履行合同的处理

卖方多交标的物的，买方可以接收或者拒绝接收多交部分，买方接收多交部分的，按照合同的价格支付价款；买方拒绝接收多交部分的，应当及时通知出卖人。

标的物在交付之前产生的孳息（原物所产生的额外收益），归卖方所有，交付之后产生的孳息，归买方所有。

因标的物的主物不符合约定而解除合同的，解除合同的效力及于从物，因标的物的从物不符合约定被解除的，解除的效力不及于主物。

6．监理工程师对材料采购合同的管理

（1）对材料采购合同及时进行统一编号管理。工程师虽然不参加材料采购合同的订立工作，但应监督材料采购合同符合项目施工合同中的描述，指令合同中标的质量等级及技术要求，并对采购合同的履行期限进行控制。

（2）监督材料采购合同的订立。工程师应对进场材料作全面检查和检验，对检查或检验的材料认为有缺陷或不符合合同要求，工程师可拒收这些材料，并指示在规定的时间内将材料运出现场；工程师也可指示用合格适用的材料取代原来的材料。

（3）检查材料采购合同的履行。

（4）分析合同的执行。对材料采购合同执行情况的分析，应从投资控制、进度控制或质量控制的角度对执行中可能出现的问题和风险进行全面分析，防止由于材料采购合同的执行原因造成施工合同不能全面履行。

7．材料采购合同的管理

（1）材料采购合同管理的原则。

1）合同当事人的法律地位平等，一方不得将自己的意志强加给另一方。

2）当事人依法享有自愿订立合同的权利，任何单位和个人不得非法干预。

3）当事人确定各方的权利与义务应当遵守公平原则。

4）当事人行使权利、履行义务应当遵循诚实信用原则。

5）当事人应当遵守法律、行政法规和社会公德，不得扰乱社会经济秩序，不得损害社会公共利益。

（2）材料采购合同履行的原则。

1）全面履行的原则。

①实际履行：按标的履行合同。

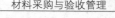

②适当履行：按照合同约定的品种、数量、质量、价款或报酬等履行。

2）诚实信用原则。当事人要讲诚实，守信用，要善意，不提供虚假信息等。

3）协作履行原则。根据合同的性质、目的和交易习惯善意地履行通知、协助和保密等随附义务，促进合同的履行。

4）遵守法律法规，不损害社会公共利益。

（3）材料采购同履行的规则。

1）对约定不明条款的履行规则。约定不明条款是指合同生效后发现的当事人订立合同时，对某些合同条款的约定有缺陷，为了便于合同的履行，应当按照对约定不明条款的履行规则，妥善处理。

①补充协议。合同当事人对订立合同时没能约定或者约定不明确的合同内容，通过协商，订立补充协议。

②按照合同有关条款或者交易习惯履行。当事人不能就约定不明条款达成或补充协议时，可以依据合同的其他方面的内容确定，或者按照人们在同样的合同交易中通常采用的合同内容（即交易习惯），予以补充或加以确定后履行。

③执行《合同法》的规定。合同内容不明确，既不能达成补充协议，又不能按交易习惯履行的，可适用《合同法》第61条的规定。

a. 质量要求不明确的，按照国家标准、行业标准履行；没有国家标准、行业标准的，按照通常标准或者符合合同目的的特定标准履行。

b. 价款或者报酬不明确的，按照订立合同时的市场价格履行；依法应当执行政府定价或者政府指导价的，按照规定执行。

c. 履行地点不明确的：给付货币，在接受货币一方所在地履行；交付不动产的，在不动产所在地履行；其他标的，在履行义务一方所在地履行。

d. 履行期限不明确的：债务人可以随时履行；债权人可以随时要求履行，但应当给对方必要的准备时间。

e. 履行方式不明确的，按照有利于实现合同目的的方式履行。

f. 履行费用的负担不明确的，由履行义务一方负担。

2）价格发生变化的履行规则：

①执行政府定价或者政府指导价的，在合同约定的履行期限内政府价格调整时，按照交付时的价格计价。

②逾期交付标的物的，遇价格上涨时，按照原价格执行，价格下降时，按照新价格执行。

③逾期提取标的物或者逾期付款的，遇价格上涨时按照新价格执行，价格下降时按照原价格执行。

2.1.4　材料采购资金的管理

材料采购过程也是材料占用的企业流动资金的运动过程。材料占用的流动资金运用情况决定着企业经济效益的优劣。材料采购资金管理是充分发挥现有资金的作用，挖掘资金的最大潜力，获得较好的经济效益的重要途径。编制材料采购计划的同时，必须编制相应的资金计划，以确保材料采购任务的完成。

材料采购资金管理方法，按企业采购分工不同、资金管理手段不同而有以下几种方法：

1. 采购金额管理法

采购金额管理法即确定一定时期内采购总金额与各阶段采购所需资金，采购部门按照资金情况来安排采购项目及采购量。对于资金紧张的项目（或部门）可以合理安排采购任务，按照企业资金总体计划进行分期采购。综合性采购部门可以采取此方法。

2. 品种采购量管理法

品种采购量管理法，适用于分工明确、采购任务量确定的企业（或部门），按每个采购员的业务分工，分别确定一个时期内其采购材料实物数量指标与相应的资金指标，用于考核其完成情况。对于实行项目自行采购资金的管理与专业材料采购资金的管理，使用这种方法可有效地控制项目采购的支出，管好、用好专业用材料。

3. 费用指标管理法

费用指标管理法是确定一定时期内材料采购资金中成本费用指标，如采购成本降低额（或降低率）用于考核和控制采购资金使用。鼓励采购人员负责完成采购业务的同时，要注意采购资金使用，降低采购成本，提高经济效益。

费用指标管理法适用于分工明确、采购任务量确定的材料采购。

2.1.5　材料采购批量的管理

材料采购批量是指一次采购材料的数量。其数量的确定要以施工生产需用为前提，按计划分批采购。采购批量直接影响着采购次数、采购费用、保管费用和资金占用及仓库占用。所以在某种材料总需用量中每次采购的数量要选择各项费用综合成本最低的批量，即经济批量或最优批量。

经济批量的确定由多方因素影响，按照所考虑主要因素的不同有以下几种方法：

1. 按照商品流通环节最少选择最优批量

向生产厂直接采购，所经过的流通环节最少，价格也最低。但有些生产厂的销售常有最低销售量限制，所以采购批量通常要符合生产厂的最低销售批量。这样减少了中间流通环节费用，也降低了采购价格，且还能得到适用的材料，降低了采购成本。

2. 按照运输方式选择经济批量

在材料运输中有公路运输、铁路运输、水路运输等不同的运输方式。每种运输中又分整车（批）运输与零散（担）运输。在中、长途运输中，铁路运输和水路运输较公路运输价格低且运量大。而在铁路运输与水路运输中，又以整车运输费用较零散运输费用低。所以一般采购应尽可能就近采购或达到整车托运的最低限额以降低采购费用。

3. 按照采购费用和保管费用支出最低选择经济批量

材料采购批量越小，材料保管费用支出也就越低，但采购次数越多，采购费用也越高。反之，采购批量越大，保管费用就越高，但采购次数越少，采购费用就越低。所以采购批量与保管费用成正比例关系，与采购费用成反比例关系。其采购批量与费用关系如图2-1所示。

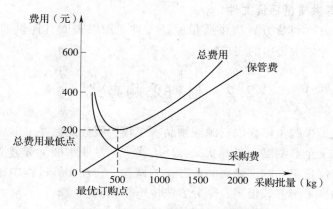

图 2-1 采购批量与费用关系图

　　某种材料的总需用量中每次采购数量，使其保管费与采购费之和最低，则该批量即为经济批量。在企业某种材料全年耗用量确定时，其采购批量与保管费用及采购费用之间的关系是：

$$年保管费 = \frac{1}{2} \times 采购批量 \times 单位材料年保管费 \qquad (2-1)$$

$$年采购费 = 采购次数 \times 每次采购费用 \qquad (2-2)$$

$$年总费用 = 年保管费 + 年采购费 \qquad (2-3)$$

2.1.6　材料采购质量的管理

1. 经审查认可方可进行采购

　　凡由承包单位负责采购的原材料、半成品或构配件、设备等，在采购订货前应向工程项目业主、监理工程师申报；对于重要的材料，还应提交样品，供试验或鉴定，有些材料则要求供货单位提交理化试验单（如预应力钢筋的含硫、磷量等），经审查认可发出书面认可证明后，方可进行订货采购，满足有关标准和设计的要求。

2. 设计的要求

　　对于永久设备、构配件，应按经过审批认可的设计文件和图纸组织采购订货，即设备、构配件等的质量应满足有关标准和设计的要求，交货期应满足施工及安装进度安排的需要。

3. 选择优良厂家订货

　　对于供货厂家的制造材料、半成品、构配件以及永久设备的质量应严格控制。为此对于大型的或重要的设备，以及大宗材料的采购应当实行招投标采购的方式。

4. 制定质量保证计划

　　对于设备、构配件和材料的采购、订货，需方可以通过制定质量保证计划，详细提出要达到的质量保证要求。

5. 装饰材料一次订齐

　　某些材料，诸如地面、墙面等装饰材料，订货时最好一次订齐和备足资源，以免由于分批而出现花色差异、质量不一等情况。

6．供货方应提供质量保证文件

供货方应向需方（订货方）提供质量保证文件，用以表明其提供的货物能够完全达到需方在质量保证计划中提出的要求。

2.2　材料采购方式

材料采购方式是采购主体获取资源或物品、工程、服务的途径、形式与方法。采购方式的选择主要取决于企业制度、资源状况、环境优劣、专业水准、资金情况以及储运水平等。采购方式不仅仅是单一的、绝对的、静止的概念，它在实施过程中相互交融，实现一个完整的采购活动。采购方式很多，划分方法也不尽相同。

2.2.1　建设工程材料的采购方式

1．集中采购与分散采购

集中采购与分散采购的含义、特点及适用范围见表 2 - 1。

表 2 - 1　集中采购与分散采购的含义、特点及适用范围

项目	含　义	特　点	优　点	适 用 范 围
集中采购	企业在核心管理层建立专门的采购机构，统一组织企业所需物品的采购进货业务	量大，过程长，手续多；集中度高，决策层次高；支付条件宽松，优惠条件增多；专业性强，责任加大	1．有利于获得采购规模效益，降低进货成本和物流成本，争取经营主动权； 2．有利于发挥业务职能特长，提高采购工作效率和采购主动权； 3．易于稳定本企业与供应商之间的关系，得到供应商在技术开发、货款结算、售后服务等诸多方面的支持与合作	集中采购适用于大宗或批量物品，价值高或总价多的物品，关键零部件、原材料或其他战略资源，保密程度高，产权约束多的物品
分散采购	分散采购与集中采购相对应，分散采购是由企业下属各单位，如子公司、分厂、车间或分店实施的满足自身生产经营需要的采购。这是集团将权力下放的采购活动	批量小或单件，且价值低、开支小；过程短、手续简、决策层次低；问题反馈快、针对性强、方便灵活；占用资金小、库存空间小、保管简单、方便	分散采购是集中采购的完善和补充： 1．有利于采购环节与存货、供料等环节的协调配合； 2．有利于增强基层工作责任心，使基层工作富有弹性和成效	分散采购适用于采购小批量、单件、价值低，分散采购优于集中采购的物品，市场资源有保证，易于送达，物流费用较少的物品

2．直接采购与间接采购

从采购主体完成采购任务的途径来区分，采购方式可分为直接采购和间接采购，这种划分便于企业深入了解与把握采购行为，为企业提供最有利、最便捷的采购方式，使企业始终掌握竞争的主动权。

直接采购与间接采购的含义、特点及适用范围见表2－2。

表2－2 直接采购与间接采购的含义、特点及适用范围

项目	含　义	特　点	适　用　范　围
直接采购	直接采购是指采购主体自己直接向物品制造厂采购的方式。一般指企业从物品源头实施采购，满足生产所需	环节少，时间短，手续简便，意图表达准确，信息反馈快，易于供需双方交流、支持、合作及售后服务与改进	生产性原材料、元器件等主要物品及其他辅料、低值易耗品的采购
间接采购	间接采购是指通过中间商实施采购行为的方式，也称为委托采购或中介采购，主要包括委托流通企业采购和调拨采购 调拨采购是计划经济时代常用的间接采购方式，是由上级机关组织完成的采购活动。目前除非物质紧急调拨或执行救灾任务、军事任务，否则一般均不采用	充分发挥工商企业各自的核心能力；减少流动资金占用，增加资金周转率；分散采购风险，减少物品非正常损失；减少交易费用和时间，从而降低采购成本	间接采购适合于业务规模大、盈利水平高的企业；需方规模过小，缺乏能力、资格和渠道进行直接采购；没有适合采购需要的机构、人员、仓储设施的企业

3．现货采购与远期采购

现货采购与远期采购的含义、特点及适用范围见表2－3。

表2－3 现货采购与远期采购的含义、特点及适用范围

项目	含　义	特　点	适　用　范　围
现货采购	现货采购是指经济组织与物品或资源持有者协商后，即时交割的采购方式。这是最为传统的采购方式。现货采购方式是银货两清，当时或近期成交，方便、灵活、易于组织管理，能较好地适应需要的变化和物品资源市场行情的变动	即时交割；责任明确；灵活、方便、手续简单，易于组织管理；无信誉风险；对市场的依赖性大	企业新产品开发或研制需要；企业生产和经营临时需要；设备更新改造需要；设备维护、保养或修理需要；企业生产用辅料、工具、卡具、低值易耗品；通用件、标准件、易损件、普通原材料及其他常备资源

续表 2-3

项目	含义	特点	适用范围
远期采购	远期合同采购供需双方为稳定供需关系，实现物品均衡供应，而签订远期合同的采购方式	时效长；价格稳定；交易成本及物流成本相对较低；交易过程透明有序，易于把握，便于民主科学决策和管理；可采取现代采购方法和其他采购方式来支持	国家战略收购、大宗农副产品收购、国防需要等及其储备；企业生产和经营长期的需要，以主料和关键件为主；科研开发与产品开发进入稳定成长期以后

4. 招标方式、询价方式、直接订购

（1）招标方式。这种方式适用于采购大宗的材料和较重要的或较昂贵的大型机具设备，或工程项目中的生产设备和辅助设备。承包商或业主根据项目的要求，详细列出采购物资的品名、规格、数量、技术性能要求；承包商或业主自己选定的交货方式、交货时间、支付货币和条件，以及品质保证、检验、罚则、索赔和争议解决等合同条件和条款作为招标文件，邀请有资格的制造厂家或供应商参加投标（也可采用公开招标方式），通过竞争择优签订购货合同。这种方式实际上是将询价和商签合同连在一起进行，在招标程序上与施工招标基本相同。

（2）询价方式。这种方式是采用询价-报价-签订合同程序，即采购方对3家以上供货商就采购的标的物进行询价，对其报价经过比较后选择其中一家与其签订供货合同。这种方式实际上是一种议标的方式，无须采用复杂的招标程序，又可以保证价格有一定的竞争性，一般适用于采购建筑材料或价值较小的标准规格产品。

1）材料采购的询价步骤。在国内外工程承包中，对材料的价格要进行多次调查和询价。

①为投标报价计算而进行的询价活动。这一阶段的询价并不是为了立即达成材料的购销交易，作为承包商，只是为了使自己的投标报价计算比较符合实际，作为业主，是为了对材料市场有更深入的了解。因此，这一阶段的询价属于市场价格的调查性质。

②实际采购中的询价程序。

a. 根据"竞争择优"的原则，选择可能成交的供应商。由于这是选定最后可能成交的供货对象，不一定找过多的厂商询价，以免造成混乱。通常对于同类材料，找一两家最多三家有实际供货能力的厂商询价即可。

b. 向供应厂商询盘。这是对供货厂商销售材料的交易条件的询问，为使供货厂商了解所需材料的情况，至少应告知所需的品名、规格、数量和技术性能要求等，这种询盘可以要求对方作一般报价，还可以要求作正式的发盘。

c. 卖方的发盘。通常是应买方（承包商或业主）的要求而做出的销售材料的交易条件。

通常的发盘是指发出"实盘",这种发盘应当是内容完整、语言明确,发盘人明示或默示承受约束的。一项完整的发盘通常包括货物的品质、数量、包装、价格、交货和支付等主要交易条件。

d. 还盘、拒绝和接受。买方(承包商或业主)对于发盘条件不完全同意而提出变更的表示,即还盘,也可称之为还价。如果供应商对还盘的某些更改不同意,可以再还盘。有时可能经过多次还盘和再还盘进行讨价还价,才能达成一致,而形成合同。

2)材料采购的询价方法和技巧。

①充分做好询价准备工作。从上述程序可以看出,在材料采购实施阶段的询价,已经不是普通意义的市场商情价格的调查,而是签订采购合同的一项具体步骤。因此,事前必须做好准备工作。

a. 询价项目的准备。首先要根据材料使用计划列出拟询价的物资的范围及其数量和时间要求。特别重要的是,要整理出这些拟询价材料的技术规格要求,并向专家请教,搞清楚其技术规格要求的重要性和确切含义。

b. 对供应商进行必要和适当的调查。在国内外找到各类材料的供应商的名单及其通信地址和电传、电话号码等并非难事,在国内外大量的宣传材料、广告、商家目录,或者电话号码簿中都可以获得一定的资料,甚至会收到许多供应商寄送的样品、样本和愿意提供服务的意向信等自我推荐的函电。应当对这些潜在的供应商进行筛选,那些较大的和本身拥有生产制造能力的厂商或其当地代表机构可列为首选目标;而对于一些并无直接授权代理的一般性进口商和中间商则必须进行调查和慎重考核。

c. 拟定自己的成交条件预案。事先对拟采购的材料采取何种交货方式和支付办法要有自己的设想,这种设想主要是从自身的最大利益(风险最小和价格在投标报价的控制范围内)出发的。有了这样成交条件预案,就可以对供应商的发盘进行比较,迅速做出还盘反应。

②选择最恰当的询价方法。前面介绍了由承包商或业主发出询盘函电邀请供应商发盘的方法,这是常用的一种方法,适用于各种材料的采购。但还可以采用其他方法,比如招标办法、直接访问或约见供应商询价和讨论交货条件等方法,可以根据市场情况、项目的实际要求、材料的特点等因素灵活选用。

③应注意的询价技巧如下:

a. 为避免物价上涨,对于同类大宗物资最好一次将全工程的需用量汇总提出,作为询价中的拟购数量。这样,由于订货数量大而可能获得优惠的报价,待供应商提出附有交货条件的发盘之后,再在还盘或协商中提出分批交货和分批支付货款或采用"循环信用证"的办法结算货款,以避免由于一次交货即支付全部货款而占用巨额资金。

b. 在向多家供应商询价时,应当相互保密,避免供应商相互串通,一起提高报价;但也可适当分别暗示各供应商,他可能会面临其他供应商的竞争,应当以其优质、低价和良好的售后服务为原则做出发盘。

c. 多采用卖方的"销售发盘"方式询价,这样可使自己处于还盘的主动地位。但也要注意反复地讨价还价可能使采购过程拖延过长而影响工程进度,在适当的时机采用"递盘",或者对不同的供应商分别采取"销售发盘"和"购买发盘"(即"递盘"),也是货物购销市场上常见的方式。

d. 对于有实力的材料制造厂商，如果他们在当地有办事机构或者独家代理人，不妨采用"目的港码头交货（关税已付）"的方式，甚至采用"完税后交货（指定目的地）"的方式。

e. 承包商应当根据其对项目的管理职责的分工，由总部、地区办事处和项目管理组分别对其物资管理范围内材料进行询价活动。例如，属于现场采购的当地材料（砖瓦、砂石等）由项目管理组询价和采购；属于重要的材料则因总部的国际贸易关系网络较多，可由总部统一询价采购。

（3）直接订购。直接订购方式一般不进行产品的质量和价格比较，是一种非竞争性采购方式。一般适用于以下几种情况：

1）为了使设备或零配件标准化，向原经过招标或询价选择的供货商增加购货，以便适应现有设备。

2）所需设备具有专卖性质，只能从一家制造商获得。

3）负责工艺设计的承包单位要求从指定供货商处采购关键性部件，并以此作为保证工程质量的条件。

4）尽管询价通常是获得最合理价格的较好方法，但在特殊情况下，由于需要某些特定机电设备早日交货，也可直接签订合同，以免由于时间延误而增加开支。

2.2.2　市场采购

市场采购即从材料经销部门、物资贸易中心及材料市场等地购买工程所需的各种材料。随着国家指令性计划分配材料范围的缩小，市场自由购销范围越来越大，市场采购这一组织资源的渠道在企业资源来源所占比重也迅速增加。保证供应、降低成本就一定要抓好市场采购的管理工作。

1. 市场采购的特点

市场采购主要具有如下特点：

1）材料品种、规格复杂，采购工作量大，配套供应难度大。

2）市场采购材料因生产分散，经营网点多，质量及价格不统一，采购成本不易控制和比较。

3）受社会经济状况影响，资源与价格波动较大。

因市场采购材料的上述特点使工程成本中材料部分的非确定因素增多，工程投标风险大。所以控制采购成本成为企业确保工程成本的重要环节之一。

2. 市场采购的程序

（1）根据材料供应计划中确定的供应措施，确定材料采购数量及品种规格。根据各施工项目提报的材料申请计划、期初库存量和期末库存量确定出材料供应量后，应将该量按供应措施予以分解，而其中分解出的材料采购量即成为确定材料采购数量和品种规模的基本依据。同时再参考资金情况、运输情况及市场情况确定实际采购数量及品种规格。

（2）确定材料采购批量。按照经济批量法，确定材料采购批量、采购次数及各项费用的预计支出。

（3）确定采购时间和进货时间。按照施工进度计划，考虑现场运输、储备能力和加工准备周期，确定进货时间。

（4）选择和比较可供材料的企业或经营部门，确定采购对象。当同一种材料可供货源较多且价格、质量、服务差异较大时，要进行比较判断。

1）选择供货单位标准：

①质量适当。供货单位供应的材质必须符合设计要求，还需供货单位有完整的质量保证体系，保证材质稳定。应注意不能仅依靠样品判定材质，还应从库房、所供货物中随机抽查。

②成本低。在质量符合要求的前提下，应选择成本低的供货单位。即在买价、包装、运输、保管等费用综合分析后选择供货单位。

③服务质量好。除了质量、价格，供应单位的服务质量也是一条重要的选择标准。服务质量包括信誉程度、交货情况、售后服务等。

④其他。如企业的资金能力、供应单位要求的付款方式等。

2）经验判断和采购成本比较及采购招标等方法确定采购对象：

①经验判断法是根据专业采购人员的经验和以前掌握的情况进行分析、比较、综合判断，择优选定采购单位。

②采购成本比较法是当几个采购对象均能满足材料的数量、质量、价格要求，只在个别因素上有差异时，可分别考核采购成本，选择低成本的采购对象。

③采购招标法是材料采购管理部门提出材料需用的数量和基本性能指标等招标条件，各供应商根据招标条件进行投标，材料采购部门进行综合比较后进行评标和决标，与最终供货单位签订购销合同。

（5）签订合同。按照协商的各项内容，明确供需双方的权利义务，签订材料采购合同。

2.2.3　加工订货

材料加工订货是按施工图纸要求将工程所需的制品、零件与配件委托加工制作，满足施工生产需求。进行加工订货的材料与制品，通常按照其组成材料的品种不同分为木制品、金属制品与混凝土制品。

1. 金属制品的加工订货

金属制品包括成型钢筋和铁件制品两大类。钢筋的加工应按翻样提供的图纸与资料进行加工成型。材料部门要及时提供所需钢筋，并加强钢筋的加工管理。从目前的管理水平与技术水平看，钢筋适宜集中加工。集中加工有利于材料的套裁、配料及综合利用，材料的利用率较高；同时通过集中加工可提高加工工艺与加工质量。铁件制品包括预埋铁件、垃圾斗、楼梯栏杆、落水管等。其品种规格多，易丢失或漏项。加工成型的制品零散多样，不易保管。所以金属制品的加工一定要按施工部位进度安排加工，制定详细的加工计划，逐项与施工图纸进行核对。

2. 木制品（门窗）的加工订货

木制品中门窗占有一定的比例，门窗有钢质、塑料质、铝质和木质等多种。任何门窗都要先按图纸详细计算各种规格型号门窗数量，确定准确详细的加工订货数量，并按施工进度安排进场时间。对改形及异形门窗要附加工图，甚至可要求加工样品，在认为完全符合加工意图后再进行批量加工。

3. 混凝土制品的加工订货

根据施工图纸核实确定混凝土制品的品种数量后，按施工进度分批加工，以避免混凝土制品到场后的码放、运输与使用困难。所以要求加工计划准确，加工时间确定及加工质量优良。

2.2.4　组织材料的其他方式

1. 与建设单位协作采购

建设项目的开发者或建设项目的业主参与采购活动的状况，目前仍占有一定比例。与建设单位协作进行采购必须明确分工，划分采购范围及结算方式，并按照施工图预算由施工部门提出其负责采购部分材料的具体品种、规格以及进场的时间，以免造成停工待料。对于建设单位对工程所提出的特殊材料和设备，应由建设单位与设计部门、施工部门共同协商确定采购、验收、使用及结算事宜，并做好各业务环节的衔接工作。

2. 补偿贸易

补偿贸易是建筑企业与建材生产企业建立的补偿贸易关系。通常由施工企业提供部分或全部资金，用于补偿建材生产企业进行的新建、扩建、改建项目或购置机械设备。提供的资金分主要有偿投资和无偿投资两种。有偿投资分期归还，利息负担通过协商确定。补偿贸易企业生产的建筑材料，可以全部或部分作为补偿产品供应给建筑企业。

补偿贸易方式既可以建立长期稳定可靠的采购协作基地，又有利于开发新材料、新品种，促进建材生产企业提高产品质量和工艺水平，从而缓解社会供需矛盾。然而，实行补偿贸易应做好可行性调查，落实资金，签订补偿贸易合同，以确保经济关系的合法和稳定。

3. 联合开发

建筑企业与材料生产企业可以按照不同材料的生产特点和产品特点进行合资经营、联合生产、产销联合以及技术协作，从而开发更宽的货源渠道，获得较优的材料资源。

（1）合资经营。合资经营是指建筑企业与材料生产企业共同投资、共同经营管理、共担风险，实行利润分成。这种方式对稳定货源、扩大施工企业经营范围十分有利。

（2）联合生产。联合生产是由建筑企业提供生产技术，将产品的生产过程分解到材料生产企业，所生产的产品由建筑企业负责全部或部分包销。

（3）产销联合。产销联合是指建筑企业与材料生产企业之间对生产和销售的协作联合，一般是由建筑企业实行有计划的包销，这样不仅可以保证材料生产企业专心生产，而且可使材料生产企业成为建筑企业长期稳定的供应基地。

（4）技术协作。技术协作是指企业间有偿转让科技成果、工艺技术、技术咨询、培训人员，以资金或建材产品偿付其劳动支出的合作形式。

4. 调剂与协作组织货源

企业之间本着互惠互利的原则，对短缺材料的品种规格进行调剂和串换，以满足临时、急需和特殊用料。调剂与协作组织货源通常可通过以下几种形式进行：

1）全国性的物资调剂会。

2）地区性的物资调剂会。

3）系统内的物资串换。

4）各部门设立积压物资处理门市。

5）委托商品部门代为处理和销售。

6）企业间相互调剂、串换及支援。

2.3　材料的验收管理

2.3.1　材料验收基础知识

1. 现场材料进场验收要求

1）根据现场平面布置图，认真做好材料的堆放和临时仓库的搭设，要求做到有利于材料的进出和存放，方便施工，避免和减少二次搬运。

2）在材料进场时，根据进料计划、送料凭证、质量保证书或材质证明（包括厂名、品种、出厂日期、出厂编号、试验数据等）和产品合格证，进行数量验收和质量确认，做好验收记录，办理验收手续。

3）材料的质量验收工作，要按质量验收规范和计量检测规定进行，严格执行验品种、验型号、验质量、验数量、验证件制度。

4）要求复检的材料要有取样送检证明报告；新材料未经试验鉴定，不得用于工程中；现场配制的材料应经试配，使用前应签证和批准。

5）材料的计量设备必须经具有资格的机构定期检验，确保计量所需的精确度，不合格的检验设备不允许使用。

6）对不符合计划要求或质量不合格的材料，应更换、退货或降级使用，严禁使用不合格的材料。

2. 材料验收的步骤及内容

现场材料验收是材料进入施工现场的重要关口，应把好验收关。现场材料验收工作应发生在整个施工全过程。材料验收的步骤及内容如下：

（1）验收准备。

1）场地和设施的准备。料具进场前，根据用料计划、施工平面图、《物资保管规程》及现场场容管理要求，进行存料场地及设施准备。场地应平整、夯实，并按需要建棚、建库。

2）苫垫物品的准备。对进场露天存放、需要苫垫的材料，在进场前要按照《物资保管规程》的要求，准备好充足适用的苫垫物品，确保验收后的料具做到妥善保管，避免损坏变质。

3）计量器具的准备。根据不同材料计量特点，在材料进场前配齐所需的计量器具，确保验收顺利进行。

4）有关资料的准备。包括用料计划、加工合同、翻样、配套表及有关材料的质量标准；砂石沉陷率、运输途耗规定等。

（2）核对凭证。确认应收材料，凡无进料凭证和经确认不属于应收的材料不办理验收，并及时通知有关部门处理。进料凭证一般包括运输单、出库单、调拨单或发票。

（3）质量验收。现场材料的质量验收由于受客观条件所限，主要通过目测对料具外观的检查和材质性能证件的检验。材料外观检验，应检验材料的规格、型号、尺寸、颜色、方正及完整，做好检验记录。凡专用、特殊及加工制品的外观检验，应根据加工合同、图纸及翻样资料，会同有关部门进行质量验收并做好记录。

（4）数量验收。现场材料数量验收一般采取点数、称重、检尺的方法，对分批进场的材料要做好分次验收记录，对超过磅差的应通知有关部门处理。

材料验收记录单见表2-4。

表2-4 材料验收记录单

项目：　　　　　　　　　　　　　　　　　　　编号：

顾客□/供应□名称			
工程名称			
货物名称			
收货单位		验收人	
规格		型号	
计量单位		数量	
等级		产地	
到货日期		验收日期	
经验收质量状态	出厂合格证（质保书）编号		
	报告数量		
	实际数量		
	变质数量		
	检验、实验报告结果		
	报告编号		
顾客□/供应□代表签字： 年　月　日		接收单位物资主管： 年　月　日	

（5）验收手续。经核对质量、数量无误后，可以办理验收手续。验收手续根据不同情况采取不同形式。一般由收料人依据来料凭证和实收数量填写收料单；有些材料由收料人依据供方提供的调拨单直接填写实际验收数量并签字；属于多次进料最后结算办理验收

手续的，如大堆材料，则由收料人依据分次进料凭证、验收记录核对结算凭证或填写验收单或在供方提供的调拨单上签认。

由于结算期延长或部分结算凭证不全不能及时办理验收，影响使用时，可办理暂估验收，依据实际验收数量填写暂估验收单，待正式办理验收后冲回暂估数量。

验收入库凭证见表 2－5。

表 2－5 验收入库凭证

入库日期： 年 月 日 编号：

收料单位：				材料来源：			
编号	品名	规格	单位	数量		价格	
				应收	实收	单价	总价

采购员： 保管员： 材料主管：

（6）验收问题的处理。进场材料若发生品种、规格、质量不符时应及时通知有关部门及时退料，若发生数量不符时应与有关部门协商办理索赔和退料。

2.3.2 材料的取样检测

1. 见证取样的概念、范围以及程序

（1）见证取样的概念。见证试验是指在监理单位或建设单位监督下，由施工单位有关人员现场取样，取样后，将试样送至具备相应资质的检测单位进行检测的活动。

（2）见证取样的范围。建筑工程见证取样和送检的项目主要有以下几个方面：

1）用于承重结构的混凝土。

2）用于承重墙体的砌筑砂浆。

3）用于结构工程中的主要受力钢筋原材料及钢筋连接。

4）地下、屋面及厕浴间所使用的防水材料。

5）混凝土外加剂中的早强剂和防冻剂。

（3）见证取样的程序。

1）项目施工负责人和建设（监理）单位需共同制定有见证取样和送检计划，并确定承担有见证试验的试验室。

2）建设（监理）单位需向承监工程的质量监督机构和承担有见证试验的试验室递交"有见证取样和送检见证人备案书"。

3）施工企业现场试验人员按有关标准规定在现场进行原材料取样和试样制作时，见证人员必须在旁见证。

4）见证人需对试样进行监护，并和施工企业现场试验人员共同将试样送至试验室或采取有效的封志措施后送样。

5）承担有见证试验的试验室，应先检查委托文件和试样上的见证标识、封志，确认无误后，方可进行试验，否则应拒绝试验。

6）试验室应在有见证取样和送检项目的试验报告上加盖"有见证试验"专用章，并由施工单位汇总后与其他施工资料一起归入工程施工技术资料档案。

7）如有见证取样和送检的试验结果达不到规定标准的要求时，试验室应及时通知承监工程的质量监督机构和见证单位。

8）有见证试验附件。

2．原材料、半成品、构配件、设备进场验收和记录工作

1）对涉及结构安全的试块、试件以及有关材料，应当在建设单位或者工程监理单位监督下现场取样，并送至具有相应资质等级的质量检测单位进行检测。

2）建设工程质量检测机构应经省人民政府建设行政主管部门审查合格，并按规定经技术监督行政主管部门计量认证合格，方可从事建设工程质量检测。未取得建设行政主管部门资质审查合格，对施工现场建筑材料进行检测和对工程质量的检测其结果不具公信力和法定效力。

3）依法设立的工程建设质量检测机构，负责进入施工现场的原材料、半成品以及构配件的检验，主要是对有安全性要求的建筑材料进行复检，通过对有关物理性能等参数指标的检测做出施工需要的符合性判定，切实把好施工材料的进场关。

4）原材料、成品以及半成品在进场前应具有合格证，并按规定取样检验，合格后方可使用，不合格产品及材料禁止进入现场。

5）对所有进场的原材料、半成品及成品进行严格的进货检验制，对按照规范要求需要进行复试的产品，严格按规范规定进行取样复试，确保工程所使用材料的质量。

6）材料供应，必须对采购的原材料、构（配）件、成品、半成品等材料，建立健全进场前检查验收和取样送验制度，杜绝不合格的材料运到现场，在材料供应和使用过程中，严格做到"五验"（验资料、验规格、验品种、验质量、验数量），"三把关"（材料供应人员把关，技术质量试验人员把关，施工操作者把关）制度。

3 材料供应与运输管理

3.1 材料供应管理的内容

3.1.1 编制好材料供应计划

材料供应计划是建筑企业计划的一个重要组成部分，它与其他计划有着密切的联系；材料供应计划应根据施工生产计划的任务和要求来计算和编制，反之它又为施工生产计划的实现提供有力的材料保证；在成本计划中，确定成本降低指标时材料消耗定额和材料需用量是必须考虑的因素；在编制供应计划时，应正确了解材料节约量、代用品、综合利用等情况来保证成本计划的完成。在财务计划中，材料储备定额是核定企业流动资金的依据。在编制供应计划时，必须考虑到加速资金周转的要求。正确编制材料供应计划，不仅是建筑企业有计划地组织生产的客观要求，而且是影响整个建筑企业计划工作质量的重要因素。

1. 材料供应计划的作用

1）正确编制和执行材料供应计划，组织供需平衡，能做到品种齐全、供应及时、数量准确，质量合用，这为企业完成生产任务提供了有效的物质保证。

2）正确编制和执行材料供应计划，能充分发挥各供应渠道的作用，充分挖掘企业内部的潜力，不仅利于做到物尽其用，使现有材料发挥更大的经济效果，而且可以推动企业开展技术革新和大力采用新工艺、新材料。

3）正确编制和执行材料的供应计划，可以充分利用市场调节的有利条件，做好物资采购，搞好均衡供应，加速物资周转，节约储备资金，保证施工生产的进行。

2. 材料供应计划工作的原则

1）实事求是。不能弄虚作假，维护计划的严肃性。不能采取少报库存，多报需用，加大储备的错误手段。这种做法虽然容易做到保证供应，但也容易因此造成物资及资金的积压，影响和阻碍材料管理水平的提高。

2）积极可靠。计划的积极，就是要比较先进，能调动主观能动性，经过努力能够完成。计划的可靠，就是要对材料的需用量和储备量进行认真的核算，有科学的依据。对资源的到货情况应了解清楚，充分预计在执行计划时可能出现的种种因素，使计划制订得比较符合实际，留有余地。

3）统筹兼顾，树立全局观念，注重整体利益。对于短线紧缺物资，能不用的尽量不用，能代用的尽量代用，能少用的绝不多用。

3.1.2 材料供应计划的实施

在材料供应计划确定以后，应对外分渠道落实货源，对内组织计划供应来保证计划的实现。在计划执行过程中，影响计划的执行因素有多种。因此，要注意在落实计划中组织平衡调度，其主要方式如下：

1. 会议平衡

月度（或季度）供应计划编制后，供应部门（或供应机构）召开材料平衡会议，由供应部门向用料单位说明计划期材料到货及各单位需用的总情况，并说明施工进度及工程性质，结合内外资源，分轻重缓急。在保重点工程、保竣工扫尾的原则下，先重点，再一般，最后具体宣布对各单位的材料供应量，平衡会议通常自上而下召开，逐级平衡。

2. 重点工程专项平衡

对列为重点工程的项目，由公司主持召开会议，专项研究组织落实计划，拟订措施，务必保证重点工程能够顺利进行。

3. 巡回平衡

为协助各单位工程解决供需矛盾，通常在季（月）度供应计划的基础上，组织服务队定期到各施工点巡回服务，务必掌握第一手资料来做好计划落实工作，确保施工任务的完成。

4. 与建设单位协作配合搞好平衡

属于建设单位供应的材料，建筑企业要主动、积极地与建设单位交流供需信息，避免因脱节而影响施工。

3.1.3　材料供应情况的分析与考核

对供应计划的执行情况作经常的检查与分析，发现在执行过程中的问题，采取对策以保证计划的实现。检查的方法主要包括：经常检查与定期检查两种。经常检查是在计划执行期间，随时对计划作检查，发现问题及时进行纠正。定期检查指月度、季度及年度等检查。

1. 材料供应计划完成情况分析

将某类材料（或某种材料）实际供应数量与计划供应数量进行比较，可考核某种或某类材料计划完成程度与完成效果。可按式（3-1）计算：

$$\text{某种（类）材料供应计划完成率（％）} = \frac{\text{某种（类）材料实际供应数量（金额）}}{\text{该种（类）材料计划供应数量（金额）}} \times 100\% \quad (3-1)$$

在考核某类材料供应计划完成情况时，实物量计量单位如有差异，可使用金额指标；考核某种材料供应计划完成情况时，如实物量计量单位一致，可使用实物数量指标。

考核材料供应计划完成率是从整体上考核材料供应完成情况，而具体品种规格，尤其是对未完成材料供应计划的材料品种，对其进行品种配套供应考核是非常必要的。

$$\text{材料供应品种配套率（％）} = \frac{\text{实际满足供应的品种数}}{\text{计划供应品种数}} \times 100\% \quad (3-2)$$

2. 对材料供应的及时性分析

在检查考核材料收入总量计划的执行情况时，会出现收入总量的计划完成情况较好，但实际上施工现场却出现停工待料的现象。也就是收入总量充分，但供应时间不及时，同样会影响施工生产的正常进行。

3. 对供应材料的消耗情况分析

按施工生产验收的工程量，考核材料供应量是否全部消耗，分析其所供材料是否适用，进而指导下一步材料供应并处理好遗留问题。

$$材料剩余量 = 实际供应量 - 实际消耗量 \qquad (3-3)$$

实际供应量为材料供应部门按项目申请计划所确定的数量而供应项目的数量；实际消耗量为根据班组领料、剩料、退料及验收完成的工程量统计的材料数量。

3.2　材料供应方式

3.2.1　材料供应方式的种类

1. 直达供应和中转供应方式

直达供应和中转供应方式的定义和特点见表3-1。

表3-1　直达供应和中转供应方式的定义和特点

供应方式	定　义	特　　点	备　注
直达供应方式	直达供应方式是指由生产企业直接供应给需用单位材料，而不经过第三方	1. 降低了材料流通费用和材料途耗，加速了材料周转（减少了中间环节，缩短了材料流通时间，减少了材料装卸、搬运次数，节省了人力、物力和财力支出）； 2. 由于供需双方的经济往来是直接进行的，可以加强双方的相互了解和协作，促进生产企业按需生产，并能及时反馈有关产品质量信息，有利于生产企业提高产品质量，生产适销对路产品	通常采用直达供应方式进行大宗材料和专用材料供应，工作效率高，流通效益好
中转供应方式	中转供应方式是指生产企业供给需要单位材料时，由第三方衔接	1. 可以减少材料生产企业的销售工作量，同时也可以减少需用单位的订购工作量； 2. 中转供应可以使需用单位就地就近组织订货，加速资金周转，降低库存储备； 3. 中转供应使处于流通领域的材料供销机构起到"集零为整"和"化整为零"的作用	这种方式适用于消耗量小、通用性强、品种规格复杂、需求可变性较大的材料。它虽然增加了流通环节，但从保证配套、提高采购工作效率和就地就近采购看，也是一种不可少的材料供应方式

2. 发包方供应方式

发包方供应方式是指建设项目开发部门或项目业主供给需用单位建设项目实施材料，发包方负责项目所需资金的筹集和资源组织，按照建筑企业编制的施工图预算负责材料的采购供应。施工企业只负责施工中材料的消耗及耗用核算。

发包方供应方式要求施工企业必须按生产进度和施工要求及时提出准确的材料计划。为确保施工生产的顺利进行，发包方应根据计划按时、按质、按量，配套地供应材料。

3．承包方供应方式

承包方供应方式是由建筑企业根据生产特点和进度要求，负责材料的采购和供应。

承包方供应方式可以按照生产特点和进度要求组织进料，可以在所建项目之间进行材料的集中加工，综合配套供应，可以合理调配劳动力和材料资源，从而保证项目建设速度。承包方供应还可以根据各项目要求从生产厂大批量集中采购而形成批量优势，采取直达供应方式，减少流通环节，降低流通费用支出。这种供应方式下的材料采购、供应、使用的成本核算，由承包方承担，这样必然有助于承包方加强材料管理，采取措施，节约使用材料。

4．承发包双方联合供应方式

承发包双方联合供应方式是指建设项目开发部门或建设项目业主和施工企业，根据合同约定的各自材料采购供应范围，实施材料供应。由于是承发包双方联合完成一个项目的材料供应，因此在项目开工前必须就材料供应中具体问题作明确分工，并签订材料供应合同。在合同中应明确的内容主要有以下几点：

1）供应范围。项目施工用主要材料、辅助材料、水电材料、装饰材料、专用设备、周转材料、各种制品、工具用具等的分工范围。要明确具体的材料品种甚至规格。

2）供应材料的交接方式。材料的验收、发放、领用、保管及运输方式和分工及责任划分，材料供应中可能出现问题的处理方法与程序。

3）材料采购、供应、保管、运输、取费及有关费用的计取方式。采购保管费的计取、结算方法，运输费的承担方式，成本核算方法，现场二次搬运费、试验费、装卸费及其他费用。材料采购中价差核算方法与补偿方式。

4）材料供应中可能出现的其他问题。如质量、价格认证与责任分工，材料供应对工期的影响等因素均应阐明要求，来促进双方的配合与协作。

承发包双方联合供应方式，在目前是一种较普遍的供应方式。这种方式一方面可以充分利用发包方的资金优势、采购渠道优势，又能使施工企业发挥其主动性和灵活性，提高投资效益。但这种方式易出现采购供应中可能发生的交叉因素所带来的责任不清，因此必须有有效的材料供应合同作保证。

承发包双方联合供应方式，通常由发包方负责主要材料、装饰材料和设备，承包方负责其他材料的分工形式为多；也有所有材料以一方为主，另一方为辅的分工形式。建筑企业在进行材料供应分工的谈判前，必须确定材料供应必保目标和争取目标，为建设项目的顺利施工和完成打好基础。

3.2.2 材料供应的数量控制方式

按照材料供应中对数量控制的方式不同，材料供应有限额供应和敞开供应两种方式。

1．限额供应

限额供应，也称定额供应，就是根据计划期内施工生产任务和材料消耗定额及技术节约措施等因素，确定供应材料数量标准。材料部门以此作为供应的限制数量，施工操作部门在限额内使用材料。

限额供应可以分为定期和不定期两种，既可按旬、按月、按季限额，也可按部位、按分期工程限额，而不论其限额时间长短、限额数量可以一次供应就位，也可分批供应，但供应累计总量不得超过限额数量。限额的限制方法可以采取凭票、凭证方法，按时间或部位分别计账，分别核算。凡在施工中材料耗用已达到限额而未完成相应工程量，需超限额使用时，必须经过申请和批准，并记入超耗账目。限额供应具有以下作用：

1）利于促进材料合理使用，降低材料消耗和工程成本。由于限额以材料消耗定额为基础明确规定了材料的使用标准，因此促使施工现场精打细算地节约使用材料。

2）限额量是检查节约还是超耗的标准。发现浪费，应分析原因，追究责任，这能推动施工现场提高生产管理水平，改进操作方法，大力采用新技术、新工艺，来保证在限额标准以内完成生产任务。

3）可改进材料供应工作，提高材料供应管理水平。因为它能加强材料供应工作的计划预见性，能及时掌握消耗情况和材料库存，便于正确确定材料供应量。

2．敞开供应

根据资源和需求供应，对供应数量不作限制，不下指标，材料耗用部门随用随要供应的方法即为敞开供应。

这种方式对施工生产部门来说灵活方便，可减少现场材料管理的工作量，而使施工部门集中精力搞生产。但实行这种供应方式的材料，必须是资源比较丰富，材料采购供应效率高，而且供应部门必须保持适量的库存。敞开供应容易造成用料失控，材料利用率下降，从而加大成本。故这种供应方式，通常用于抢险工程、突击性建设工程的材料需用。

3.2.3　材料的领用方式

按材料供应中实物到达方式不同将其分为领料供应方式和送料供应方式两种。

1．领料供应方式

领料供应方式（也称为提料方式）是指由施工生产用料部门根据供应部门开出的提料单或领料单，在规定的期限内到指定的仓库（堆栈）提（领）取材料。提取材料过程的运输由用料单位自行办理。

领料供应可使用料部门根据材料耗用情况和材料加工周期合理安排进料，避免现场材料堆放过多，造成保管困难。然而，容易造成材料供应部门和使用部门之间的脱节，供应应变能力差，从而影响施工生产顺利进行。

2．送料供应方式

送料供应是指由材料供应部门根据用料单位的申请计划，负责组织运输，将材料直接送到用料单位指定地点。送料供应要求材料供应部门做到供货数量、品种、质量与生产需要相一致，送货时间与施工生产进度相协调，送货的间隔期与生产进度的延续性相平衡。

送料制的实行有利于施工生产部门节省领料时间，能够集中精力搞好生产，促进生产发展，有利于密切供需关系，有利于加强材料消耗定额的管理，能够促进施工现场落实技术节约措施，实行送新收旧，有利于修旧利废。

3.2.4　材料供应方式的选择

选择合理供应方式的目的在于实现材料流通的合理化。选择合理的供应方式能使材料用最短的流通时间、最少的费用投入使用，加速材料和资金周转，加快生产过程。选择供应方式时，主要应考虑下列因素：

1. 需用单位的生产规模

生产规模大，需用同种材料数量也大，适宜直达供应；生产规模小，需要同种材料数量相对也少，适宜中转供应。

2. 需用单位的生产特点

生产的阶段性和周期性往往产生阶段性和周期性的材料需用量较大，此时宜采取直达供应，反之可采取中转供应。

3. 材料的特性

专用材料，使用范围狭窄，以直达供应为宜；通用材料，使用范围广，当需用量不大时，以中转供应为宜。体大笨重的材料，如钢材、水泥、木材、煤炭等，以直达供应为宜；不宜多次装卸、搬运、储存条件要求较高的材料，如玻璃、化工原料等，以直达供应为宜；品种规格多，需求量不大的材料，如辅助材料、工具等，中转供应为宜。

4. 运输条件

运输条件的好坏，直接关系材料流通时间长短和费用多少。一次发货量不够整车的，一般不宜采用直达供应而采用中转供应为好。需用单位离铁路线较近或有铁路专用线和装卸机械设备等，宜采用直达供应；需用单位如果远离铁路线，不同运输方式的联运业务又未广泛推行的情况下，则宜采用中转供应。

5. 供销机构的情况

材料供销网点比较广泛和健全，离需用单位较近，库存材料的品种、规格比较齐全，能满足需用单位要求，服务比较周到，中转供应比重就会增加。

6. 生产企业的订货限额和发货限额

订货限额是生产企业接受订货的最低数量，一般用量较小，订货限额也较低。发货限额通常是以一个整车装载量为标准，采用集装箱时，则以一个集装箱的装载量为标准。某些普遍用量较小的材料和不便中转供应的材料，如危险材料、腐蚀性材料等，其发货限额可低于上述标准，订货限额和发货限额订得过高，会影响直达供应的比重。

3.3　材料定额供应方法

定额供应，包干使用，是在实行限额领料的基础上，通过建立经济责任制，签订材料定包合同，达到合理使用材料和提高经济效益的目的的一种管理方法。定额供应、包干使用的基础是限额领料。限额领料方法要求施工队组在施工时必须将材料的消耗量控制在该操作项目消耗定额之内。

定额供应，包干使用的管理方法，有利于建设项目加强材料核算，促进材料使用部门合理用料，降低材料成本，提高材料使用效果和经济效益。

3.3.1　限额领料的形式

1. 按分项工程限额领料

按分项工程限额领料是指按工程进度限额。以班组为对象，限额领料。例如按砌墙、抹灰、支模、混凝土、油漆等工种，以班组为对象实行限额领料。这种形式便于管理，特别是对班组专用材料，见效快。但容易使各工种班组从自身利益出发，较少考虑工种之间的衔接和配合，易出现某分项工程节约较多，而其他分项工程节约较少甚至超耗的现象。

2. 按工程部位限额领料

按工程部位限额领料是指按基础、结构、装饰等施工阶段，以施工队为责任单位进行限额供料。其优点是以施工队为对象增强了整体观念，有利于工种的配合和工序衔接，有利于调动各方面积极性。但这种做法往往重视容易节约的结构部位，而对容易发生超耗的装饰部位难以实施限额或影响限额效果。同时由于以施工队为对象，增加了限额领料的品种、规格，要求施工队内部有良好的管理措施和手段，做好控制和衔接。

3. 按单位工程限额领料

按单位工程限额领料是指一个工程从开工到竣工的用料实行限额。它是工程部位限额领料的扩大，适用于工期不太长的工程。其优点是可以提高项目独立核算能力，有利于产品最终效果的实现。同时各项费用捆在一起，从整体利益出发，有利于工程统筹安排，对缩短工期有明显效果。这种做法在工程面大、工期长、变化多、技术较复杂的工程使用，容易放松现场管理，造成混乱，因此必须加强组织领导，提高施工队的管理水平。

3.3.2 限额领料数量的确定

1. 限额领料数量的确定依据

1) 正确的工程量是计算材料限额的基础。工程量是按工程施工图纸计算的，在正常情况下是一个确定的数量。但在实际施工中常有变更情况，例如设计变更，由于某种需要，修改工程原设计，工程量也就发生变更。又如施工中没有严格按图纸施工或违反操作规程引起工程量变化，像基础挖深挖大，混凝土量增加；墙体工程垂直度、平整度不符合标准，造成抹灰加厚等。因此，正确的工程量计算要重视工程量的变更，同时要注意完成工程量的验收，以求得正确的工程量，作为最后考核消耗的依据。

2) 定额的正确选用是计算材料限额的标准。选用定额时，先根据施工项目找出定额中相应的分章工种，根据分章工种查找相应的定额。

3) 凡实行技术节约措施的项目，一律采用技术节约措施新规定的单方用料量。

2. 实行限额领料应具备的技术条件

(1) 设计概算。这是由设计单位根据初步设计图纸、概算定额及基建主管部门颁发的有关取费规定编制的工程费用文件。

(2) 设计预算（施工图预算）。它是根据施工图设计要求计算的工程量、施工组织设计、现行工程预算定额及基建主管部门规定的有关取费标准进行计算和编制的单位或单项工程建设费用文件。

(3) 施工组织设计。它是组织施工的总则，协调人力、物力，妥善搭配、划分流水段，搭接工序、操作工艺，以及现场平面布置图和节约措施，用以组织管理。

(4) 施工预算。这是根据施工图计算的分项工程量，用施工定额水平反映完成一个单位工程所需费用的经济文件。主要包括三项内容：

1) 工程量：按施工图和施工定额的口径规定计算的分项、分层、分段工程量。

2）人工数量：根据分项、分层、分段工程量及时间定额，计算出用工量，最后计算出单位工程总用工数和人工数。

3）材料限额耗用数量：根据分项、分层、分段工程量及施工定额中的材料消耗数量，计算出分项、分层、分段的材料需用量，然后汇总成为单位工程材料用量，并计算出单位工程材料费。

（5）施工任务书。它主要反映施工队组在计划期内所施工的工程项目、工程量及工程进度要求，是企业按照施工预算和施工作业计划，把生产任务具体落实到队组的一种形式。主要包括以下内容：

1）任务、工期、定额用工。

2）限额领料数量及料具基本要求。

3）按人逐日实行作业考勤。

4）质量、安全、协作工作范围等交底。

5）技术措施要求。

6）检查、验收、鉴定、质量评比及结算。

（6）技术节约措施。企业内部定额的材料消耗标准，是在一般的施工方法、技术条件下确定的，为了降低材料消耗，保证工程质量，必须采取技术节约措施，才能达到节约材料的目的。

（7）混凝土及砂浆的试配资料。定额中混凝土及砂浆的消耗标准是在标准的材质下确定的，而实施采用的材质往往与标准距离较大。为保证工程质量，必须根据进场的实际材料进行试配和试验。因此，计算混凝土及砂浆的定额用料数量，要根据试配合格后的用料消耗标准计算，详见表3-2、表3-3。

表3-2 混凝土配合比申请单

编号：＿＿＿＿＿＿＿＿＿

委托单位：＿＿＿＿＿ 工程名称：＿＿＿＿＿ 施工部位：＿＿＿＿＿

设计的强度等级：＿＿＿＿＿ 申请强度等级：＿＿＿＿＿ 坍落度要求：＿＿＿＿＿

其他要求：＿＿＿＿＿＿＿＿＿＿＿

搅拌方法：＿＿＿＿＿ 振捣方法：＿＿＿＿＿ 养护方法：＿＿＿＿＿

水泥品种及标号：＿＿＿＿＿ 厂别及牌号：＿＿＿＿＿ 进场日期：＿＿＿＿＿ 试验编号：＿＿＿＿＿

砂子产地及品种：＿＿＿＿＿ 细度模数：＿＿＿＿＿ 含泥量：＿＿＿＿＿ 试验编号：＿＿＿＿＿

石子产地及品种：＿＿＿＿＿ 最大粒径：＿＿＿＿＿ 含泥量：＿＿＿＿＿ 试验编号：＿＿＿＿＿

其他材料：＿＿＿＿＿＿＿＿＿

掺合料名称及掺量：＿＿＿＿＿ 外加剂名称及掺量：＿＿＿＿＿

申请日期：＿＿＿＿＿ 使用日期：＿＿＿＿＿ 申请负责人：＿＿＿＿＿ 联系电话：＿＿＿＿＿

标号	水灰比	砂率（%）	水泥（kg）	水（kg）	砂（m³）	石（m³）	掺和料	配合比	试配编号

续表 3 – 2

标号	水灰比	砂率（%）	水泥（kg）	水（kg）	砂（m³）	石（m³）	掺和料	配合比	试配编号

备注：

负责人：＿＿＿＿＿　　审核：＿＿＿＿＿　　计算：＿＿＿＿＿　　实验：＿＿＿＿＿

表 3 – 3　砂浆配合比申请表

试验编号：＿＿＿＿＿＿＿＿＿

委托单位：＿＿＿＿＿　　工程名称：＿＿＿＿＿　　电　话：＿＿＿＿＿

砂浆种类：＿＿＿＿＿　　等　级：＿＿＿＿＿　　施工部位：＿＿＿＿＿

水泥品种及标号：＿＿＿＿＿　　厂　别：＿＿＿＿＿　　进场日期：＿＿＿＿＿　　试验编号：＿＿＿＿＿

砂子产地：＿＿＿＿＿　　细度模数：＿＿＿＿＿　　含泥量：＿＿＿＿＿　　试验编号：＿＿＿＿＿

掺合料种类：＿＿＿＿＿　　申请日期：＿＿＿＿＿　　使用日期：＿＿＿＿＿　　申请人：＿＿＿＿＿

标号	配　合　比					每立方米砂浆的用量（kg/m³）				
	水泥	白灰膏	砂子	掺和料	外加剂	水泥	白灰膏	砂子	掺和料	外加剂

提要：＿＿＿＿＿＿＿＿＿＿＿＿＿＿＿＿＿＿＿＿＿＿＿＿

负责人：＿＿＿＿＿　　审核：＿＿＿＿＿　　计算：＿＿＿＿＿　　实验：＿＿＿＿＿

报告日期：　　年　　月　　日

（8）有关的技术翻样资料。主要指门窗、五金、油漆、钢筋、铁件等。其中，五金、油漆在施工定额中没有明确的式样、颜色和规格，这些问题需要和建设单位协商，根据图纸和当时的资料来确定。门窗也可根据图纸、资料，按有关的标准图集提出加工单。钢筋根据图纸和施工工艺的要求由技术部门提供加工单。所以，资料和技术翻样是确定限额领料的依据之一，详见表3－4、表3－5、表3－6。

表3－4　加工申请表

施工单位：＿＿＿＿＿＿＿＿＿＿＿＿

工程名称：＿＿＿＿＿＿＿＿＿＿＿　　年　月　日　　　　　　　第　页　共　页

图集代号	产品名称	型号规格	单位	合计数量	分 层 数 量								备注
					基础	一层	二层	三层	四层	五层	六层	七层	

申请单位：　　　　　经办人：　　　　　电话：　　　　　制表：　　　　　电话：

表3－5　钢筋配料单

施工单位：＿＿＿＿＿＿＿＿＿＿＿＿

工程名称：＿＿＿＿＿＿＿＿＿＿＿　　年　　月　　日　　　　　第　页　共　页

编号	规格（mm）	间距（cm）	钢筋形状（cm）	断料长度（cm）	每件根数	总根数	总长（m）	总重（kg）	备注

审核：　　　　　　　　　　　　　　　　　　　　　翻样：

表 3 - 6 钢筋配料单

施工单位：_____

工程名称：_____ 年 月 日 第 页 共 页

编号	名称	单位	数量	说明	编号	名称	单位	数量	说明
附图：									

审核： 制表： 年 月 日

（9）补充定额。材料消耗定额的制定过程中可能存在遗漏，也有随着新工艺、新材料、新的管理方法的采用，原制定的不适用，因此使用中需要进行适当的修订和补充。

3. 限额领料数量的计算

限额领料数量应按下式计算：

$$限额领料数量 = 计划实物工程量 \times 材料消耗施工定额 - 技术组织措施节约额 \quad (3-4)$$

3.3.3 限额领料的步骤

1. 限额领料单的签发

限额领料单的签发，由计划统计部门按施工预算的分部分项工程项目和工程量，负责编制班组作业计划，劳动定额员计算用工数量，材料定额员按照企业现行内部定额，扣除技术节约措施的节约量，计算限额用料数量，并注明用料要求及注意事项。

在签发过程中，要注意的问题是定额要选用准确，对于采取技术节约措施的项目应按实验室通知单上所列配合比单方用量加损耗签发。另外，装饰工程中如采用新型材料，定额中没有的项目一般采用的方法有：参照新材料的有关说明书，协同有关部门进行实际测定，套用相应项目的预算。

2．限额领料单的下达

限额领料单一般一式五份，一份交计划员作存根；一份交材料保管员作发料凭证；一份交劳资部门；一份交材料定额员；一份交班组作为领料依据。限额领料单要注明质量等部门提出的要求，由工长向班组下达和交底，对于用量大的领料单应进行口头或书面交底。

用量大的领料单，一般指分部位承包下达的混合队领料单，如结构工程既有混凝土，又有砌砖及钢筋支模等，应根据月度工程进度，做出分层次、分项目的材料用量，这样才便于控制用料及核算，起到限额用料的作用。

3．限额领料单的应用

限额领料单的使用是保证限额领料实施和节约使用材料的重要步骤。班组料具员持限额领料单到指定仓库领料，材料保管员按领料单所限定的品种、规格以及数量发料，并作好分次领用记录。在领发过程中，双方办理领发料手续，填制领料单，注明用料的单位工程和班组，材料的品种、规格、数量以及领用日期，双方签字认证。做到仓库有人管，领料有凭证，用料有记录。

班组要按照用料的要求做到专料专用，不得串项，对领出的材料要妥善保管。同时，班组料具员要搞好班组用料核算，各种原因造成的超限额用料必须由工长出具借料单，材料人员可先借3日内的用料，并在3日内补办手续，不补办的停止发料，做到没有定额用料单不得领发料。

4．限额领料单的检查

在限额领料方法应用过程中，会有许多因素影响班组用料。定额员要深入现场调查研究，会同有关人员从多方面检查，对发现的问题帮助班组解决，使班组正确执行定额用料，落实节约措施，做到合理使用。检查的主要内容有以下几方面：

（1）检查项目。检查班组是否按照用料单上的项目进行施工，是否存在串料项目。在定额用料中，应对班组经常进行以下五个方面的检查和落实：

1）检查设计变更的项目有无发生变化。

2）检查用料单所包括的施工是否做，是否甩，是否做齐。

3）检查项目包括的工作内容是否都已做完。

4）检查班组是否做限额领料单以外的施工项目。

5）检查班组是否有串料项目。

（2）检查工程量。检查班组已验收的工程项目的工程量是否与用料单上所下达的工程量一致。班组用料量的多少，是根据班组承担的工程项目的工程量计算的。工程量超量必然导致材料超耗，只有严格按照规范要求做，才能保证实际工程量不超量。在实际施工过程中，由于各种因素的影响，往往造成超高、超厚、超长、超宽而加大施工量。如浇筑梁、柱、板混凝土时，因模板超宽、缝大、不方正等原因，造成混凝土超量，主要查模板尺寸，还应在木工支模时建议模板要支得略小一点，防止浇筑混凝土时模板胀出加大混凝土量。

（3）检查操作。检查班组在施工中是否严格按照规定的技术操作规范施工。不论是执行定额还是执行技术节约措施，都必须按照定额及措施规定的方法要求去操作，否则就达不到预期效果。有的工程项目工艺比较复杂，应重点检查主要项目和容易错用材料的项目。在砌砖、现浇混凝土、抹灰工程中，要检查是否按规定使用混凝土及砂浆配合比，防止以高强度等级代替低强度等级，以水泥砂浆代替混合砂浆。

（4）检查措施的执行。检查班组在施工中技术节约措施的执行情况。技术节约措施是节约材料的重要途径，班组在施工中是否认真执行，直接影响着节约效果。因此，不但要按措施规定的配合比和掺合料签发用料单，而且要检查班组的执行情况，通过检查帮助班组解决执行中存在的问题。

（5）查活完脚下清。检查班组在施工项目完成后材料是否做到剩余材料及时清理，用料有无浪费现象。材料超耗的因素是操作时落地材料过多，为避免材料浪费可以采取以下措施：尽量减少材料落地，对落地材料要及时清理，有条件的要随用随清，材料不能随用的集中分拣后再利用。

材料员要协助促使班组计划用料，做到砂浆不过夜，灰槽不剩灰，半砖砌上墙，大堆材料清底使用，砂浆随用随清，运料车严密不漏，装车不要过高，运输道路保持平整，筛漏集中堆放，后台保持清洁，刷罐灰尽量利用，通过对活完脚下清的检查，达到现场废物利用和节约材料的目的。

5. 限额领料单的验收

班组完成任务后，应由工长组织有关人员进行验收，工程量由工长验收签字、统计，预算部门把关，审核工程量，工程质量由技术质量部门验收，并在任务书签署检查意见，用料情况由材料部门签署意见，验收合格后办理退料手续，见表3-7。

表3-7 限额领料验收记录

项目	施工队"五定"	班组"五保"	验收意见
工期要求			
质量标准			
安全措施			
节约措施			
协作			

6. 限额领料单的结算

班组长将验收件合格的任务书送交定额员结算。材料定额员根据验收的工程量和质量部门签署的意见，计算班组实际应用量和实际耗用量结算盈亏，最后根据已结算的定额用料单分别登入班组用料台账，按月公布班组用料节超情况，并作为评比和奖励的依据，见表3-8。

表3-8　分部分项工程材料承包结算表

单位名称		工程名称		承包项目	
材料名称					
设计预算用量					
发包量					
实耗量					
实耗与设计预算比					
实耗与发包量比					
节超价值					
提供率					
提奖率					
主管领导审批意见			材料部门审批意见		
（盖章）　　　　年　月　日			（盖章）　　　　年　月　日		

在结算中应注意以下问题：

1）班组任务书如个别项目因某种原因由工长或计划员进行更改，原项目未做或完成一部分而又增加了新项目，这就需要重新签发用料单后与实耗对比。

2）由于上道工序造成下道工序用料超过常规，应按实际验收的工程量计算用量。如抹灰工程中班组施工的某一项目，墙面抹灰，定额标准厚度是2cm，但由于上道工序造成墙面不平整增加了抹灰厚度，应按工长实际验收的厚度换算单方用量后再进行结算。

3）要求结算的任务书，材料耗用量与班组领料单实际耗用量及结算数字要对应。

7．限额领料单的分析

根据班组任务结算的盈亏数量，进行节超分析，主要是根据定额的执行情况，搞清材料节约和浪费的原因，目的是揭露矛盾、堵塞漏洞，总结交流节约经验，促使进一步降低材料消耗，降低工程成本，并为今后修订和补充定额，提供可靠资料。

3.3.4　限额领料的核算

核算的目的是考核该工程的材料消耗，是否控制在施工定额以内，同时也为成本核算提供必要的数据及情况。

1）根据预算部门提供的材料分析，做出主要材料分部位的两项对比。

2）要建立班组用料台账，定期向有关部门提供评比奖励依据。

3）建立单位工程耗料台账，按月登记各工程材料耗用情况，竣工后汇总，并以单位工程报告形式做出结算，作为现场用料节约奖励、超耗罚款的依据。

3.4　材料配套供应

材料配套供应是指在一定时间内对某项工程所需的各种材料（包括主要材料、辅助材料、周转使用材料和工具用具等），根据施工组织设计要求，通过综合平衡，按材料的品种、规格、质量以及数量配备成套，供应到施工现场。

建筑材料配套性强，任何一个品种或规格出现缺口，都会影响工程进行。各种材料只有齐备配套，才能保证工程顺利建成投产。材料配套供应，是材料供应管理重要的一环，也是企业管理的一个组成部分，需要企业各部门密切配合协作，搞好材料配套供应工作。

3.4.1　材料配套供应应遵循的原则

1．保证重点的原则

重点工程关系到国民经济的发展，所需各项材料必须优先配套供应。有限的资源，应该投放到最急需的地方，反对平均分配使用。以下情况要优先供应：

1）国家确定的重点工程项目，必须保证供应。

2）企业确定的重点工程项目，系施工进程中的重点，必须重点组织供应。

3）配套工程的建成，可以使整个项目形成生产能力，为保证"开工一个，建成一个"，尽快建成投产，所需材料也应优先供应。

2．统筹兼顾的原则

对各个单位、各项工程、各种使用方向的材料，要全面考虑，统筹兼顾，进行综合平衡。既要保证重点，也要兼顾一般，以保证施工生产计划全面实现。

3．勤俭节约的原则

建筑工程每天都消费大量材料，在配套供应的过程中，应贯彻勤俭节约的原则，在保证工程质量的前提下，充分挖掘物资潜力，合理充分地利用库存。实行定额供应和定额包干等经济管理手段，促进施工班组贯彻材料节约技术措施与消耗管理，降低材料单耗。

4．就地就近供应原则

在分配、调运和组织送料过程中，都要本着就地就近配套供应的原则，并力争从供货地点直达现场，以节省运杂费。

3.4.2　材料平衡配套方式

1．会议平衡配套

会议平衡配套又称集中平衡配套，是在安排月度计划前，由施工部门预先提出需用计划，材料部门深入施工现场，对下月施工任务与用料计划进行详细核实摸底，结合材料资源进行初步平衡，然后在各基层单位参加的定期平衡调度会上互相交换意见，确定材料配套供应计划，并解决临时出现的问题。

2．重点工程平衡配套

列入重点的工程项目，由主管领导主持召开专项会议，研究所需材料的配套工作，决定解决办法，做到安排一个，落实一个，解决一个。

3．巡回平衡配套

巡回平衡配套，指定期或不定期到各施工现场，了解施工生产需要，组织材料配套，解决施工生产中的材料供需矛盾。

4．开工、竣工配套

开工配套以结构材料为主，目的是保证工程开工后连续施工。竣工配套以装修和水电安装材料及工程收尾用料为主，目的是保证工程迅速收尾和施工力量的顺利转移。

5．与建设单位协作平衡配套

施工企业与建设单位分工组织供料时，为了使建设单位供应的材料与施工企业市场采购、调剂的材料协调起来，应互相交换备料、到货情况，共同进行平衡配套，以便安排施工计划，保证材料供应。

3.4.3　材料配套供应方式

1．以单位工程为对象进行配套供应

采取单项配套的方法，保证单位工程配套的实现。配套供应的范围，应根据工程的实际条件来确定。例如以一个工程项目中的土建工程或水电安装工程为对象进行配套供应。对这个单位工程所需的各种材料、工具、构件、半成品等，按计划的品种、规格、数量进行综合平衡，按施工进度有秩序地供应到施工现场。

2．以一个工程项目为对象进行配套供应

由于牵涉到土建、安装等多工种的配合，所需料具的品种规格更为复杂，这种配套方式适用于由现场项目部统一指挥、调度的工程和由现场型企业承建的工程。

3．大分部配套供应

采用大分部配套供应，有利于施工管理和材料供应管理。把工程项目分为基础工程、框架结构工程、砌筑工程、装饰工程、屋面工程等几个大分部，分期分批进行材料配套供应。

4．分层配套供应

对于半成品和钢木门窗、预制构件、预埋铁件等，按工程分层配套供应。这个办法可以少占堆放场地，避免堆放挤压，有利于定额耗料管理。

5．配套与计划供应相结合

综合平衡、计划供应是过去和现在通常使用的供应管理方式。计划供应与配套供应相结合，首先对确定的配套范围，认真核实编好材料配套供应计划，经过综合平衡后，切实按配套要求把材料供应到施工现场，并严格控制超计划用料。这样的供应计划才更切合实际，满足施工生产需要。

6．配套与定额管理相结合

定额管理主要包括两个内容，一是定额供料，二是定额包干使用。配套供应必须与定额管理结合起来，不但配套供料计划要按材料定额认真计算，而且要在配套供应的基础上推行材料耗用定额包干，整体提高配套供应水平和定额管理水平。

7．周转使用材料的配套供应

周转使用材料也要进行配套供应，应以单位工程为对象，按照定额标准计算出实际需

用量，按施工进度要求编制配套供应计划，并按计划进行供应。

3.5 材料运输管理

3.5.1 材料运输方式

我国目前的运输方式有多种，它们各有不同的特点，采用着各种不同的运输工具，能适应不同情况的材料运输。在组织材料运输时，应结合各种运输方式的特点、运输距离的远近、材料的性质、供应任务的缓急及交通地理位置来确定，并选择使用。

1. 按运输工具划分

材料的运输方式按运输工具可以划分为以下几种形式：

（1）铁路运输。铁路运输是长距离运输的主要方式，其货运能力大，运输速度快，运费较低，不受季节影响，连续性强，运行较安全、准时，始发和到达的作业费较高。

铁路是现代化的交通运输工具。货车按产权可分为铁路货车和企业自备车两种。我国铁路上运用的货车类型较多，主要有棚车、敞车、煤车、平车、砂石车、罐车和冷藏车等，其基本符号和主要用途见表3-9。

表3-9 铁路货车主要类型和基本符号表

主要类型		基本符号	主 要 用 途
棚车	棚车	P	装运较贵重和不能受潮的货物，如水泥
	通风车	F	装运蔬菜、鲜水果等货物
敞车	敞车	C	装运一般货物如砂石、石、木、生铁、钢材
	煤车	M	装运煤炭
	矿石车	K	装运矿石
平车		N	装运钢轨、汽车、大型机械设备和长大货物
罐车		G	装运液体货物
冷藏库		B	装运保持一定温度的货物
砂石车		A	装运砂石
其他	长大货物车	D	装运长大货物
	散装水泥车	K_{15}	装运散装水泥
	毒品车	PD	毒品专用车
守车		S	供货运列车长和有关人员办公用

铁路货物运输种类分为整车、零担、集装箱运输三种。它是根据托运货物的性质、数量、体积和运输条件等确定的。整车货物运输是指一批货物的重量或体积需使用一辆30t

以上货车运输的，或虽不能装满一辆货车，但由于货物的性质、形状和运输条件等情况，按照铁路规定必须单独使用一辆货车装运的。零担货物运输指一批货物的重量、体积、形状和运输条件等不够整车运输条件的，可以与其他货物配装在同一辆货车内。集装箱运输是指货物放置在集装箱内进行运输。

铁路运输必须按照一个单位货物（即"一批"）办理货物的托运、承运、装车、提货和计算货物的运杂费。整车货物运输，每车为一批；跨装、爬车和使用游车运输的货物，每一车组为一批。零担货物和集装箱货物运输，以每张运单为一批。集装箱运输的货物，每批必须是同一箱型，每批至少一箱，最多不超过一辆货车所能装运的集装箱数。

（2）公路运输。公路是连接城市与城市、城市与乡镇、乡镇与乡镇之间的纽带，为城乡运送货物，满足人民生活需要，满足建设项目生产需要。

我国目前公路运输的运输工具，有非机动车和机动车两种。非机动车辆有人力板车、马车、骡车等，大部分承担短途运输。机动车有汽车和拖拉机等。

公路运输基本上是地区性运输。地区公路运输网与铁路、水路干线及其他运输方式相结合，构成全国性的运输体系。公路运输的特点是运输面广，而且机动灵活、快速、装卸方便。公路运输是铁路运输不可缺少的补充，是现代很重要的运输方式之一，担负着极其广泛的中、短途运输任务。由于公路运输中机动车运输特别是汽车运输，设备磨损及燃料耗费成本较高，因此不宜长距离运输。

（3）水路运输。

1）内河运输。内河运输是指船舶在河流中航行的运输。装运材料船舶有货轮、油轮、客货轮、油驳和货驳等。沿江大城市设有港务局，下设港务站，办理货物进出港吞吐，港口装卸和受理货物托运等业务。拖驳船队是目前内河航运的主要运输工具，具有载装量大，能分散装卸，管理方便和经济效益高等优点，适宜装运大批量材料的运输。

2）海上运输。海上运输是指船舶在近海和远洋中船运的运输方式。国内水路货物运输按照交通部门颁发的《水路货物运输规则》规定，分为整批、零担和集装箱运输。一张运单的货物重量满30t或体积满34m³的应按整批货物托运，不足此数的按零星货物托运。使用集装箱的货物，每张运单至少一箱。内河船舶按照船舶的装载水线或水尺及航运管理部门核准的船舶准载吨位确定其装载重量。

水路运输具有投资少、见效快、运量大和运输费用低等优点。它是适宜装运建筑材料的运输工具。

（4）航空运输。航空运输具有运输速度最快的特点，它适宜紧急货物、抢救材料和贵重物品的运输，但它的材料运输量很小，运费很高。目前航空运输占全国材料运输周转量的比重很小。

（5）管道运输。管道运输是一种新型的运输方式，有很大的优越性。其特点是：运送速度快、损耗小、费用低、效率高。适用于输送各种液体、气体、粉状、粒状的材料。目前主要运输液体和气体。

表3-10为各种运输方式的特点比较。

表 3 – 10   各种运输方式的特点比较

运输方式	铁路运输	水路运输	公路运输	航空运输	管道运输
运量	大	大	小	很小	大
运行速度	快	较慢	较快	最快	快
运输费用	低	较低	较高	很高	低
气候影响	一般不受影响	受大风、台风、大雾影响，并受水位、潮期限制	除大雾、大雪外一般不受影响	受一定影响	一般不受影响
适用条件	长途运输大宗材料	1. 大、中型船舶适宜长途运输 2. 小型船舶适宜短途运输	短途运输、市内运输	急用材料、救灾抢险、材料运输	气体、液体、粉末状、粒状材料

（6）非机动运输。非机动运输，指人力、畜力、非机动车船的运输。它机动灵活，路况要求低，分布广阔，但运力小且速度慢。只能作为短距离运输的补充力量。

2．按运输线路划分

材料的运输方式按运输路线可以划分为两种形式。

（1）直达运输。直达运输指材料从起运点直接运到目的地。它的运输时间短，不需中转，装卸损耗及费用少。运输材料应尽量选择这种方式。

（2）中转运输。中转运输指材料从起运点到中转仓库，再由中转仓库到目的地。建筑企业施工点多，分布面广，材料品种多、规格复杂，需要再次分配材料；零星、易耗、量小而集中采购的材料需要再次分配；受现场保管条件限制，近期不用的材料也需中转运输。

在选择具体运输线路时，应根据运输条件、流向等，合理选择运距短的线路，缩短运输时间，节约运输费用。

3．按装载方式和运输途径分类

材料的运输方式按装载方式和运输途径可以划分为以下几种形式：

（1）散装运输。散装运输是指粒（粉）状或液体货物不需包装，采用专用运载工具的运输方式。近年来我国积极发展水泥散装运输，供货单位配备散装库、铁路配置罐式专用车皮、中转供料单位设置散装水泥库及专用汽车和风动装卸设备。施工单位须置备或租用散装水泥罐或专用仓库。

（2）集装箱运输。集装箱运输是使用集装箱进行物资运输的一种形式。集装箱或零散物资集成一组，采用机械化装卸作业，是一种新型、高效率的运输形式。集装箱运输具有安全、迅速、简便、节约、高效的特点，是国家重点发展的一种运输形式。建筑材料中的水泥、玻璃、石棉制品、陶瓷制品等都可以采用这种形式。

（3）混装运输。混装运输也称杂货运输，指同一种运输工具同时装载各类包装货物（如桶装、袋装、箱装、捆装等）的运输方式。

（4）联合运输。联合运输简称联运，一般是由铁路和其他交通运输部门在组织运输的过程中，把两种或两种以上不同的运输方式联合起来，实行多环节、多区段相互衔接，实现物资运输的一种方式。联运发运时只办一次托运，手续简便，可以缩短物资在途时间，充分发挥运输工具和设备的效能，提高运输效率。

联运的形式有水陆联运，水水联运，陆陆联运和铁、公、水路联运等。一般货源地较远，又不能用单一的方式进行运输的，须采用联运的形式。

4. 按运输条件划分

材料具有各种不同的性质和特征，在材料运输中，必须按照材料的性质和特征安排装运适合的车船，采取相应的安全措施，将材料及时、准确和安全地运送到目的地。

材料的运输方式按运输条件可以划分为以下几种形式：

（1）普通材料运输。普通材料运输是指不需要特殊的运输工具，如砂子、石料、砖瓦和煤炭等材料运输，可使用铁路的敞车、水路的普通船队或货驳、汽车的一般载重货车装运。

（2）特种材料运输。特种材料运输是指需用特殊结构的车船，或采取特殊的运送措施的运输。特种材料运输还可以分为以下几种：

1）超限材料运输。材料的长度、宽度或高度的任何一个部分超过运输管理部门规定的标准尺度的材料，称为长大材料。凡一件材料的质量超过运输部门规定标准质量的货物，称为笨重材料。

2）危险品材料运输。凡是具有自燃、易燃、腐蚀、毒害以及放射等特性，在运输过程中有可能引起人身伤亡，使人民财产遭受毁损的材料，称为危险品材料。

装运危险品材料的运输工具，应按照危险品材料运输要求进行安排，如内河水路装运生石灰，应选派良好的不漏水的船舶；装运汽油等流体危险品材料，应用槽罐车，并有接地装置。

在运输危险品材料时，必须按公安交通运输管理部门颁发的危险品材料规则办理，应做好以下工作：

①托运人在填写材料运单时，要填写材料的正式名称，不可写土名、俗名。

②要有良好的包装和容器（如铁桶、罐瓶），不能有渗漏，装运时应事先做好检查。

③在材料包装物或挂牌上，必须按国家标准规定，标印危险品包装标志。

④装卸危险品时，要轻搬轻放，防止摩擦、碰撞、撞击和翻滚，码垛不能过高。

⑤要做好防火工作，禁止吸烟，禁止使用蜡烛、汽灯等。

⑥油布、油纸要保持通风良好。

⑦配装和堆放时，不能将性质抵触的危险品材料混装和混堆。

⑧汽车运输时应在车前悬挂标志。

3.5.2　材料运输合理化

经济合理地组织材料运输是指按照客观的经济规律，在材料运输中用最少的劳动消耗，最短的时间和里程，把材料从产地运到生产消费地点，满足工程需要，实现最大的经济效益。

1. 影响运输合理化的因素

运输合理化，是由各种经济的、技术的和社会的因素相互作用的结果。影响运输合理化的因素主要有：

（1）运输距离。在运输时运输时间、运费、运输货损、车辆周转等运输的若干技术经济指标，都和运输距离有一定比例关系，运输距离长短是运输是否合理的一个最基本因素。因此，物流公司在组织商品运输时，首先要考虑运输距离，尽可能实现运输路径优化。

（2）运输环节。由于运输业务活动的需要，经常进行装卸、搬运、包装等工作，多一道环节，就会增加起运的运费和总运费。因此，如果能减少运输环节，尤其是同类运输工具的运输环节，对合理运输有很大促进作用。

（3）运输时间。运输是物流过程中需要花费较多时间的环节，尤其是远程运输。在全部物流时间中，运输时间短有利于运输工具加速周转，充分发挥运力作用。

（4）运输费用。在全部物流费用中运费占很大比例，是衡量物流经济效益的重要指标，也是组织合理运输的主要目的。

上述因素既相互联系，又相互影响，甚至还相互矛盾。即使运输时间短了，费用却不一定省，这就要求进行综合分析，寻找最佳方案。在一般情况下，运输时间短、运输费用省，是考虑合理运输的关键因素，因为这两项因素集中体现了物流过程中的经济效益。

2. 常见的不合理运输方式

（1）对流运输。对流运输是指同品种货物在同一条运输线路上，或者在两条平行的线路上，相向而行，如图 3 – 1 所示。

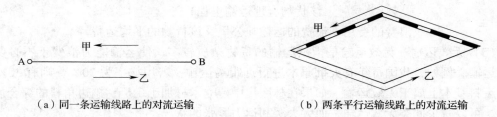

（a）同一条运输线路上的对流运输　　　　（b）两条平行运输线路上的对流运输

图 3 – 1　对流运输

对流运输的不合理性主要表现在：造成运力的浪费及运输费用的额外支出，造成无效运输工作量。因为对流运输所产生的无效运输工作量等于发生了对流区段的运量和运距乘积的两倍，其超支的运输费用就是无效运输工作量与运价的乘积。其计算公式为：

$$浪费的吨公里 = 最小对流吨数 \times 对流区段里程 \times 2 \tag{3-5}$$

（2）迂回运输。迂回运输是指所运货物从始发地至目的地不按最短线路运输而绕道运输，造成过多的运输里程。如图3－2所示，由 A 地到 B 地可以走甲路线，但却从 A 地经 C 地、D 地再到 B 地，即走乙路线，则形成迂回运输。

迂回运输的不合理性是非常明显的，引起运输能力的浪费，运输费用的超支。但因为道路施工、事故等因素被迫绕道是可以的，但应当尽快恢复。迂回运输造成的损失可表示为：

$$浪费的费用 = 浪费的吨公里 \times 该种货物每吨公里的平均运费 \tag{3-6}$$

（3）重复运输。重复运输是指同一批货物由生产地运至消费地后，不经过任何加工或必要的作业，又重新装车运往别处的现象，如图3－3所示。这种重复运输使货物在流转过程中造成多余的中转和倒装，不仅虚耗装卸费用，造成运输工具非生产性停留，还增加货物作业量，延长了货物流转过程，额外地占用了企业流动资金。

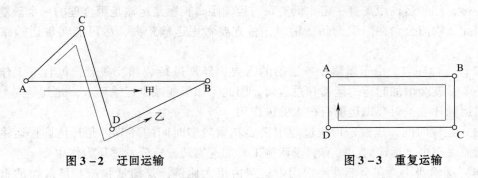

图3－2　迂回运输　　　　　　　　　　图3－3　重复运输

（4）过远运输。过远运输是指所需货物供应不去就近组织，相反地只能从较远的地方组织运来，结果造成运输工具不必要的长途运行。这里必须指明，判明某种货物运输是否属于过远运输，需要经过细致的分析，不能单纯看它的运距长短。比如某种货物因运距较长而增加了运输费用，但仍然能保证所供应货物的价廉物美，这样的运输仍可以说是合理的。所以，组织物流运输要注意区别不合理的过远运输与远距离运输。过远运输损失的计算公式如下：

$$浪费的运输吨公里 = 过远运输货物吨数 \times （过远运输全部里程 -$$
$$该货物合理运输里程） \tag{3-7}$$
$$浪费的费用 = 浪费的运输吨公里 \times 该货物的平均运费 \tag{3-8}$$

（5）无效运输。无效运输是指被运输的货物杂质较多，使运输能力浪费于不必要的货物运输。例如，我国每年有大批原木进行远距离运输，若用材率为70%，则有30%的边角废料基本上属于无效运输。如果在林区集中建立木材加工工厂，搞边角料的综合加工利用，可以减少此类无效运输，而大大缓和运力紧张的状况。

（6）违反水陆合理分工的运输。指有条件利用水运或实行水陆联运的货物，而违反了水陆合理分工的规定，弃水走陆。这样，既不能充分利用水运，使水运的潜力得不到充分有效的发挥，又增加了其他运输工具的压力，不但影响了货物的合理周转还增加不必要的周转时间及企业人力、物力和财力的浪费。

3．实现经济合理运输的途径

货源地点、运输路线、运输方式、运输工具等都是影响运输效果的主要因素。在材料

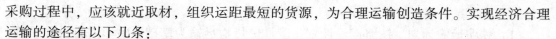

采购过程中，应该就近取材，组织运距最短的货源，为合理运输创造条件。实现经济合理运输的途径有以下几条：

（1）选择合理的运输路线。根据交通运输条件与合理流向的要求，选择里程最短的运输路线，最大限度地缩短运输的平均里程，消除各种不合理运输，如对流运输、迂回运输、重复运输等和违反国家规定的物资流向的运输方式。

（2）尽量采用直达运输。直达运输是追求运输合理化的重要形式之一，其要点是通过减少中转过载换装，从而提高运输速度，节省装卸费用，降低中转货损。直达的优势，尤其在一次运输批量和用户一次需求量达到了一整车时表现最为突出。另外，在生产资料、生活资料运输中，通过直达，建立稳定的产销关系和运输系统，也有助于提高运输的计划水平。考虑用最有效的技术来实现这种稳定运输，能够大大提高运输效率。

（3）选择合理的运输方式。根据材料的特点、数量、性质、需用的缓急、里程的远近和运价的高低，选择合理的运输方式，以充分发挥其效用。比如大宗材料运距在100km以上的远程运输，应选用铁路运输。沿江、沿海大宗材料的中、长距离适宜采用水运。一般中距离材料运输以汽车为宜，条件许可时，也可采用火车。短途运输、现场转运使用民间运输工具比较经济实惠。紧急需用的小批量材料可用航空运输。

（4）提高装载技术、保证车船满载。不论采用哪种运输工具，都要考虑其载重能力，尽量装够吨位，保证车船满载，防止空吨运输。铁路运输有篷车、敞车、平车等，要使车种适合货种、车吨配合货吨，装货时必须采取装载加固措施，防止材料在运输中发生移动、倒塌、坠落等情况。对于怕湿的材料，应用篷布覆盖严密。

（5）改进包装，提高运输效率。一方面要根据材料运输安全的要求，进行必要的包装和采取安全防护措施，另一方面对装卸运输工作要加强管理，以及加强对责任事故的处理。

3.5.3　材料运输计划的编制与实施

材料运输计划是以材料供应计划为基础，根据材料资源分布情况和施工进度计划的需要，结合运输条件并选定合理的运输方式进行编制的。运输计划的编制要遵循经济合理、统筹兼顾、均衡运输的原则。

1.　材料运输计划的编制程序

（1）资料准备。在材料运输计划编制前，要收集内部资料，如施工进度计划、材料采购供应计划、材料构件供应计划、订货计划、订货合同、协议等，还要掌握外部有关信息，如产地情况、交通路线、装卸规定、费用标准及社会运力等资料。

（2）计算比较。根据以上信息，结合选择的运输路线、运输方式等，对计划运输材料的品种、数量、距离、时间及运费等因素进行计算，分析对比，编制出运输计划的初步方案。

（3）研究定案。初步方案编好后，按照运输计划编制的原则结合实际情况，进行认真比较，择优定案。

2.　材料运输计划的实施

材料运输计划编制好后，随即按照选定的运输方式，分别报送托运计划，签订托运协议，逐一落实。

（1）铁路运输计划。铁路运输计划，以月份货物运输为基础，整车需有批准手续，每月按铁道部门规定日期向发运车站提出下月用车计划，报送铁道主管部门审批。

（2）公路运输计划。公路运输计划，按规定向交通运输部门报送运输计划，及时联系落实。企业内部和建设单位的汽车运输也应分别编制计划。

（3）水路运输计划。水路运输计划，需要委托水运部门运输的材料，应按水运部门的有关规定，按季或按月报送托运计划，批准后按有关规定办理托运手续。

3．材料运输计划的表格

材料运输平衡计划及按运输方式分别编制的材料计划的表式如下。

1）建筑材料运输年（季）度计划平衡表参考样式见表 3 – 11。

表 3 – 11　建筑材料运输年（季）度计划平衡表

×× 年 × （季）度

建设项目	本期运输量（均折合吨）								总运输量		自有运力		对外托运					
													铁路		汽车		船只	
	砖	瓦	石灰	石	钢材	木材	水泥	其他	t	t·km	t	t·km	t	t·km	t	t·km	t	t·km

2）年月份铁路运输计划表见表 3 – 12。

表 3 – 12　＿＿＿ 年＿＿＿ 月份铁路运输计划表

计划单位名称：＿＿＿＿＿＿＿

计划单位详细地址：＿＿＿＿＿

＿＿＿年＿＿月＿＿日提出　批准计划号码＿＿＿　计划单位：＿＿＿　计划单位电话：＿＿＿＿＿＿

到达		提货单位	收货单位	货物		车种及车数					附注	发送局
局	车站			名称	吨数	棚 P	敞 C	平 N		合计		

3）月（季）度公路运输计划表见表3-13。

表3-13 月（季）度公路运输计划表

承运单位：　　　　　　　　　　　　　　　　　　　　　　　　　　　　　托运单位：

材料名称	运输里程			运输量		其中						备注
	起点	终点	运距（km）	t	t·km	月份		月份		月份		
						t	t·km	t	t·km	t	t·km	

4）水运货物运输计划表见表3-14。

表3-14 水运货物运输计划表

货名	到达港	换装港		收货单位	托运重量（t）	核定重量（t）
		第一	第二			

3.5.4　材料的托运、装卸与领取

1．材料的托运和承运

铁路整车和水路整批托运材料，要由托运单位在规定时间内向有关运输部门提出月度货物托运计划，铁路运输的货物要填送"月份要车计划表"，水路运输的货物要填送"月度水路货物托运计划表"，托运计划经有关运输主管部门批准后，按照批准的月度托运计划向承运单位托运材料。

发货人托运货物应向车站（起运港）按批提出"货物运单"。货物运单是发货人与承运单位为共同完成货物运输任务而填制，具有运输契约性质的运送票据。所以货物运单应认真具体逐项填写。托运的货物按毛重确定货物的重量，运输单位运输货物按件数与重量承运。货物重量是承运、托运单位运输货物、交接货物与计算运杂费用的依据。

发货人应在承运单位指定的时间内将运输的材料搬入运输部门指定的货场（或仓库），以便承运单位进行装运。发货人托运的材料，要根据材料的性质、重量、运输距离及装载条件，使用便于装卸和能够保证材料安全的运输包装。材料包装直接影响材料运输质量，所以要选用牢固的包装。有特殊运输和装卸要求的材料，应在材料包装上标印（或粘贴）"运输包装指示标志"。

托运另担材料时，应于每件货物上注明"货物标记"（图3-4），在每件材料的两端各拴挂一个，不宜用纸签的货物要用油漆书写，或用木板、塑料板、金属板等制成的标记。材料的运费是按照材料等级、里程和重量，按规定的材料运价计算。此外还有装卸费、候闸费、过闸费和送车费等费用。材料的运杂费要在承运的当天一次付清，如承托运双方有协议的，应按协议规定进行办理。

货物标记（货签）式样

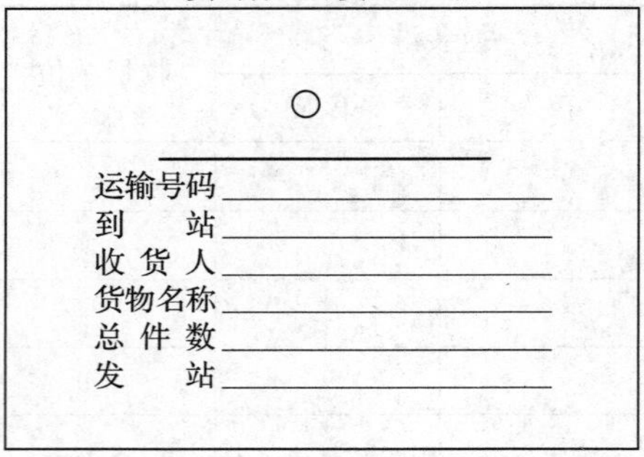

```
              ○
       _____

  运输号码 _____
  到　　站 _____
  收 货 人 _____
  货物名称 _____
  总 件 数 _____
  发　　站 _____
```

图3-4　货物标记式样

发运车站（起运港）将发货人托运的货物，经确认，符合运送要求并核收运杂费后，加盖车站（港口）承运日期戳，表示材料已经承运。承运仅是运输部门负责运送材料的开始，其要对发货人托运的材料承担运送的义务与责任。为了防止材料在运输过程中发生意外事故损失，托运单位要在保险公司投保材料运输保险。通常可委托承运单位代办或与保险公司签订材料运输保险合同。

2．到达后的交接

材料运到后，由到站（到达港）根据材料运单上发货人所填记的收货人名称、地址

与电话，向其发出到货通知，通知收货人到指定地点领取材料。到货通知有电话通知、书信通知和特定通知等多种方法。

设有铁路专用线的建筑企业，可与到站协商签订整车送货协议，并规定送货方法。设有水路自有码头（仓栈）的建筑企业可与运输单位协商，采取整船材料到达预报的联系方法。收料人员接收运输的材料时，应要按材料运单规定的材料名称、规格与数量，与实际装载情况核对，经确认无误后，由收货人在有关运输凭证上签名盖章，表示运输的材料已收到。材料在到站（到达港）货场（或仓库）领取的，收货人应在运输部门规定日期内提货，过期提货要向到站（到达港）缴付过期提货部分材料的暂存费。

3．材料的装货和卸货

材料的装货、卸货都要贯彻"及时、准确、安全、经济"的材料运输原则。对材料装卸应做好以下几方面工作：

1）随时收听天气预报，注意天气变化。

2）平时应掌握运输、资源、用料和装卸有关的各项动态，做到心中有数，做好充分准备。

3）准备好麻袋（纸袋），以便换装破袋和收集散落材料；做好堵塞铁路货车漏洞用的物品等准备工作。

4）材料装货前，要检查车、船的完整，要求没有破漏，车门车窗要齐全和做好车、船内的清扫等工作；装货后，检查车、船装载能否装足材料数量。

5）做好车、船动态的预报工作，并做好记录。

6）随时准备好货场、货位及仓位，以便装卸材料。

7）材料卸货前，应检查车、船装载情况；卸货后，检查车、船内材料能否全部卸清。

发生延期装货、延期卸货时要查明原因，属于人力不可抗拒的自然原因（包括停电）和运输部门责任的，要在办理材料运输交接时，在运输凭证上注明发生的原因；属于发货人（或收货人）责任的，要按实际装卸延期时间按照规定支付延期装货（或延期卸货）费用。避免发生延装（或延卸），可采取以下措施：收、发料人员严格执行岗位责任制，应在现场督促装卸工人做好材料装卸工作；收、发料单位都要与装卸单位相互配合、协作，安排好足够装卸力量，做到快装快卸，如有条件，可签订装卸协议，明确各自责任，保证车、船随到随装，随到随卸；装卸机械要定期保养与维修，建立制度，保持机械设备完好；码头、货位及场地要常保持畅通，防止其堵塞；调派车、船时，应在装卸地点的最大装卸能力范围内安排，不可过于集中，否则超过其最大装卸能力就会造成车、船的延装（延卸）。

4．运输中货损、货差的处理

货物在运输过程中发生货物数量的损失即为货差，发生货物的质量、状态的改变即为货损，货损与货差都是运输部门的货运事故。货运事故包括火灾、货物丢失、货物被盗、货物损坏（货物破裂、湿损、污损、变形、变质）、票货分离和误装卸、误交付、错运、件数不符等。发生货运事故时，要在车、船到达的当天会同运输部门处理，并向运输部门索取有关记录。其记录包括"货运记录"和"普通记录"两种。

（1）货运记录。货运记录是分析事故责任和托运人要求承运人赔偿货物的基本文件。货运记录应有运输部门负责处理事故的专职人员签名（或盖章），加盖车站（港口）公章（或专用章）。

（2）普通记录。普通记录是一般的证明文件，不能作为向运输部门赔偿的依据。普通记录应有运输部门有关人员签名（或盖章）并加盖车站（港口）戳。托运部门在提出索赔时，要向运输部门提出货运记录、赔偿要求书、货物运单及其他证件。在运输部门交给货运记录的次日起最多不得超过180天，逾期提出索赔，运输部门可不对其进行受理。

4 材料使用与存储管理

4.1 材料储备定额的制定

4.1.1 材料储备定额的作用与分类

1. 材料储备定额的作用

材料储备定额是指在一定条件下为保证施工生产正常进行，材料合理储备的数量标准，是确定能够保证施工生产正常进行的合理储备量。材料储备过少，不能满足施工生产需要，储备过多，会造成资金积压，不利于周转。建立储备定额的关键在于寻求能满足施工生产需要，不过多占用资金的合理储备数量。其作用如下：

（1）材料储备定额是编制材料计划的依据。建筑企业的材料供应计划、采购计划、运输计划都必须依据储备定额编制。

（2）材料储备定额是确定订货批量、订货时间的依据。企业应按储备定额确定订购批量、订货时间，保证经济合理。

（3）材料储备定额是监督库存变化，保证合理储备的依据。材料库存管理中，需以储备定额为标准随时检查库存情况，避免超储或缺货。

（4）材料储备定额是核定储备资金的依据。材料储备占用资金的定额只能依据材料储备定额计算。

（5）材料储备定额是确定仓库规模的依据。设计材料仓库规模，必须根据材料的最大储备量确定。

2. 材料储备定额的分类

材料储备定额的分类见表 4-1。

表 4-1 材料储备定额的分类

分类依据	类别	内　容
按作用分类	经常储备定额（周转储备定额）	经常储备定额（周转储备定额）指在正常条件下，为保证施工生产需要而建立的储备定额
	保险储备定额	保险储备定额指因意外情况造成误期或消耗加快，为保证施工生产需要而建立的储备定额
	季节储备定额	季节储备定额指由季节影响而造成供货中断，为保证施工生产需要而建立的储备定额
按定额计算单位不同分类	材料储备期定额也称相对储备定额	以储备天数为计算单位，表明库存材料可供多少天使用

续表 4 – 1

分类依据	类别	内　　容
按定额计算单位不同分类	实物储备量定额也称绝对定额	采用材料本身的实物计量单位（如吨、立方米等）。它是指在储备天数内库存材料的实物数量。主要用于计划编制、库存控制、仓库面积计算等
	储备资金定额	用货币单位表示。它是核定流动资金、反映储备水平、监督、考核资金使用情况的依据。用于财务计划与资金管理
按定额综合程度分类	类别储备定额	按企业材料目录的类别核定的储备定额，如五金零配件、化工材料、油漆等。其特点是所占用资金不多且品种较多，对施工生产的影响较大，应分类别核定、管理
	品种储备定额	按主要材料分品种核定的储备定额，如钢材、木材、水泥、砖、石、砂等。它们的特点是占用资金多且品种不多，对施工生产的影响大，应分品种核定、管理
按定额限期分类	季度储备定额	适用于设计不定型、耗用品种有阶段性、生产周期长及耗用数量不均衡等情况
	年度储备定额	适用于产品较稳定，生产与材料消耗都较均衡等情况

4.1.2　材料储备定额的制定

1. 经常储备定额的制定

经常储备定额是在正常情况下，为保证两次进货间隔期内材料需用而确定的材料储备数量标准。经常储备数量随着进料、生产及使用而呈周期性变化。经常储备条件下，每批材料进货时，储备量最高，随着材料的消耗，储备量逐步减少，到下次进货前夕，储备量降到零。再补充，即进货→消耗→进货，如此循环。经常储备定额即指每次进货后的储备量。经常储备中，每次进货后的储备量称最高储备量，每次进货前夕的储备量称最低储备量，两者的算术平均值称平均储备量，两次进货的时间间隔称供应间隔期。经常储备的循环过程如图 4 – 1 所示。经常储备定额的制定方法包括供应间隔期法与经济批量法。

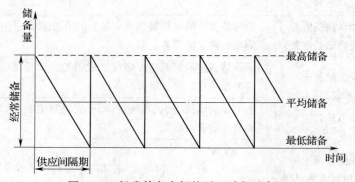

图 4 – 1　经常储备定额的循环过程示意图

（1）供应间隔期法。供应间隔期法是指用平均供应间隔期和平均日耗量计算材料经常储备定额的方法。按式（4-1）计算：

$$C_j = T_g H_r \tag{4-1}$$

式中：C_j——经常储备定额；

　　　T_g——平均供应间隔期；

　　　H_r——平均日耗量。

平均供应间隔期（T_g）可以利用统计资料分析推算。按式（4-2）计算：

$$T_g = \frac{\sum t_{ij} q_i}{\sum q_i} \tag{4-2}$$

式中：t_{ij}——相邻两批到货的时间间隔；

　　　q_i——第 i 期到货量。

平均间隔期即各批到货间隔时间的加权（以批量为权数）平均值。

平均日耗量（H_r）按计划期材料的需用量和计划期的日历天数计算。

$$H_r = \frac{Q}{T} \tag{4-3}$$

式中：Q——计划期材料需用量；

　　　T——计划期的日历天数。

（2）经济批量法。经济批量法是通过经济订购批量来确定经常储备定额的方法。

用供应间隔期制定经常储备定额，只考虑了满足消耗的需要，没有考虑储备量的变化对材料成本的影响，经济批量法即从经济的角度去选择最佳的经济储备定额。

材料购入价、运费不变时，材料成本受仓储费与订购费的影响。材料仓储费是指仓库及设施的折旧、维修费，材料保管费与维修费，装卸堆码费、库存损耗，库存材料占用资金的利息支出等。仓储费用随着储备量的增加而增加，也就是与订购批量的大小成正比。材料订购费指采购材料的差旅费及检验费等。材料订购费随订购次数的增加而增加，在总用量不变的条件下，它与订购的批量成反比。

订购批量与仓储费及订购费的关系，如图4-2所示。

经济批量是仓储费和订购费之和最低的订购批量。则有：

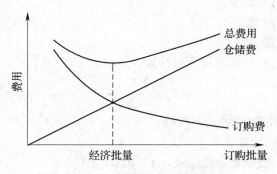

图4-2　订购批量与费用的关系

$$计划期仓储费 = \frac{1}{2}C_jPL \tag{4-4}$$

$$计划期订购费 = NK = \frac{Q}{C_j}K \tag{4-5}$$

$$仓储订购总费用 = \frac{1}{2}C_jPL + \frac{Q}{C_j}K \tag{4-6}$$

用微分法可求得使总费用最小的订购批量：

$$C_j = \sqrt{\frac{2QK}{PL}} \tag{4-7}$$

2. 保险储备定额的制定

保险储备定额通常确定为一个常量，无周期性变化，正常情况下不动用，只有在发生意外使经常储备不能满足需要时才动用。保险储备的数量标准即保险储备定额。保险储备与经常储备的关系，如图 4-3 所示。保险储备定额也称为最低储备定额，保险储备定额加经常储备定额又称为最高储备定额。

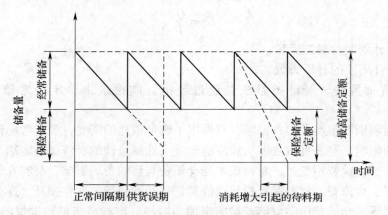

图 4-3　保险储备与经常储备的关系

保险储备定额有以下几种制定方法：

（1）平均误期天数法。平均误期天数法按式（4-8）计算：

$$C_b = T_w \cdot H_r \tag{4-8}$$

式中：C_b——保险储备定额；

　　　　T_w——平均误期时间；

　　　　H_r——平均日耗量。

平均误期时间（T_w）根据统计资料计算：

$$T_w = \frac{\sum T_{w(ij)}q_i}{\sum q_i} \tag{4-9}$$

式中：$T_{w(ij)}$——相邻两批到货的误期时间；

　　　　q_i——第 i 期到货量。

（2）安全系数法。安全系数法按式（4-10）计算：

$$C_b = KC_j \tag{4-10}$$

式中：K——安全系数；

C_j——经常性储备定额。

安全系数（K）按历史统计资料的保险储备定额和经常储备定额计算。

$$K = \frac{统计期保险储备定额}{统计期经常储备定额} \qquad (4-11)$$

（3）供货时间法。供应时间法是指按照中断供应后，再取得材料所需时间作为准备期计算保险储备定额的方法。按式（4-12）计算：

$$C_b = T_d \cdot H_r \qquad (4-12)$$

式中：T_d——临时订货所需时间；

H_r——日耗量。

临时订货所需时间包括：办理临时订货手续、运输、发运、验收入库等所需的时间。

3．季节储备定额的制定

有的材料由于受季节影响而不能保证连续供应。如砂、石，在洪水季节无法生产，不能保证其连续供应。为满足供应中断时期施工生产的需要应建立一定的储备。季节储备定额是为了防止季节性生产中断而建立的材料储备的数量标准。季节储备通常在供应中断之前逐步积累，供应中断前达到最高值，供应中断后逐步消耗，直至供应恢复，如图4-4所示。

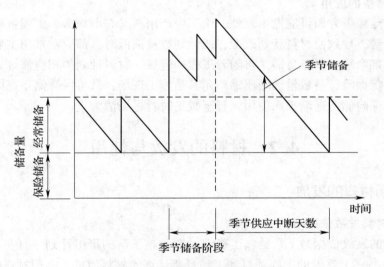

图4-4　季节储备积累与使用

季节储备定额通常根据供应中断间隔期和日耗量计算。公式如下：

$$C_z = T_z \cdot H_r \qquad (4-13)$$

式中：C_z——季节储备定额；

T_z——季节中断间隔期；

H_r——日耗量。

供应中断间隔期（T_z）应深入实地调查了解，掌握实际资料后确定。

4.1.3　材料最高、最低储备定额

根据上述储备量的计算，材料最高、最低储备定额的计算如下：

最高储备定额 = 经常储备量 + 保险储备量 − 平均每日材料需用量 ×

储备周转期定额　　　　　　　　　　　　　　（4 – 14）

其中，储备周转期定额 = 经常储备天数 + 保险储备天数

最低储备定额 = 平均每日材料需用量 × 保险储备天数　　（4 – 15）

4.1.4　材料储备定额的应用

因建筑物位置固定、设计不定型及结构类型各异，施工中用料的阶段性、不均衡性、多变性、施工队伍流动性及材料来源点多面广等因素，对材料储备定额的影响很大，储备材料时，应根据以上特点，采用材料储备的基本理论与方法并结合施工用料进度与供料周期，分期分批备足材料，来满足施工生产的需要。

1. 经常储备的应用

各施工现场应根据施工进度计划确定各施工阶段、分部（分项）工程的施工时间，考虑材料资源、途中运输时间、交货周期、入库验收及使用前的储备时间等，在保证供应的前提下，分期分批组织材料进场。这种提前进场的储备即为经常储备。

2. 保险储备的应用

因采购、运输等方面可能发生意外，施工生产用料又有不均衡、工程量增减、材料代用、设计变更等，导致使材料计划改变，或计划数量偏低时，都应对常用主要材料设保险储备，用来调剂余缺，以备急需。再随着工程的进展、材料计划的相应修订，需用量逐步进行落实，可将保险储备数量逐渐压缩，尤其是施工现场，常将保险储备视同经常储备看待，也就是将保险储备逐渐投入使用，直至竣工时料尽场清为止。

4.2　材料的发放与耗用

4.2.1　现场材料的发放

1. 现场材料发放依据

现场材料的发放依据是下达给施工班组、专业施工队的班组计划（任务书）。现场根据计划（任务书）上签发的工程项目和工程量所计算的材料用量，办理材料的领发手续。

（1）工程用料的发放。工程用料包括大堆材料、主要材料、成品及半成品等。大堆材料主要有砖、瓦、灰、砂、石等；主要材料有水泥、钢材、木材等；成品及半成品主要有混凝土构件、门窗、金属件及成型钢筋等。这类材料以限额领料单（见表4 – 2）作为发料依据。

在实际生产过程中，因各种原因造成工程量增加或减少导致材料随之发生变化，造成限额领料单不能及时下达。此时应有由工长填制、项目经理审批的工程暂借用料单（见表4 – 3），并在3日内补齐限额领料单，提交材料部门作为正式发料凭证，否则停止发料。

表 4 – 2　限额领料单

领料日期：_____　　　　　　　编号：_____

领料单位			工程名称			用途		
发料仓库			工程编号			任务单号		
材料编号	类别	名称	规格	单位	数量		计划		参考数量
					请领数	实发数	单位	金额	

材料主管：　　　　　　　保管员：　　　　　　　领料主管：　　　　　　　领料人：

表 4 – 3　工程暂借用料单

班组：_____　　　　　工程名称：_____

工程量：_____　　　　　施工项目：_____

材料名称	规格	计量单位	应发数量	实发数量	原因	领料人

工长：　　　　　　　项目经理：　　　　　　　发料人：　　　　　　　定额员：

（2）工程暂设用料。在施工组织设计以外的临时零星用料，属于工程暂设用料。此类材料领取应凭工长填制、项目经理审批的工程暂设用料申请单（见表4-4），办理领发手续。

表4-4　工程暂设用料申请单

单位：＿＿＿＿＿＿＿＿＿＿＿＿＿＿　　　　　　　编号：＿＿＿＿＿＿＿＿＿＿＿＿＿＿
班组：＿＿＿＿＿＿＿＿＿＿＿＿＿＿　　　　　　　＿＿＿＿年＿＿＿月＿＿＿日

材料名称	规格	计量单位	请发数量	实发数量	原因	领料人

工长：　　　　　　项目经理：　　　　　　发料人：　　　　　　定额员：

（3）调拨用料。对于调出项目以外其他部门或施工项目的材料，凭施工项目材料主管人员签发或上级主管部门签发、项目材料主管人员批准的材料调拨单（见表4-5）发料。

表4-5　材料调拨单

编号：＿＿＿＿＿＿＿＿＿＿＿＿＿　　　　　　　＿＿＿＿年＿＿＿月＿＿＿日
收料单位：＿＿＿＿＿＿＿＿＿＿＿　　　　　　　发料单位：＿＿＿＿＿＿＿＿＿＿＿

材料名称	规格型号	单位	总　量		单价	总价
			件数	数量		

合计（大写）：

主管：　　　　　　收料人：　　　　　　发料人：

（4）行政及公共事务用料。行政及公共事务用料包括大堆材料、主要材料及剩余材料等，主要凭项目材料主管人员或施工队主管领导批准的用料计划到材料部门领料，并且办理材料调拨手续。

2. 材料发放程序

1）将施工预算或定额员签发的限额领料单下达到班组。工厂对班组交代生产任务，同时进行用料交底。

2）班组料具员凭限额领料单向材料员领料。材料员经核定工程量、材料品种、规格、数量等无误后，交给领料员和仓库保管员。

3）班组凭限额领料单领用材料，仓库凭该单据发放材料。发料时应以限额领料单为依据，限量发放，可直接记载在限额领料单上，也可开领料单（见表4-6），双方签字认证。若一次开出的领料量较大，需多次发放，应在材料发放记录（见表4-7）上逐次记录实领数量，由领料人签认。

表4-6　领料单

工程名称：_____　　班组：_____　　用途：_____
工程项目：_____　　　　　　　　　　　　　　____年____月____日

材料编号	材料名称	规格	单位	数量	单价	金额

保管员：　　　　　　　　　领料人：　　　　　　　　　材料员：

4）当领用数量达到或超过限额数量时，应立即向主管工长和材料部门主管人员说明情况，分析原因，采取措施。若限额领料单不能及时下达，应有由工长填制并由项目经理审批的工程暂借用料单，办理因超耗及其他原因造成多用材料的领发手续。

3. 材料发放方法

现场材料主要分为大堆材料、主要材料、成品及半成品。各种材料的发放程序基本相同，发放方法因品种、规格不同而有所不同。

表 4 - 7　材料发放记录

楼号：_____　　　　班组：_____

任务书编号	日期	工程项目	发放量	领料人

保管员：　　　　　　　　　　　　　　　　　　　　　　　　主管：

（1）大堆材料。大堆材料一般为砖、瓦、灰、砂、石等，多为露天堆放供使用。此类材料进场、出场均要进行计量检测，一方面保证了工程施工质量，另一方面也保证了材料进出场及发放数量的准确性。

大堆材料应按限额领料单的数量进行发放，同时应做到在指定的料场清底使用。对混凝土、砂浆所使用的砂、石，按配合比进行计量控制发放；也可按混凝土、砂浆不同强度等级的配合比，分盘计算发料的实际数量，同时做好分盘记录和办理发料手续。

（2）主要材料。水泥、钢材以及木材等主要材料通常在库房存放或在指定露天料场和大棚内保管存放。发放时，根据相关技术资料和使用方案，凭限额领料单（任务书）办理领发料。

（3）成品及半成品。混凝土构件、门窗、金属件以及成型钢筋等成品及半成品材料都在指定场地和大棚内存放，由专职人员管理和发放。发放时，凭限额领料单与工程进度办理领发手续。

（4）应注意的问题。对现场材料的管理，需要做好以下工作：

1）必须提高材料员的业务素质和管理水平，熟悉工程概况、施工进度计划、材料性能及工艺要求等，便于配合施工生产。

2）根据施工生产需要，按照国家计量法规定，配备足够的计量器具，严格执行材料进场及工艺要求等，便于配合施工生产。

3）在材料发放过程中，认真执行定额用料制度，核实材料品种、规格、定额用量及工程量，以免影响施工生产。

4）严格执行材料管理制度，大堆材料清底使用，水泥早进早发，装修材料按计划配套发放，以免造成浪费。

5）对价值高及易损、易坏、易丢的材料，发放时领发双方须当面点清，签字认证，并做好发放记录。

6）实行承包责任制，防止丢失损坏，避免重复领发料现象的发生。

4.2.2 材料现场的耗用

1. 材料耗用的依据

现场耗用材料的依据是施工班组、专业施工队持限额领料单（任务书）到材料部门领料时所办理的不同领料手续，通常为领料单和材料调拨单。

2. 材料耗用的程序

现场材料消耗的过程，应根据材料的种类及使用去向，采取不同耗料程序。

（1）工程耗料。大堆材料、主要材料、成品及半成品等耗料程序为：根据领料凭证（任务书）发出的材料，经过核算，对照领料单进行核实，并按实际工程进度计算材料的实际耗料数量。由于设计变更、工序搭接造成材料超耗的，也要如实记入耗料台账（见表4-8），便于工程结算。

表4-8 ×××耗料台账

工程名称：_____ 结构：_____ 层数：_____ 面积：_____

开工日期：_____年_____月_____日 竣工日期：_____年_____月_____日

材料名称	计量单位	包干指标		上面结转		分月耗料数量														
						1		2		3		4		5		···		12	
		原指标	调整	预算	实际	预算	实际	预算	实际	预算	实际	预算	实际	预算	实际	预算	实际	预算	实际

（2）暂设耗料。暂设耗料包括大堆材料、主要材料及可利用的剩余材料。根据施工组织设计要求，所搭设的设施视同工程用料，要按单独项目进行耗料。按项目经理（工长）提出的用料凭证（任务书）进行核算后，计算出材料的耗料数量。如有超耗也要计算在此耗料成本之内，并且记入耗料台账。

（3）行政公共设施耗料。根据施工队主管领导或材料主管人员批准的用料计划进行发料，使用的材料一律以外调材料形式进行耗料，单独记入台账。

（4）调拨材料耗料。调拨材料耗料是在不同工程或部门之间进行的材料调动，标志着材料所属权的转移。不管内部与外调，都应计入台账。

（5）班组耗料。根据各施工班组和专业施工队的领发料手续（小票），考核各班组、专业施工队是否按工程项目、工程量、材料规格、品种及定额数量进行耗料，并且记入班组耗料台账，作为当月的材料移动月报（见表4-9），如实反映材料的收、发、存情况，为工程材料的核算提供可靠依据。

表4-9　材料移动月报

编制单位：＿＿＿＿＿＿＿＿＿　　　　　　　　　　　　　＿＿＿＿＿年＿＿＿＿＿月＿＿＿＿＿日

材料名称	规格	计量单位	预算单价	上月结存		本月收入		耗料								本月调出		本月结存	
								1		2		3		合计					
				数量	金额	数量	金额	数量	金额	数量	金额	数量	金额	数量	金额	数量	金额	数量	金额

财务主管：　　　　　　　材料主管：　　　　　　　核算员：　　　　　　　材料员：

在施工过程中，施工班组由于某种原因或特殊情况，发生多领料或领料不足，都要及时办理退料手续和补领手续，及时冲减账面，调整库存量，保证账物相符，正确反映出工程耗料的真实情况。

3．材料耗用计算方法

（1）大堆材料。由于大堆材料多露天存放，计数不方便，耗料多采用以下两种方式：

1）定额耗料是按实际完成工程量计算出材料耗用量，并结合盘点，计算出月度耗料数量。

2）按配合比计算耗料方法是根据混凝土、砂浆配合比和水泥消耗量，计算其他材料用量，并按项目逐日记入材料发放记录，到月底累计结算，作为月度耗料数量。有条件的现场，可采取进场划拨，结合盘点进行耗料量计算。

（2）主要材料。主要材料大多库存或集中存放，根据工程进度计算实际耗料数量。

对于水泥的耗料，根据月度实际进度、部位，以实际配合比为依据计算水泥需用量，然后将根据实际使用数量开具的领料小票或按实际使用量逐日记载的水泥发放记录累计结算，作为水泥的耗料数量。对于块材的消耗量，根据月度实际进度、部位，以实际工程量为依据计算块材需用量，然后将根据实际使用数量开具的领料小票或按实际使用量逐日记载的块材发放记录累计结算，作为块材的耗料数量。

（3）成品及半成品。通常采用按工程进度、部位进行耗料，也可按配料单或加工单进行计算，求得与当月进度相适应的数量，作为当月的耗料数量。

如对于金属件或成型钢筋，通常按照加工计划进行验收，然后交班组保管使用，或是按照加工翻样的加工单，分层、分段以及分部位进行耗料。

4．材料耗用中应注意的问题

现场耗料是保证施工生产、降低材料消耗的重要环节，切实做好现场耗料工作，是搞好项目承包的根本保证。在材料耗用过程中应注意以下问题：

1）加强材料管理制度，建立健全各种台账，严格执行限额领料和料具管理规定。

2）分清耗料对象，按照耗料对象分别计算成本。对于分不清的，例如群体工程同时使用一种材料，可根据实际总用量，按定额和工程进度适当分解。

3）严格保管原始凭证，不得任意涂改耗料凭证，以保证耗料数据和材料成本的真实可靠。

4）建立相应考核制度，对材料耗用要逐项登记，避免乱摊、乱耗，保证耗料的准确性。

5）加强材料使用过程中的管理，认真进行材料核算，按规定办理领发料手续。

5．材料消耗管理

由于施工现场的材料费约占建筑工程造价的60%，因此，建筑企业成本降低大部分来自材料采购成本的节约和降低材料消耗，特别是现场材料消耗量的降低。对于材料消耗管理，重点应加强现场材料的管理、施工过程的材料管理和配套制度的管理。

（1）现场材料管理。

1）加强基础条件管理是降低材料消耗的基本条件。

2）合理供料、一次就位、减少二次搬运和堆放损失。

3）开展文明施工，确保现场材料堆放整齐有序。

4）合理回收利用，修旧利废。

5）加速料具周转，节约材料资金。

（2）施工过程材料管理。

1）节约水泥措施。可通过优化混凝土配合比、合理掺用外加剂、充分利用水泥活性及其富余系数、掺加粉煤灰等措施节约水泥用量。

2）节约钢材措施。可通过集中下料、合理加工、控制钢筋搭接长度，充分利用短料、旧料，避免以大代小、以优代劣等措施节约钢材用量。

3）木材节约措施。可通过以钢代木、改进模板支撑方法、优材不劣用、长料不短用、以旧料代新料、综合利用等措施节约木材。

4）块材节约措施。可通过利用非整块材、减少损耗、减少二次搬运等措施节约块材。

5）砂、石节约措施。可通过集中搅拌混凝土、砂浆，利用三合土代替石子，利用粉煤灰、石屑等材料代替砂子等措施节约砂、石用量。

（3）配套制度管理。建筑企业在满足具有合理材料消耗定额、材料收发制度、材料消耗考核制度的基础上，在确保工程质量的前提下，可实行材料节约奖励制度。根据事先订立的节约材料奖励办法奖励相关人员。

4.3　周转材料的使用管理

周转材料是指企业能够多次使用、逐渐转移其价值但仍保持原有形态不确认为固定资产的材料，如包装物和低值易耗品；企业（建造承包商）的钢模板、木模板、脚手架和其他周转材料等；在建筑工程施工中可多次利用使用的材料，如钢架杆、扣件、模板、支架等。

4.3.1　周转材料使用管理基础知识

1. 周转材料的分类

周转材料的分类见表 4-10。

表 4-10　周转材料的分类

分类标准	类　　型	内　　　容
按周转材料的用途不同分	模板	模板是指浇灌混凝土用的木模、钢模等，包括配合模板使用的支撑材料、滑膜材料和扣件等在内。按固定资产管理的固定钢模和现场使用固定大模板则不包括在内
	挡板	挡板是指土方工程用的挡板等，包括用于挡板的支撑材料
	架料	架料是指搭脚手架用的竹竿、木杆、竹木跳板、钢管及其扣件等
	其他	其他是指除以上各类之外，作为流动资产管理的其他周转材料，如塔吊使用的轻轨、枕木（不包括附属于塔吊的钢轨）以及施工过程中使用的安全网等
按周转材料的自然属性分	钢制品	如钢模板、钢管脚手架等
	木制品	如木脚手架、木跳板、木挡土板、木制混凝土模板等
	竹制品	如竹脚手架、竹跳板等
	胶合板	如竹胶合板、木制胶合板等
按周转材料的使用对象分	混凝土工程用周转材料	如钢模板、木模板、竹胶合板等
	结构及装饰工程用周转材料	如脚手架、跳板等
	安全防护用周转材料	如安全网、挡土板等

2. 周转材料的特征

周转材料的特征主要包括以下几点：

（1）周转材料与低值易耗品相类似。周转材料与低值易耗品一样，在施工过程中起着劳动手段的作用，能多次使用而逐渐转移其价值。这些都与低值易耗品相类似。

（2）具有材料的通用性。周转材料一般都要安装后才能发挥其使用价值，未安装时形同材料，为避免混淆，一般应设专库保管。此外，周转材料种类繁多，用量较大，价值较低，使用期短，收发频繁，易于损耗，经常需要补充和更换，因此将其列入流动资产进行管理。

基于周转材料的上述特征，在周转材料的管理与核算上，同用低值易耗品一样，应采用固定资产和材料的管理与核算相结合方法进行。

3．周转材料使用管理内容

周转材料应进行使用、养护、维修、改制、核算等方面的管理。

（1）使用管理。周转材料的使用管理，是指为了保证施工生产顺利进行或者有助于建筑产品的形成而对周转材料进行拼装、支搭、运用及拆除的作业过程的管理。

（2）养护管理。周转材料的养护管理，是指例行养护，包括除去灰垢、涂刷隔离剂或防锈剂，以保证周转材料处于随时可投入使用状态的管理。

（3）维修管理。周转材料的维修管理，是指对损坏的周转材料进行修复，使其恢复或部分恢复原有功能的管理。

（4）改制管理。周转材料的改制管理，是指对损坏或不可修复的周转材料按照使用和配套要求改变外形的管理。

（5）核算管理。周转材料的核算管理，是指对周转材料的使用状况进行反映和监督，包括会计核算、统计核算和业务核算三种核算方式。会计核算主要反映周转材料投入和使用的经济效果及其摊销状况，为资金（货币）核算；统计核算主要反映数量规模、使用状况和使用趋势，它是数量核算；业务核算是材料部门根据实际需要和业务特点而进行的核算，它既有资金核算，也有数量核算。

4.3.2 周转材料的使用管理方法

周转材料管理方法通常有租赁管理、费用承包管理、实物承包管理。

1．租赁管理

（1）租赁概念。租赁是指在一定期限内，产权的拥有方向使用方提供材料的使用权，然而，不改变所有权，双方各自承担一定的义务，履行契约的一种经济关系。

实行租赁制度必须将周转材料的产权集中于企业进行统一管理，这是实行租赁制度的前提条件。

（2）租赁管理的内容。

1）周转材料费用测算方法。周转材料费用测算应根据周转材料的市场价格变化及摊销额度要求测算租金标准，并使之与工程周转材料费用收入相适应。其测算方法是：

$$日租金 = \frac{月摊销费 + 管理费 + 保养费}{月度日历天数} \tag{4-16}$$

式中，管理费和保养费均按周转材料原值的一定比例计取，通常不超过原值的2%。

2）签订租赁合同。签订租赁合同，在合同中应明确的内容如下：

①租赁的品种、规格、数量，并附有租用品明细表以便查核。

②租用的起止日期、租用费用及租金结算方式。

③使用要求、质量验收标准和赔偿办法。

④双方的责任和义务。

⑤违约责任的追究和处理。

3）考核租赁效果。租赁效果应通过考核出租率、损耗率、年周转次数等指标来评定；针对出现的问题，采取措施提高租赁管理水平。

①出租率：

$$某种周转材料的出租率（\%）= \frac{期内平均出租数量}{期内平均拥有量} \times 100\% \qquad (4-17)$$

$$期内平均出租数量 = \frac{期内租金收入（元）}{期内单位租金（元）} \qquad (4-18)$$

期内平均拥有量是以天数为权数的各阶段拥有量的加权平均值。

②损耗率：

$$某种周转材料的损耗率（\%）= \frac{期内损耗量总金额（元）}{期内出租数量总金额（元）} \times 100\% \qquad (4-19)$$

③年周转次数：

$$年周转次数（次/年）= \frac{期内模板支模数量（m^2）}{期内模板平均拥有量（m^2）} \qquad (4-20)$$

（3）租赁管理方法。

1）租用。项目确定使用周转材料后，应根据使用方案制定需要计划，由专人向租赁部门签订租赁合同，并做好周转材料进入施工现场的各项准备工作，如整理存放及拼装场地等。租赁部门必须按合同保证配套供应并登记周转材料租赁台账，见表4-11。

表4-11　周转材料租赁台账

租用单位：＿＿＿＿＿＿＿＿＿＿＿　　　　　工程名称：＿＿＿＿＿＿＿＿＿＿＿

租用日期	名称	规格型号	计量单位	租用数量	合同终止日期	合同编号

2）验收和赔偿。租赁部门应对退库周转材料进行外观质量验收。如有丢失损坏应由租用单位按照租赁合同规定赔偿。赔偿标准通常可参照以下原则掌握：

①对丢失或严重损坏的（指不可修复的，如管体有死弯，板面严重扭曲）按原值的50%赔偿。

②一般性损坏（指可修复的，如板面打孔、开焊等）按原值的 30% 赔偿。

③轻微损坏（指不使用机械，仅用手工即可修复的）按原值的 10% 赔偿。

租用单位退租前必须清理租用物品上的灰垢等，确保租用物品干净，为验收创造条件。

3）结算。租金的结算期限通常自提运的次日起至退租之日止，租金按日历天数考核，逐日计取。租用单位实际支付的租赁费用主要包括租金和赔偿费两项。

$$
\begin{aligned}
租赁费用（元） = \sum [&租用数量 \times 相应日租金（元/天）\times 租用天数（天）+ \\
&丢失损坏数量 \times 相应原值（元）\times \\
&相应赔偿率（\%）]
\end{aligned}
\tag{4-21}
$$

根据结算结果由租赁部门填制租金及赔偿结算单（表 4-12）。

表 4-12　租金及赔偿结算单

租用单位：＿＿＿＿＿＿＿＿＿＿＿＿＿＿　　　　　　工程名称：＿＿＿＿＿＿＿＿＿＿＿＿＿＿

合同编号：＿＿＿＿＿＿＿＿＿＿＿＿＿＿

名称	规格型号	计量单位	租用数量	租　金				赔偿费		金额合计/元
				退库数量	租用天数/天	日租金/（元/天）	金额/元	赔偿数量	金额/元	
合计										

制表：　　　　　　　　租用单位经办人：　　　　　　　　　　　结算日期：

2. 费用承包管理

（1）费用承包管理的概念。周转材料的费用承包管理是指以单位工程为基础，按照预定的期限和一定的方法测定一个适当的费用额度交由承包者使用，实行节奖超罚的管理。费用承包管理是适应项目管理的一种管理形式，或者说是项目管理对周转材料管理的要求。

（2）承包费用确定。

1）承包费用的收入。承包费用的收入即承包者所接受的承包额。承包额主要有以下两种确定方法：

①扣额法。扣额法是指按照单位工程周转材料的预算费用收入，扣除规定的成本降低额后的费用作为承包者的最终费用收入。

②加额法。加额法是指根据施工方案所确定的费用收入，结合额定周转次数和计划工

期等因素所限定的实际使用费用，加上一定的系数额作为承包者的最终费用收入。

系数额是指一定历史时期的平均耗费系数与施工方案所确定的费用收入的乘积。

承包费用收入计算公式如下：

$$扣额法费用收入（元）＝预算费用收入（元）×$$
$$[1-成本降低率（\%）] \qquad (4-22)$$

$$加额法费用收入（元）＝施工方案确定的费用收入（元）×$$
$$（1+平均耗费系数） \qquad (4-23)$$

$$平均耗费系数＝\frac{实际耗用量-定额耗用量}{实际耗用量} \qquad (4-24)$$

2）承包费用的支出。承包费用的支出是指在承包期限内所支付的周转材料使用费（租金）、赔偿费、运输费、二次搬运费及支出的其他费用之和。

（3）费用承包管理的内容。

1）签订承包协议。承包协议是对承、发包双方的责、权、利进行约束的内部法律文件。一般包括工程概况，应完成的工程量，需用周转材料的品种、规格、数量及承包费用、承包期限，双方的责任与权利，不可预见问题的处理及奖罚等内容。

2）承包额的分析。

①首先要分解承包额。承包额确定之后，应进行大概的分解，以施工用量为基础将其还原为各个品种的承包费用，例如将费用分解为钢模板、焊管等品种所占的份额。

②其次要分析承包额。在实际工作中，常常是不同品种的周转材料分别进行承包，或只承包某一品种的费用，这就需要对承包效果进行预测，并根据预测结果提出有针对性的管理措施。

3）周转材料进场前的准备工作。根据承包方案和工程进度认真编制周转材料的需用计划，注意计划的配套性（品种、规格、数量及时间的配套），要留有余地，不留缺口。

根据配套数量同企业租赁部门签订租赁合同，积极组织材料进场并做好进场前的各项准备工作，包括选择、平整存放和拼装场地，开通道路等；对狭窄的现场应做好分批进场的时间安排，或事先另选存放场地。

（4）费用承包效果的考核。承包期满后要对承包效果进行严肃认真的考核、结算和奖罚。

承包的考核和结算是指承包费用收、支对比，出现盈余为节约，反之为亏损。如实现节约应对参与承包的有关人员进行奖励。可以按节约额进行金额奖励，也可以扣留一定比例后再予奖励。奖励对象应包括承包班组、材料管理人员、技术人员和其他有关人员。按照各自的参与程度和贡献大小分配奖励份额。若出现亏损，则应按与奖励对等的原则对有关人员进行罚款。费用承包管理方法是目前普遍实行项目经理责任制较为有效的方法，企业管理人员应不断探索有效管理措施，提高承包经济效果。

提高承包经济效果的基本途径主要有：

1）在使用数量既定的条件下努力提高周转次数。

2）在使用期限既定的条件下努力减少占用量。同时应减少丢失和损坏数量，积极实行和推广组合钢模的整体转移，以减少停滞、加速周转。

3．实物承包管理

周转材料的实物承包是指项目班子或施工队根据使用方案按定额数量对班组配备周转

材料，规定损耗率，由班组承包使用，实行节奖超罚的管理办法。实物承包的主体是施工班组，也称班组定包。

实物承包是费用承包的深入和继续，是保证费用承包目标值的实现和避免费用承包出现断层的管理措施。

（1）定包数量的确定。以组合钢模为例，说明定包数量的确定方法。

1）模板用量的确定。根据费用承包协议规定的混凝土工程量编制模板配模图，据此确定模板计划用量，加上一定的损耗量即为交由班组使用的承包数量。公式如下：

$$模板定包数量（m^2）=计划用量（m^2）×[1+定额损耗率（\%）] \qquad (4-25)$$

式中，定额损耗率通常不超过计划用量的 1%。

2）零配件用量的确定。零配件用量根据模板定包数量来确定。每万平方米模板零配件的用量分别为：

U 形卡 140000 件，插销 300000 件，内拉杆 12000 件，外拉杆 24000 件，三型扣件 36000 件，勾头螺栓 12000 件，紧固螺栓 12000 件。

$$零配件定包数量（件）=计划用量（件）×[1+定额损耗率（\%）] \qquad (4-26)$$

$$计划用量（件）=\frac{模板定包量（m^2）}{10000（m^2）}×相应配件用量（件） \qquad (4-27)$$

（2）定包效果的考核和核算。定包效果的考核主要是损耗率的考核。即用定额损耗量与实际损耗量相比，如有盈余为节约，反之为亏损。如实现节约则全额奖给定包班组，如出现亏损则由班组赔偿全部亏损金额。公式如下：

$$奖（+）罚（-）金额（元）=定包数量（件）×原值（元）×$$
$$（定额损耗率-实际损耗率） \qquad (4-28)$$

$$实际损耗率（\%）=\frac{实际损耗数量}{定包数量}×100\% \qquad (4-29)$$

根据定包及考核结果，对定包班组兑现奖罚。

4．周转材料租赁、费用承包和实物承包三者之间的关系

周转材料的租赁、费用承包以及实物承包是三个不同层次的管理，是有机联系的统一整体。实行租赁办法是企业对工区或施工队所进行的费用控制和管理，实行费用承包是工区或施工队对单位工程或承包标段所进行的费用控制和管理，实行实物承包是单位工程里承包栋号对使用班组所进行的数量控制和管理，这样便形成了既有不同层次、不同对象，又有费用和数量的综合管理体系。降低企业周转的费用消耗，应该同时搞好三个层次的管理。

限于企业的管理水平和各方面的条件，在管理初期，可于三者之间任选其一。如果实行费用承包则必须同时实行实物承包，否则费用承包易出现断层，出现"以包代管"的状况。

4.3.3 常见周转材料的使用管理

1．木模板的管理

（1）制作和发放。木模板通常采用统一配料、制作、发放的管理方法。现场需用木模板，须事先提出计划需用量，由木工车间统一配料，发放给使用单位。

（2）保管。木模板可以多次使用，使用过程中由施工单位负责进行安装、拆卸以及整理等保管维护工作。

木模板的管理主要有"四统一"、"四包"以及模板专业队等形式。

1）"四统一"管理方法。即设立模板配制车间，负责模板的统一管理、统一配料、统一制作、统一回收。

2）"四包"管理方法。即班组包制作、包安装、包拆除、包回收。

3）模板专业队管理。模板工程由专业承包队进行管理，由其负责统一制作、管理及回收，负责安装和拆除，实行节约有奖、超耗受罚的经济包干责任制。

2．组合钢模板的管理

组合钢模板是按模数制作原理设计、制作的钢制模板。由于其使用时间长、磨损小，在管理和使用中通常采用租赁的方法。

租赁时通常进行如下工作：

1）确定管理部门，通常集中在分公司一级。

2）核定租赁标准，按日（旬、月）确定各种规格模板及配件的租赁费。

3）确定使用中的责任，如由使用者负责清理、整修、涂油、装箱等。

4）奖励办法的制定。

租用模板应办理相应的手续，通常签订租用合同，见表4-13。

表4-13　组合钢模板租用合同

供应方：＿＿＿＿＿＿＿＿＿＿＿＿＿＿＿＿＿＿＿＿＿

租用方：＿＿＿＿＿＿＿＿＿＿＿＿＿＿＿＿　＿＿＿＿年＿＿＿＿月＿＿＿＿日

品种	规格	单位	数量	起用日期	停用日期	租用时间/天	租用金额		备注
							单价/（元/天）	合计	

租　方：　　　　　　　　　　　　　　　供　方：

经办人：　　　　　　　　　　　　　　　经办人：

注：本合同一式＿＿＿＿份，双方签字盖章后生效。

租赁标准（即租金）应根据周转材料的市场价格变化及摊销要求测算，使之与工程周转材料费用收入相适应。测算公式如下：

$$组合钢模板日租金 = \frac{月摊销费 + 管理费 + 保管费}{月度日历天数}　　(4-30)$$

3. 脚手架料管理

脚手架是建筑施工中不可缺少的周转材料。脚手架种类很多,主要包括木脚手架、竹脚手架、钢管脚手架以及角钢脚手架等。

由于浪费资源及绑扎工艺落后,现在木制、竹制脚手架较少使用。目前,钢制脚手架使用范围较广,且钢制脚手架磨损小,使用期长,多数企业采取租赁的管理方式,集中管理和发放,以提高利用率。

钢制脚手架使用中的保管工作十分重要,是保证其正常使用的先决条件。为防止生锈,钢管要定期刷漆,各种配件要经常清洗上油,延长使用寿命。每使用一次,要清点维修,弯曲的钢管要矫正。拆卸时不允许高空抛摔,各种配件拆卸后要清点装箱,防止丢失。

4.4　工具的使用管理

4.4.1　施工工具的分类

施工工具不仅品种多,而且用量大。建筑企业的工具消耗,通常约占工程造价的2%。因此,搞好工具管理对提高企业经济效益非常重要。

常见施工工具的分类如下:

1. 按工具的价值和使用期限分类

(1) 固定资产类工具。使用期限在1年以上的工具,单价在规定限额(一般为1000元)以上的工具。如50t以上的千斤顶、水准仪。

(2) 低值易耗工具。使用期限不满1年或价值低于固定资产标准的工具。如手电钻、灰桶、苫布、扳手等。

(3) 消耗性工具。价值较低(一般单价在10元以下),使用寿命很短,重复使用次数很少且无回收价值的工具。如扫帚、油刷、铅笔、锯片等。

2. 按使用范围分类

(1) 专用工具。为某种特殊需要或完成特定作用项目所使用的工具。如量卡具、根据需要自制或定制的非标准工具。

(2) 通用工具。广泛使用的定型产品。如扳手、钳子等。

3. 按使用方式和保管范围分类

(1) 个人随手工具。施工中使用频繁、体积小、便于携带、交由个人保管的工具。如砖刀、抹子等。

(2) 班组共用工具。在一定作业范围内为一个或多个施工班组所共同使用的工具。如胶轮车、水桶、水管、磅秤等。

4.4.2　工具施工管理的管理方法

由于工具具有多次使用、在劳动生产中能长时间发挥作用等特点,因此,工具管理的实质是使用过程中的管理,是在保证生产使用的基础上延长使用寿命的管理。工具管理的方法主要有租赁管理、定包管理、工具津贴法以及临时借用管理等方法。

1. 工具租赁管理方法

工具租赁是在一定期限内，工具的所有者在不改变所有权的条件下，有偿地向使用者提供工具的使用权，双方各自承担一定的义务，履行一定契约的一种经济关系。工具租赁的管理方法适合于除消耗性工具和实行工具费补贴的个人随手工具外的所有工具品种。企业对生产工具实行租赁的管理方法，需进行以下工作：

1）建立正式的工具租赁机构，确定租赁工具的品种范围，制定规章制度，并设专人负责办理租赁业务。班组亦应指定专人办理租用、退租以及赔偿等事宜。

2）测算租赁单价或按照工具的日摊销费确定日租金额的计算公式如下：

$$某种工具的日租金（元）=\frac{该种工具的原值+采购、维修、管理费}{使用天数}\qquad(4-31)$$

式中，采购、维修、管理费按工具原值的一定比例计算，通常为原值的 1%～2%；使用天数按企业的历史水平计算。

3）工具出租者和使用者签订租赁协议（合同），见表 4-14。

表 4-14　工具租赁合同

根据××工程施工需要，租方向供方租用如下一批工具。

名称	规格	单位	需用数	始租数	备　注

租用时间：自＿＿＿年＿＿＿月＿＿＿日起至＿＿＿年＿＿＿月＿＿＿日止，租金标准、结算办法、有关责任事项均按租赁管理办法管理。

本合同一式＿＿＿份（双方管理部门＿＿＿份，财务部门＿＿＿份），双方签字盖章生效，退租结算清楚后失效。

租用单位＿＿＿＿＿＿＿＿＿　　　供应单位＿＿＿＿＿＿＿＿＿

负责人＿＿＿＿＿＿＿＿＿　　　　负责人＿＿＿＿＿＿＿＿＿

＿＿＿年＿＿＿月＿＿＿日　　　　＿＿＿年＿＿＿月＿＿＿日

4）根据租赁协议，租赁部门将出租工具的有关事项登入租金结算台账，见表4－15。

表4－15　工具租金结算明细表

施工队：＿＿＿＿＿＿＿＿　　建设单位：＿＿＿＿＿＿＿＿　　单位工程名称：＿＿＿＿＿＿＿＿

工具名称	规格	单位	租用数量	计费时间		计费天数	租金计算（元）	
				起	止		每日	合计
总计		万　千　百　拾　元　角　分						

租金单位：＿＿＿＿＿　　负责人：＿＿＿＿＿　　货单单位：＿＿＿＿＿　　负责人：＿＿＿＿＿

＿＿＿＿年＿＿＿＿月＿＿＿＿日

5）租用期满后，租赁部门根据租金结算台账填写租金及赔偿结算单，见表4－16。如发生工具的损坏、丢失，将丢失损坏金额一并填入该单"赔偿费"栏内。结算单中金额合计应等于租赁费和赔偿费之和。

表4－16　租金及赔偿结算单

合同编号：＿＿＿＿＿＿＿＿＿＿　　本单编号：＿＿＿＿＿＿＿＿＿＿

工具名称	规格	单位	租金			赔偿费						合计金额
			租用天数	日租金	租赁费	原值	损坏量	赔偿比例	丢失量	赔偿比例	金额	

制表：＿＿＿＿＿　　材料主管：＿＿＿＿＿　　财务主管：＿＿＿＿＿

6）班组用于支付租金的费用来源是定包工具费收入和固定资产工具及大型低值工具的平均占用费。公式如下：

班组租赁费收入 = 定包工具费收入 + 固定资产工具和大型低值工具平均占用费

$$(4-32)$$

固定资产工具和大型低值工具平均占用费 = 该种工具摊销额 ×

月利用率（%）　　$(4-33)$

班组所付租金，从班组租赁费收入中核减，财务部门查收后，作为班组工具费支出，计入工程成本。

2．工具定包管理方法

工具定包管理即生产工具定额管理、包干使用，是指施工企业对其自由班组或个人使用的生产工具，按定额数量配给，由使用者包干使用，实行节奖超罚的管理方法。

工具定包管理，通常在瓦工组、抹灰组、木工组、油工组、电焊工组、架子工组、水暖工组以及电工组实行。实行定包管理的工具品种范围，可包括除固定资产工具及实行个人工具费补贴的个人随手工具外的所有工具。

班组工具定包管理是按各工种的工具消耗定额，对班组集体实行定包。实行班组工具定包管理，需进行以下几方面工作：

1）实行定包的工具，所有权属于企业。企业材料部门指定专人为材料定包员，专门负责工具定包的管理工作。

2）测定各种工程的工具费定额。定额的测定，由企业材料管理部门负责，可以分以下几步进行：

①在向有关人员调查的基础上，查阅不少于2年的班组使用工具材料。确定各工种所需工具的品种、规格、数量，并以此作为各工种的标准定包工具。

②分别确定各工种工具的使用年限和月摊销费，月摊销费的公式如下：

$$某种工具的月摊销费 = \frac{该种工具的单价}{该种工具的使用期限（月）} \quad (4-34)$$

工具的单价采用企业内部不变价格，以避免因市场价格的经常波动，影响工具费定额；工具的使用期限，可根据本企业具体情况凭经验确定。

③分别测定各工种的日工具费定额，公式为：

$$某工种人均日工具费定额 = \frac{该工种标准定包工具月摊销费总额}{该工种班组额定人数 × 月工作日} \quad (4-35)$$

式中，班组额定人数是由企业劳动部门核定的某工种的标准人数，月工作日按20.5天计算。

3）确定班组月定包工具费收入，公式为：

某工种班组月度定包工具费收入 = 班组月度实际作业工日 ×

该工种人均日工具费定额　　$(4-36)$

班组工具费收入可按季或按月，以现金或转账的形式向班组发放，用于班组使用定包工具的开支。

4）企业基层材料部门，根据工种班组标准定包工具的品种、规格以及数量，向有关班组发放工具。班组可控标准定包数量足量领取，也可根据实际需要少领。自领用日起，按班组实领工具数量计算摊销，使用期满以旧换新后继续摊销。然而，使用期满后能延长使用时间的工具，应停止摊销收费。凡因班组责任造成工具丢失和因非正常使用造成损坏，由班组承担损失。

5）实行工具定包的班组需设立兼职工具员，负责保管工具，督促组内成员爱护工具和填写保管手册。

零星工具可按定额规定使用期限，由班组交给个人保管，丢失赔偿。

班组因生产需要调动工作，小型工具自行搬运，不报销任何费用或增加工时，班组确属无法携带需要运输车辆时，由公司出车运送。

企业应参照有关工具修理价格，结合本单位各工种实际情况，指定工具修理取费标准及班组定包工具修理费收入，这笔收入可记入班组月度定包工具费收入，统一发放。

6）班组定包工具费的支出与结算。此项工作可以分为以下几步进行：

①根据《班组工具定包及结算台账》（表4-17），按月计算班组定包工具费支出，公式为：

$$某工种班组月度定包工具费支出 = \sum_{i=1}^{n}（第 i 种工具数 \times 该种工具的日摊销费） \times$$
$$班组月度实际作业天数 \qquad (4-37)$$
$$某种工具的日摊销费 = \frac{该种工具的月摊销费}{20.5 天} \qquad (4-38)$$

表4-17　班组工具定包及结算台账

班组名称：＿＿＿＿＿＿＿＿＿　　　　工种：＿＿＿＿＿＿＿＿＿

日期	工具名称	规格	单位	领用数量	工具费支出（元）					盈（+）亏（-）金额（元）
					小计	定包支出	租赁费	赔偿费	其他	

②按月或按季结算班组定包工具费收支额，公式为：

某工种班组月度定包工具费收支额＝该工种班组月度定包工具费收入－月度定包工具
费支出－月度租赁费用－月度其他支出　　(4-39)

租赁费若班组已用现金支付，则此项不计。

其他支出包括应扣减的修理费和丢失损失费。

③根据工具费结算结果，填制工具定包结算单（表4-18）。

表4-18　工具定包结算单

班组名称：_____　　　　工种：_____

月份	工具费收入（元）	工具费支出（元）					盈（+）亏（-）金额（元）	奖罚金额（元）
		小计	定包支出	租赁费	赔偿费	其他		

制表：　　　　　　　　班组：　　　　　　　　财务：　　　　　　　　主管：

7）班组工具费结算若有盈余，为班组工具节约，盈余额可全部或按比例作为工具节约奖，归班组所有；若有亏损，则由班组负担。企业可将各工种班组实际定包工具费收入作为企业的工具费开支，记入工程成本。

企业每年年终应对工具定包管理效果进行总结分析，找出影响因素，提出有针对性的处理意见。

3. 工具津贴法

工具津贴法是指对于个人使用的随手工具，由个人自备，企业按实际作业的工日发给工具磨损费。

目前，施工企业对瓦工、木工以及抹灰工等专业工种的本企业工人所使用的个人随手工具，实行个人工具津贴费管理方法，该方法使工人有权自选顺手工具，有利于加强维护保养，延长工具使用寿命。

确定工具津贴费标准的方法为：根据一定时期的施工方法和工艺要求，确定随手工具的范围和数量，然后测算分析这部分工具的历史消耗水平，在这个基础上，制定分工种的作业工日个人工具津贴费标准。再根据每月实际作业工日，发给个人工具津贴费。

凡实行个人工具津贴费的工具，单位不再发给，施工中需用的这类工具，由个人负责购买、维修和保管。丢失、损坏由个人负责。

学徒工在学徒期不享受工具津贴，由企业一次性发给需用的生产工具。学徒期满后，将原领工具按质折价卖给个人，再享受工具津贴。

4.5　材料储备管理

4.5.1　材料储备业务流程

材料储备业务流程指仓库业务活动按一定程序，在时间和空间上进行合理安排和组织，使仓库管理有序地进行。储备业务流程分为入库阶段、储备阶段和发运阶段三个阶段。图4－5为材料储备业务流程。

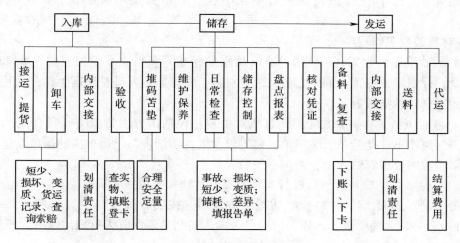

图4－5　材料储备业务流程

1. 入库阶段

入库阶段包括货物接运、内部交接、验收和办理入库手续等四项工作。

2. 储备阶段

储备阶段指物资保管保养工作，包括安排保管场所、堆码支垫、维护保养、检查与盘点等内容。

3. 发运阶段

发运阶段包括出库、内部交接及运送工作。

材料的装卸搬运作业贯穿于储备业务全过程，它将材料的入库、储备、发运阶段有机地联系起来。

4.5.2　材料验收入库

1. 材料验收工作的基本要求

材料验收工作的基本要求是准确、及时、严肃。

（1）准确。对于入库材料的品种、规格、型号、质量、数量、包装及价格、成套产品的配套性，认真验收，做到准确无误；执行合同条款的规定，如实反映验收情况，切忌主观臆断和偏见。

（2）及时。要求材料验收及时，不能拖拉，尽快在规定时间内验收完毕，如有问题及时提出验收记录，以便财务部门办理部分或全部拒付货款；或在 10 天内向供方提出书面异议，过期供方可不受理而视为无问题。一批到货要待全部验收完毕并办清入库手续后才能发放，不能边验边发，但紧急用料另作处理。

（3）严肃。材料验收人员要有高度的责任感、严肃认真的态度、无私的精神，严格遵守验收制度和手续，对验收工作负全部责任，反对不正之风和不负责任的态度。

总之，材料验收工作要把好"三关"，做到"三不收"。"三关"是质量关、数量关、单据关；"三不收"是凭证手续不全不收、规格数量不符不收、质量不合格不收。

2．材料验收工作程序

（1）验收准备。收集有关合同、协议及质量标准等资料；准备相应的、准确的检测计量工具；计划堆放位置、堆码方法及苫垫材料；安排搬运人员及搬运工具；危险品要制定相应的安全防护措施等。

（2）核对资料。材料验收时要认真核对资料，包括供方发货票、订货合同、产品质量证明书、说明书、化验单、装箱单、磅码单、发货明细表、承运单位的运单及运输记录等。材料验收时要求资料齐全，否则不予验收。

（3）检验实物。核对资料后进行实物验收。实物验收包括质量检验和数量检查。

（4）办理入库手续。材料验收质量、数量后，按实收数及时填写材料入库验收单（表4－19），办理入库手续。入库验收单是采购人员与仓库保管人员划清经济责任界限的

表 4－19　材料入库验收单

供应单位：＿＿＿＿＿＿＿＿＿＿　　　　　收料仓库：＿＿＿＿＿＿＿＿＿＿

发票号数：＿＿＿＿＿＿＿＿＿＿　　　　　材料类别：＿＿＿＿＿＿＿＿＿＿

发货日期：＿＿＿＿＿＿＿＿＿＿　　　　　编　　号：＿＿＿＿＿＿＿＿＿＿

材料编号	材料名称	规格	发票数				实收数				短缺		备注
			单位	数量	单价	金额	单位	数量	计划单位	金额	数量	金额	

实际价款合计													
附记	运输单位		车种		运单号		距离（km）			起点地址			
	运费		装卸费		包装费		其他费			费用小计			

主管：　　　　　　审核：　　　　　　验收员：　　　　　　采购员：

凭证，也是随发票报销及记账的依据。在填写材料入库验收单时，必须按《材料目录》中的统一名称、统一材料编号及统一计量单位填写，同时将原发票上的名称及供货单位，在验收单备注栏内注明，以便查核，防止同品种材料多账页和分散堆放，并应及时登账、立卡。

验收单一式四联：

1）库房存（作收入依据）。

2）财务（随发票报销）。

3）材料部门（计划分配）。

4）采购员（存查）。

4.5.3　材料保管与堆放

保管包括库容管理和材料管理、材料的保管。主要是依据材料性能，运用科学方法保持材料的使用价值。

1. 材料的保管场所

建筑施工企业储存材料的场所有库房、库（货）棚和货（料）场三种，应根据材料的性能特点选择其保管场所。

（1）库房。库房也称封闭式仓库。一般存放怕日晒雨淋、对温湿度及有害气体反应较敏感的材料。钢材中的镀锌板、镀锌管、薄壁电线管、优质钢材等，化工材料中的胶粘剂、溶剂、防冻剂等，五金材料中的各种工具、电线电料、零件配件等，均应在库房保管。

（2）库（货）棚。库（货）棚是半封闭式仓库。一般存放怕日晒雨淋而对空气的温度、湿度要求不高的材料。如铸铁制品、卫生陶瓷、散热器、石材制品等，均可在库棚内存放。

（3）货（料）场。货（料）场又称露天仓库，是地面经过一定处理的露天堆料场地。存放料场的材料，必须是不怕日晒雨淋，对空气中的温度、湿度及有害气体反应均不敏感的材料，或是虽然受到各种自然因素的影响，但在使用时可以消除影响的材料。如钢材中的大规格型材、普通钢筋和砖、瓦、沙、石、砌块等，可存放在料场。

另外，有一部分材料对保管条件要求较高的，应存放在特殊库房内。如汽油、柴油、煤油等燃料油，必须是低温保管；部分胶粘剂，冬季必须是保温保管；有毒物品，必须了解其特性，按其要求存放在特殊库房内，进行单独保管。

2. 材料的堆码

材料堆码关系到材料保管中所持的状态，因此，材料堆码应符合下列规定：

1）必须满足材料性能的要求。

2）必须保证材料的包装不受损坏，垛形整齐，堆码牢固、安全。

3）尽量定量存放，便于清点数量和检查质量。

4）保证装卸搬运方便、安全，便于贯彻"先进先出"的原则。

5）有利于提高堆码作业的机械化水平。

6）在贯彻上述要求的前提下，尽量提高仓库利用率。

4.5.4　易燃、易爆、易损及有毒有害材料的储存

易燃易爆化学物品的储存应按照消防法规要求，选择储存场所，根据储存物品的性质选择储存方式，并加强储存物品的日常养护、管理，作好出、入库登记工作，以确保易燃易爆物品储存的消防安全。

1．建筑条件

易燃易爆化学物品的储存建筑应符合《建筑设计防火规范》GB 50016—2014 的要求，库房耐火等级不低于二级。

2．库房条件

易燃易爆化学物品的储存库房条件应符合下列要求：

1）应干燥、易于通风、密闭和避光，并应安装避雷装置；库房内可能散发（或泄漏）可燃气体、可燃蒸汽的场所应安装可燃气体检测报警装置。

2）各类商品依据性质和灭火方法的不同，应严格分区、分类和分库存放。

①易爆性商品应储存于一级轻顶耐火建筑的库房内。

②低、中闪点液体、一级易燃固体、自燃物品、压缩气体和液化气体类应储存于一级耐火建筑的库房内。

③遇湿易燃商品、氧化剂和有机过氧化物应储存于一、二级耐火建筑的库房内。

④二级易燃固体、高闪点液体应储存于耐火等级不低于二级的库房内。

⑤易燃气体不应与助燃气体同库储存。

3．安全条件

易燃易爆化学物品的储存的安全方面应符合下列要求：

1）商品应避免阳光直射，远离火源、热源、电源及产生火花的环境。

2）除按表 4 –20 规定分类储存外，以下品种应专库储存：

①爆炸品：黑色火药类、爆炸性化合物应专库储存。

②压缩气体和液化气体：易燃气体、助燃气体和有毒气体应专库储存。

③易燃液体可同库储存；但灭火方法不同的商品应分库储存。

④易燃固体可同库储存；但发乳剂 H 与酸或酸性商品应分库储存。

⑤硝酸纤维素酯、安全火柴、红磷及硫化磷、铝粉等金属粉类应分库储存。

⑥自燃商品：黄磷、烃基金属化合物，浸动、植物油的制品应分库储存。

⑦遇湿易燃商品应专库储存。

⑧氧化剂和有机过氧化物，一、二级无机氧化剂与一、二级有机氧化剂应分库储存；氯酸盐类、高锰酸盐、亚硝酸盐、过氧化钠、过氧化氢等必须分别专库储存。

4．环境卫生条件

1）库房周围无杂草和易燃物。

2）库房内地面无漏洒商品，保持地面与货垛清洁卫生。

对于价值高、易损坏、易丢失的材料物品，应入库由专人保管。

表 4 – 20　危险化学商品混存性能互抵表

| 类别 | 爆炸性物品 | | | | 氧化剂 | | | | 压缩气体和液化气体 | | | | 自燃物品 | | 遇水燃烧物品 | | 易燃液体 | | 易燃固体 | | 毒性物品 | | | | 腐蚀性物品 | | | | 放射性物品 |
	点火器材	起爆器材	爆炸及爆炸性药品	其他爆炸品	一级无机	一级有机	二级无机	二级有机	剧毒（液氨和液氯有抵触）	易燃	助燃	不燃	一级	二级	一级	二级	一级	二级	一级	二级	剧毒有机	剧毒无机	有毒有机	有毒无机	酸性有机	酸性无机	碱性有机	碱性无机	
爆炸性物品　点火器材	○																												
起爆器材	○	○																											
爆炸及爆炸性药品	○	×	○																										
其他爆炸品	○	×	×	○																									
氧化剂　一级无机	×	×	×	×	①																								
一级有机	×	×	×	×	×	○																							
二级无机	×	×	×	×	○	×	②																						
二级有机	×	×	×	×	×	○	×	○																					
压缩气体和液化气体　剧毒（液氨和液氯有抵触）	×	×	×	×	×	×	×	×	○																				
易燃	×	×	×	×	分	×	分	×	×	○																			
助燃	×	×	×	×	消	×	分	×	○	×	○																		
不燃	×	×	×	×	×	×	×	×	○	○	○	○																	
自燃物品　一级	×	×	×	×	×	×	×	×	×	×	×	×	○																
二级	×	×	×	×	×	×	×	×	×	×	×	×	○	○															
遇水燃烧物品　一级	×	×	×	×	×	×	×	×	×	×	×	×	○	×	○														○
二级	×	×	×	×	×	×	×	×	×	×	×	×	消	×	○	○													

续表 4 – 20

类别		爆炸性物品 点火器材	爆炸性物品 起爆器材	爆炸性物品 爆炸及爆炸性药品	爆炸性物品 其他爆炸品	氧化剂 一级无机	氧化剂 一级有机	氧化剂 二级无机	氧化剂 二级有机	压缩气体和液化气体 剧毒	压缩气体和液化气体 易燃	压缩气体和液化气体 助燃	压缩气体和液化气体 不燃	自燃物品 一级	自燃物品 二级	遇水燃烧物品 一级	遇水燃烧物品 二级	易燃液体 一级	易燃液体 二级	易燃液体 三级	易燃固体 一级	易燃固体 二级	易燃固体 三级	毒性物品 剧毒无机	毒性物品 剧毒有机	毒性物品 有毒无机	毒性物品 有毒有机	腐蚀性物品 酸性无机	腐蚀性物品 酸性有机	腐蚀性物品 碱性无机	腐蚀性物品 碱性有机	放射性物品
易燃液体	一级	×	×	×	×	×	×	×	×	消	消	消	消	分	分	×	×	○														
	二级	×	×	×	×	×	×	×	×	消	消	消	消	分	分	×	×	○	○													
易燃固体	一级	×	×	×	×	×	×	×	×	×	消	×	消	分	分	×	×	消	消	消	○											
	二级	×	×	×	×	×	×	×	×	×	消	×	消	分	分	×	×	消	消	消	○	○										
毒害性物品	剧毒无机	×	×	×	×	×	×	×	×	○	×	×	×	×	×	×	×	×	×	×	×	×	×	○								
	剧毒有机	×	×	×	×	×	×	×	×	×	×	×	×	×	×	×	×	×	×	×	×	×	×	○	○							
	有毒无机	×	×	×	×	×	×	×	×	×	×	×	×	×	×	×	×	×	×	×	×	×	×	○	○	○						
	有毒有机	×	×	×	×	×	×	×	×	×	×	×	×	×	×	×	×	×	×	×	×	×	×	○	○	○	○					
腐蚀性物品 酸性	无机	×	×	×	×	×	×	×	×	×	×	×	×	×	×	×	×	×	×	×	×	×	×	×	×	×	×	○				
	有机	×	×	×	×	×	×	×	×	×	×	×	×	×	×	×	×	×	×	×	×	×	×	×	×	×	×	○	○			
腐蚀性物品 碱性	无机	×	×	×	×	×	×	×	×	×	×	×	×	×	×	×	×	×	×	×	×	×	×	×	×	×	×	×	×	○		
	有机	×	×	×	×	×	×	×	×	×	×	×	×	×	×	×	×	×	×	×	×	×	×	×	×	×	×	×	×	○	○	
放射性物品		×	×	×	×	×	×	×	×	×	×	×	×	×	×	×	×	×	×	×	×	×	×	×	×	×	×	×	×	×	×	○

注：1. "○"符号表示可以混存；

2. "×"符号表示不可以混存；

3. "分"指应按化学危险品的分类进行分区分仓贮存，如果物品不多或仓位不够时，因其性能并不互相抵触，也可以混存；

4. "消"指两种物品性能并不互相抵触，但消防施救方法不同，条件许可时最好分存；

5. "①"说明过氧化钠等过氧化物不宜和无机氧化剂混存；

6. "②"说明具有还原性的亚硝酸钠等亚硝酸盐类，不宜和其他无机氧化剂混存；

7. 凡混存物品，货架与货垛之间，应留有1m以上的距离，并要求包装容器完整，不使两种物品发生接触。

4.5.5　材料出库程序

1. 发放准备

材料出库前，应做好计量工具、装卸倒运设备、人力及随货发出的有关证件的准备，根据用料计划或限额领料单，做好发料准备工作，提高材料出库效率。

2. 核对凭证

材料出库凭证是发放材料的依据，材料出库必须依据材料拨料单、限额领料单、内部转库单发料，要认真审核材料发放地点、单位、品种、规格、数量，并核对签发人的签章及单据有效印章，无误后方可发放。非正式出库凭证一律不得发放。若凭证不实，不能发料。

3. 备料

凭证经审核无误后，按出库凭证所列材料的品种、规格、数量准备材料。

4. 复核

为防止发生发放差错，备料后必须复查。首先复查准备材料与出库凭证所列项目是否一致，检查所发材料和凭证所列材料是否吻合，然后复查发放后的材料实存数与账务结存数是否相符，确认无误后再下账改卡。

5. 点交

无论是内部领料还是外部提料，发放人与领取人都应当面点交清楚。一次领（提）不完的材料，应做出明显标记，并得到领（提）料人的确认，防止差错，分清责任。

6. 清理

材料发放出库后，应及时清理拆散的垛、捆、箱、盒，部分材料应恢复原包装要求，整理垛位，登卡记账。

4.5.6　仓库盘点的内容与方法

1. 盘点内容

1）清点材料数量。根据账、卡、物逐项查对，核实库存数量。

2）检查材料质量。在清点数量的同时，检查材料有无变质、损坏、受潮等现象发生。

3）检查堆垛是否合理、稳固，下垫、上盖是否符合要求，有无漏雨、积水等情况。

4）检查计量工具是否正确。

5）检查库房安全、保卫、消防是否符合要求；执行各项规章制度是否认真。

6）检查"四号定位"、"五五化"是否符合要求，库容是否整齐、清洁。

要求边检查、边记录，如有问题逐项落实，限期解决，到时复查解决情况。

2. 盘点方法

（1）定期盘点。主要是指季末或年末对库房和料场保存的材料进行全面、彻底盘点。达到有物有账，账物相符，账账相符。将数量、规格、质量及主要用途搞清楚。由于清查规模较大，必须做好下列组织准备工作：

1）划区分块，统一安排盘点范围，防止重查、漏查。

2）校正盘点用的计量工具，统一设计印制盘点表，确定盘点截止日期与报表日期。

3）安排各现场、车间办理已领未用材料的"假退料"手续；并清理半成品、在产品和产成品。

4）尚未验收的材料，具备验收条件的抓紧验收入库。

5）代管材料应当有特殊标志，不包括在自有库存中，应当另列报表，便于查对。

盘点步骤：

1）按盘点规定的截止日期及划区分块范围、盘点范围，逐一认真盘点。

2）以实际库存量与账面结存量逐项核对，编报盘点表。

3）结出盘盈或盘亏差异。

盘点中出现的盈亏等问题，按照"盘点中问题的处理原则"进行处理。

（2）永续盘点。永续盘点具体做法是：

1）对库房每日有变动的材料，当日复查一次，即当天对库房收入或发出的材料，核对账、卡、物是否对口。

2）每月查库存材料的一半。

3）年末全面盘点。

这种连续进行抽查盘点的方法，能及时发现问题，即使出现差错，当天也容易回忆，便于清查，可以及时采取措施。这是保证"四对口"的有效方法，但必须做到当天收发、当天记账和登卡。

3．编制盘点报告

对盘点中发现的问题，如材料损失、失盗、盘亏、盘盈、变质、报废等，凡发生数量盈亏者，编制盘点盈亏报告，见表4-21；凡发生质量降低、损坏的，要编制报损报废报告（表4-22），按规定及时报上级主管部门处理。根据盘点报告批复意见调整账务并做好善后处理。通过盘点应达到"三清"（即数量清、质量清、账表清）、"三有"（即盈亏有分析、事故差错有报告、调整账表有依据）以及"三对"（账、卡、实物对口）。

表4-21　材料盘点盈亏报告单

填报单位：＿＿＿＿＿＿＿＿　　　　　＿＿＿年＿＿＿月＿＿＿日　第＿＿＿号

材料名称	单位	账存数量	实存数量	盈（＋）亏（－）数量及原因
部门意见				
领导批示				

表 4 – 22　材料报损报废报告单

填报单位：_____　　　　　____年____月____日　第____号

材料名称	单位	数量	单价及金额	报损报废原因	技术鉴定处理意见
部门意见					
领导批示					

4．盘点中发现问题的处理

1）盘点中发现数量出现盈亏，且其盈亏量在国家和企业规定的范围之内时，可在盘点报告中反映，不必编制盈亏报告，经业务主管审批后据此调整账务；若盈亏量超过规定范围，除在盘点报告中反映外，还应填"盘点盈亏报告单"，经领导审批后再行处理。

2）当库存材料发生损坏、变质等问题时，填"材料报损报废报告单"，并通过有关部门鉴定降等、变质及损坏损失金额，经领导审批后，根据批示意见处理。

3）当库房已被判明被盗时，其丢失及损坏材料数量及相应金额，应专项报告，报告保卫部门认真查明，经批示后才能处理。

4）当出现品种规格混串和单价错误时，可查实并经业务主管审批后进行调整。

5）库存材料在 1 年以上没有动态，应列为积压材料，编制积压材料清册，报清处理。

6）代管材料和外单位寄存材料，应与自有材料分开，分别建账，单独管理。

4.5.7　材料储备账务管理

材料储备业务的各环节均有账务管理要求，为及时了解材料到货、使用情况，通常建立一般材料账和低值易耗品账。

1．记账凭证

材料的记账凭证一般包括以下几种：

（1）材料入库凭证。材料入库凭证包括：验收单、入库单、加工单等。

（2）材料出库凭证。材料出库凭证包括：调拨单、借用单、限额领料单、新旧转账单等。

（3）盘点、报废、调整凭证。盘点、报废、调整凭证包括：盘点盈亏调整单、数量规格调整单、报损报废单等。

2．记账程序

（1）审核凭证。审核凭证的合法性、有效性。凭证必须是合法凭证，有编号，有材料收发动态指标；能完整反映材料经济业务从发生到结束的全过程情况。临时借条均不能作为记账的合法凭证。合法凭证要按规定填写齐全，如日期、名称、规格、数量、单位、单价、印章要齐全，抬头要写清楚，否则为无效凭证，不能据此记账。

（2）整理凭证。记账前先将凭证分类、分档排列，然后依次序逐项登记。

3．账册登记

根据账页上的各项指标自左至右逐项登记。已记账的凭证，应加标记，防止重复登账。记账后，对账卡上的结存数要进行验算，即：上期结存＋本项收入－本项发出＝本项结存。

4.5.8　建筑常用材料储备方法

1．水泥

（1）水泥的合理码放。水泥应入库保管。仓库地坪要高出室外地面 20～30cm，四周墙地面要有防潮措施。码垛时通常码放 10 袋，最高不得超过 15 袋。不同品种、标号和日期要分开码放，并挂牌标明。

如遇特殊情况，水泥需在露天临时存放时，必须有足够的遮垫措施。做到防水、防雨、防潮。散水泥要有固定的容器，既能用自卸汽车进料，又能人工出料。

（2）水泥的保管。水泥储存时间不能太长，出厂后超过 3 个月的水泥，要及时抽样检查，经化验后按重新确定的标号使用，如有硬化的水泥，须经处理后降级使用。水泥应避免与石灰、石膏以及其他易于飞扬的粒状材料同存，以防混杂，影响质量。包装如有损坏，应及时更换以免散失。水泥库房要经常保持清洁，落地灰及时清理、收集、灌装，并应另行收存使用。根据使用情况安排好进料和发料的连接，严格遵守先进先发的原则，防止发生长时间不动的死角。

（3）水泥进场后的保管应注意的问题。

1）不同生产厂家、不同品种、不同强度等级和不同出厂日期的水泥应分别堆放，不得混存混放，更不能混合使用。

2）水泥的吸湿性大，在储存和保管时必须注意防潮防水。临时存放的水泥要做好上盖下垫，必要时盖上塑料薄膜或防雨布，下垫高离地面或墙面至少 200mm 以上。

3）存放袋装水泥，堆垛不宜太高，一般以 10 袋为宜，太高会使底层水泥过重而造成袋包装破裂，使水泥受潮结块。如果储存期较短或场地太狭窄，堆垛可以适当加高，但最多不宜超过 15 袋。

4）水泥储存时要合理安排库内出入通道和堆垛位置，以使水泥能够实行先进先出的发放原则。避免部分水泥因长期积压在不易运出的角落里，造成受潮而变质。

5）水泥储存期不宜过长，以免受潮变质或引起强度降低。储存期按出厂日期起算，一般水泥为三个月，铝酸盐水泥为两个月，快硬水泥和快凝快硬水泥为一个月。水泥超过储存期必须重新检验，根据检验的结果决定是否继续使用或降低强度等级使用。

水泥在储存过程中易吸收空气中的水分而受潮，水泥受潮以后，多出现结块现象，而且烧失量增加，强度降低。对水泥受潮程度的简易鉴别和处理方法见表 4－23。

表 4 −23 受潮水泥的简易鉴别和处理方法

受潮程度	水泥外观	手感	强度降低	处理方法
轻微受潮	水泥新鲜，有流动性，肉眼观察完全呈细粉	用手捏碾无硬粒	强度降低不超过 5%	使用不改变
开始受潮	水泥凝有小球粒，但易散成粉末	用手捏碾无硬粒	强度降低 5% 以下	用于要求不严格的工程部位
受潮加重	水泥细度变粗，有大量小球粒和松块	用手捏碾，球粒可成细粉，无硬粒	强度降低15% ~ 20%	将松块压成粉末，降低强度用于要求不严格的工程部位
受潮较重	水泥结成粒块，有少量硬块，但硬块较松，容易击碎	用手捏碾，不能变成粉末，有硬粒	强度降低30% ~ 50%	用筛子筛去硬粒、硬块，降低强度用于要求较低的工程部位
严重受潮	水泥中有许多硬粒、硬块，难以压碎	用手捏碾不动	强度降低 50% 以上	不能用于工程中

2. 钢材

建筑钢材由于质量大、长度长，运输前必须了解所运建筑钢材的长度和单捆重量，以便于安排车辆和吊车。

如施工现场存放材料的场地狭小，保管设施较差。建筑钢材应按不同的品种、规格分别堆放。钢材中优质钢材，小规格钢材，如镀锌板、镀锌管、薄壁电线管等，作好入库入棚保管，若条件不允许，只能露天存放时，料场应选择在地势较高而又平坦的地面，经平整、夯实、预设排水沟、安排好垛底后方可使用。为避免因潮湿环境而引起钢材表面锈蚀，雨雪季节建筑钢材要用防雨材料覆盖。

钢材在保管中必须分清品种、规格以及材质，保持场地干燥，地面不积水，无污物。

施工现场堆放的建筑钢材应注明合格、不合格、在检、待检等产品质量状态，注明钢材生产企业名称、品种、规格、进场日期以及数量等内容，并以醒目标识标明，施工现场应由专人负责建筑钢材的收货与发料。

3. 木材

木材应按材种及规格等不同码放，要便于抽取和保持通风，板、方材的垛顶部要遮盖，以防日晒雨淋。经过烘干处理的木材，应放进仓库。

（1）木材的干燥。木材在加工和使用之前进行干燥处理，可以提高强度，防止收缩、开裂和变形，减小质量以及防腐防虫，从而改善木材的使用性能和寿命。大批量木材干燥以气体介质对流干燥法（如大气干燥法、循环窑干法）为主。

（2）木材的防腐。

1）创造不适于真菌寄生与繁殖的条件。原木储存时有干存法与湿存法两种。控制木材含水率，将木材含水率保持于较低的水平，木材因缺乏水分，使得真菌难以生存，即为干存法。将木材含水率保持在很高的水平，木材因缺乏空气，破坏了真菌生存所需的条件，从而达到防腐的目的，即为湿存法或水存法。但对成材储存就只能用干存法。木材构件表面应刷油漆，使木材隔绝空气与水汽。

2）把木材变成有毒的物质，使其不能作真菌的养料。将化腐剂注入木材中，把木材变为对真菌有毒的物质，使真菌无法寄生。

（3）木材的防虫。

1）生态防治：结合害虫的生活特性，把需要保护的木材及其制品尽可能避开害虫密集区，避开其生存、活动的最佳区域。从建筑上改善透光、通风和防潮条件，来创造出不利于害虫生存的环境条件。

2）生物防治：采用保护害虫的天敌方法防治。

3）物理防治：用灯光诱捕纷飞的虫蛾或用水封杀。

4）化学防治：用化学药物杀灭害虫，是木材防虫害的主要方法。

（4）木材的防火。液状防火浸渍涂料，用于不直接受水作用的构件上。可采用加压浸渍、槽中浸渍、表面喷洒及涂刷等处理方法。

关于木材浸渍等级的要求如下：

1）一级浸渍。保证木材无可燃性。

2）二级浸渍。保证木材缓燃。

3）三级浸渍。在露天火源的作用下，能延迟木材燃烧起火，见表4-24。

表4-24　选择和使用防火浸渍剂成分的规定

浸渍剂成分的种类	浸渍等级的要求	每立方米木材所用防火浸渍剂的数量（以kg计）不得小于	浸渍剂的特性	适用范围
硫酸铵和磷酸铵的混合物	一	80	空气相对湿度超过80%时易吸湿；能降低木材强度10%~15%	空气相对湿度在80%以下时，浸渍厚度在50mm以内的木制构件
	二	48		
	三	20		
硫酸铵和磷酸铵与火油类成酸	三	20	不吸湿；不降低木材强度	在不直接受潮湿作用的构件中，用作表面浸渍

注：1. 防火剂配制成分应根据提高建筑物木构件防火性能的有关规程来决定；
2. 根据专门规范指示并试验合格的其他防火剂亦可采用；
3. 为防止木材的燃烧和腐朽，可于防火涂料中添加防腐剂（氟化钠等）。

4. 块材

块料应按不同的品种、规格和等级分别堆放，垛身要稳固、计数必须方便。有条件时，块料可存放在料棚内，若采用露天存放，则堆放的地点必须坚实、平坦和干净，场地四周应预设排水沟，垛与垛之间应留有走道，以利搬运。堆放的位置既要考虑到不影响建筑物的施工和道路畅通，又要考虑到不要离建筑物太远，以免造成运输距离过长或二次搬运。空心砌块堆放时孔洞应朝下，雨雪季节块料宜用防雨材料覆盖。

自然养护的混凝土小砌块和混凝土多孔砖产品，若不满28天养护龄期不得进场使用；蒸压加气混凝土砌块（板）出釜不满5天不得进场使用。

5. 建筑用砂、石

通常应集中堆放在混凝土搅拌机和砂浆机旁，不宜过远。堆放要成方成堆，避免成片。平时要经常清理，并督促班组清底使用。

4.6 库存控制与分析

4.6.1 库存量的控制方法

1. 定量库存控制法

定量库存控制法（也称订购点法）是以固定订购点和订购批量为基础的一种库存控制法。即当某种材料库存量不大于规定的订购点时，即提出订购，每次购进固定的数量。这种库存控制方法具有的特点是：订购点与订购批量固定，订购周期和进货周期不定。订购周期是指两次订购的时间间隔；进货周期是指两次进货的时间间隔。确定订购点是定量控制中的重要问题。若订购点偏高，将提高平均库存量水平，增加资金占用与管理费支出；订购点偏低则会使供应中断。订购点由备运期间需用量与保险储备量两部分构成。

订购点 = 备运期间需用量 + 保险储备量 – 平均备运天数 ×
平均每日需要量 + 保险储备量 （4 – 40）

备运期间指自提出订购到材料进场并能投入使用所需的时间，包括提出订购及办理订购过程的时间、在途运输时间、供货单位发运所需的时间、到货后验收入库时间以及使用前准备时间。实际上每次所需的时间不一定相同，在库存控制中通常按过去各次实际需要备运时间平均计算来求得。

采用定量库存控制法来调节实际库存量时，每次固定的订购量，通常为经济订购批量。定量库存控制法在仓库保管中可采用双堆法（也称分存控制法）。它是将订购点的材料数量从库存总量分出来，单独堆放（或划以明显的标志），当库存量的其余部分用完，只剩下订购点一堆时，应提出订购，每次购进固定数量的材料。还可将保险储备量再从订购点一堆中分出来，即为三堆法、双堆法或三堆法，可以直观地识别订购点，及时订购，简便易行。此控制方法适用于价值较低，用量不大，备运时间较短的材料。

2. 定期库存控制法

定期库存控制法是以固定时间的查库及订购周期为基础的库存量控制方法。它按固定的时间间隔检查库存量，并随即提出订购，订购批量是按照盘点时的实际库存量和下一个进货周期的预计需要量而确定。这种库存量控制方法具有的特征是：订购周期固定，若每次订购的备运时间相同，则进货周期也固定，而订货点和订购批量不固定。

（1）订购批量（进货量）的计算式。

订购批量 = 订购周期需要量 + 备运时间需要量 + 保险储备量 – 现有库存量 – 已订未交量

$$= （订购周期天数 + 平均备运天数） \times 平均每日需要量 +$$

保险储备量 - 现有库存量 - 已订未交量 　　　　　　　　　（4 - 41）

"现有库存量"是指提出订购时的实际库存量；"已订未交量"是指已经订购并在订购周期内到货的期货数量。在定期库存控制中，保险储备不仅应满足备运时间内需要量的变动，且要满足整个订购周期内需要量的变动。所以对同一种材料来说，定期库存控制法要比定量库存控制法有更大的保险储备量。

（2）定量控制与定期控制比较。

1）定量控制的优缺点。

①优点是能经常掌握库存量动态，及时提出订购，不容易缺料；每次定购量固定，能采用经济订购批量，保管与搬运量稳定；保险储备量较少；盘点与定购手续简便。

②缺点：订购时间不定，难以编制采购计划；未能突出重点材料；不适用需要量变化大的情况，所以不能及时调整订购批量；不能得到多种材料合并订购的好处。

2）定期库存订购法的优点、缺点。与定量库存控制法相反。

（3）两种库存控制法的适用范围。

1）定量库存控制法：单价较低的材料；缺料造成损失大的材料；需要量比较稳定的材料。

2）定期库存控制法：需要量大，要严格管理的主要材料，有保管期限的材料；需要量变化大而且可预测的材料；发货频繁且库存动态变化大的材料。

3. 最高最低储备量控制法

对已核定了材料储备定额的材料，以其最高储备量和最低储备量为依据，采用定期盘点（或永续盘点），使库存量保持于最高储备量和最低储备量之间的范围内。当实际库存量高于最高储备量（或低于最低储备量）时，要积极采取有效措施，使它保持在合理库存的控制范围内，既要避免供应脱节，也要防止其呆滞积压。

4. 警戒点控制法

警戒点控制法是从最高最低储备量控制法演变而来，也是定量控制的又一种方法。为了减少库存，若以最低储备量作为控制依据，常会因来不及采购运输而造成缺料，所以根据各种材料的具体供需情况，规定比最低储备量稍高的警戒点，当库存降到警戒点时，即提出订购，订购数量根据计划需要而定，此控制方法能减少发生缺料现象，可利于降低库存。

5. 类别材料库存量控制

以上的库存控制是对材料具体品种及规格而言，对类别材料库存量，通常用类别材料储备资金定额来控制。材料储备资金是库存材料的货币表现，储备资金定额通常是在确定的材料合理库存量的基础上核定的，要加强储备资金定额管理，就要加强库存控制。以储备资金定额为标准与库存材料实际占用资金数进行比较，如高于（或低于）控制的类别资金定额，应分析原因，并找出问题的症结，以便采取有效的措施。即便没有超出类别材料资金定额，也可能存在库存品种、规格及数量等不合理的因素，如类别中应该储存的品种未储存，有的用量少且储量大，有的规格、质量不对路等，都要进行库存控制。

4.6.2　库存分析

为了合理控制库存，应对库存材料的结构、动态及资金占用等作分析，总结经验并找出问题，及时采取可靠措施，使库存材料始终处于合理控制状态。

1. 库存材料结构分析

库存材料结构分析，是检查材料储存状态是否达到"生产供应好，材料储存低，资金占用少"的可靠方法。

(1) 库存材料储备定额合理率。库存材料储备定额合理率是对储备状态的分析，有的企业把储备资金下到库，但没有具体下到应储材料品种上，即有可能出现应储的未储，不应储的储了，而储备资金定额还没有超出的假象，使库存材料出现有的多、有的缺、有的用不上等不合理状况，分析储备状态的计算公式是：

$$A = [1 - (H + L) / \sum] \times 100\% \tag{4-42}$$

式中：A——库存材料定额合理率；

　　H——超过最高储备定额的品种项数；

　　L——低于最低储备定额的品种项数；

　　$\sum$——库存材料品种总项数。

(2) 库存材料动态合理率。库存材料动态合理率是考核材料流动状态的指标。材料只有投入使用才能实现其价值。流转越快，则效益越高。长期储存，不但不会创造价值，且要开支保管费用与利息，还要发生变质、削价等损失。计算动态合理率的公式为：

$$B = (T / \sum) \times 100\% \tag{4-43}$$

式中：B——库存材料动态合理率；

　　T——库存材料有动态的项数；

　　$\sum$——库存材料品种总项数。

通过对储备定额合理率的分析，掌握了库存材料的品种、规格余缺及数量的多少，又由动态分析掌握了材料周转快慢与多余积压，使库存材料品种、数量都处于控制之中。

2. 库存材料储备资金节约率

库存材料储备资金节约率是考核储备资金占用情况的指标。有资金最大占用额和最小占用额之分，由于库存材料数量是变动的，资金也相应变动。库存资金最高（最低）占用额与各种材料最高储备定额（最低储备定额）与材料单价的乘积之和相等。现用最大资金占用额作为上限控制计算储备资金占用额是节约还是超占，其计算公式为：

$$Z = [1 - (F \div E)] \times 100\% \tag{4-44}$$

式中：Z——库存资金节约率；

　　E——核定库存资金定额；

　　F——检查期库存资金额。

5 材料统计核算管理

5.1 材料核算的基本方法

5.1.1 工程成本的核算方法

工程成本核算是指对企业已完工程的成本水平,与执行成本计划的情况进行比较,是一种既全面而又概略的分析。工程成本按其在成本管理中的作用有下述三种表现形式。

1. 预算成本

预算成本是根据构成工程成本的各个要素,按编制施工图预算的方法确定的工程成本,是考核企业成本水平的重要标尺,也是结算工程价款、计算工程收入的重要依据。

2. 计划成本

企业为了加强成本管理,在施工生产过程中有效地控制生产耗费,所确定的工程成本目标值。计划成本应根据施工图预算,结合单位工程的施工组织设计和技术组织措施计划、管理费用计划确定。它是结合企业实际情况确定的工程成本控制额,是企业降低消耗的奋斗目标,是控制和检查成本计划执行情况的依据。

3. 实际成本

实际成本即企业完成建筑安装工程实际发生的应计入工程成本的各项费用之和。它是企业生产耗费在工程上的综合反映,是影响企业经济效益高低的重要因素。

工程成本核算,首先是将工程的实际成本同预算成本比较,检查工程成本是节约还是超支。其次是将工程实际成本同计划成本比较,检查企业执行成本计划的情况,考察实际成本是否控制在计划成本之内。无论是预算成本和计划成本,都要从工程成本总额和成本项目两个方面进行考核。在考核成本变动时,要借助成本降低额和成本降低率两个指标。前者用以反映成本节约或超支的绝对额,后者反映成本节约或超支的幅度。

在对工程成本水平和执行成本计划考核的基础上,应对企业所属施工单位的工程成本水平进行考核,查明其成本变动对企业工程成本总额变动的影响程度;同时,应对工程的成本结构、成本水平的动态变化进行分析,考察工程成本结构和水平变动的趋势。此外,还要分析成本计划和施工生产计划的执行情况,考察两者的进度是否同步增长。通过工程成本核算,对企业的工程成本水平和执行成本计划的情况做出初步评价,为深入进行成本分析,查明成本升降原因指明方向。

5.1.2 工程成本材料费的核算

工程材料费的核算反映在以下两个方面:

1．建筑安装工程定额规定的材料定额消耗量与施工生产过程中材料实际消耗量之间的"量差"

材料部门应按照定额供料，分单位工程记账，分析节约与超支，促进材料的合理使用，降低材料消耗。做到对工程用料，临时设施用料，非生产性其他用料，区别对象划清成本项目。对属于费用性开支非生产性用料，要按规定掌握，不能记入工程成本。对供应两个以上工程同时使用的大宗材料，可按定额及完成的工程量进行比例分配，分别记入单位工程成本。为了抓住重点，简化基层实物量的核算，根据各类工程用料特点，结合班组核算情况，可选定占工程材料费用比重较大的主要材料，如土建工程中的钢材、木材、水泥、砖瓦、砂、石、石灰等按品种核算，施工队建立分工号的实物台账，一般材料则按类核算，掌握队、组用料节超情况，从而找出定额与实耗的量差，为企业进行经济活动分析提供资料。

2．材料投标价格与实际采购供应材料价格之间的"价差"

工程材料成本盈亏主要核算这两个方面。材料价差的发生，要区别供料方式。供料方式不同，其处理方法也不同。由建设单位供料，按承包商的投标价格向施工单位结算，价格差异则发生在建设单位，由建设单位负责核算。施工单位实行包料，按施工图预算包干的，价格差异发生在施工单位，由施工单位材料部门进行核算，所发生的材料价格差异按合同的规定处理成本。

5.1.3　材料成本的分析

1．材料成本分析的概念

成本分析就是利用成本数据按期间与目标成本进行比较。找出成本升降的原因，总结经营管理的经验，制定切实可行的措施，加以改进，不断地提高企业经营管理水平和经济效益。

成本分析可以在经济活动的事先、事中或事后进行。在经济活动开展之前，通过成本预测分析，可以选择达到最佳经济效益的成本水平，确定目标成本，为编制成本计划提供可靠依据。在经济活动过程中，通过成本控制与分析，可以发现实际支出脱离目标成本的差异，以便于及时采取措施，保证预定目标的实现。在经济活动完成之后，通过实际成本分析，评价成本计划的执行效果，考核企业经营业绩，总结经验，指导未来。

2．成本分析方法

成本分析方法很多，如技术经济分析法、比重分析法、因素分析法、成本分析会议等。材料成本分析通常采用的具体方法主要有：

（1）指标对比法。指标对比法是一种以数字资料为依据进行对比的方法。通过指标对比，确定存在的差异，然后分析形成差异的原因。

对比法主要可以分为以下几种：

1）实际指标和计划指标比较。

2）实际指标和定额、预算指标比较。

3）本期实际指标与上期的实际指标对比。

4）企业的实际指标与同行业先进水平比较。

（2）因素分析法。成本指标往往由很多因素构成，因素分析法是通过分析材料成本各构成因素的变动对材料成本的影响程度，找出材料成本节约或超支的原因的一种方法。因素分析法具体有连锁替代法和差额计算法二种：

1）连锁替代法。连锁替代法是以计划指标和实际指标的组成因素为基础，把指标的各个因素的实际数，顺序、连环地去替换计划数，每替换一个因素，计算出替代后的乘积与替代前乘积的差额，即为该替代因素的变动对指标完成情况的影响程度。各因素影响程度之和就是实际数与计划数的差额。

2）差额计算法。差额计算法是连锁替代法的一种简化形式，它是利用同一因素的实际数与计划数的差额，来计算该因素对指标完成情况的影响。

（3）趋势分析法。趋势分析法是将一定时期内连续各期有关数据列表反映并借以观察其增减变动基本趋势的一种方法。

5.2　材料统计核算的内容

5.2.1　材料采购的核算

材料采购的核算，是以材料采购预算成本为基础，与实际采购成本相比较，核算其成本降低额或超耗程度。

1. 材料采购实际成本

材料采购实际成本，是材料在采购和保管过程中所发生的各项费用的总和。它是由材料原价、供销部门手续费、包装费、运杂费、采购保管费五方面因素构成的。组成实际成本的五方面内容，任何一方面，都会直接影响到材料实际成本的高低，进而影响工程成本的高低。因此，在材料采购及保管过程中，力求节约，降低材料采购成本是材料采购核算的重要环节。

市场供应的材料由于货源来自各地，产品成本不一致，运输距离不等，质量情况也参差不齐，为此在材料采购或加工订货时，要注意材料实际成本的核算，做到在采购材料时做各种比较，即同样的材料比质量，同样的质量比价格，同样的价格比运距，最后核算材料成本。尤其是地方大宗材料的价格组成中，运费占大头，要尽量做到就地取材，以减少运输及管理费用。

材料实际价格计价，是指对每一材料的收发、结存数量都按其在采购（或委托加工、自制）过程中所发生的实际成本计算单价。其优点是能反映材料的实际成本，准确地核算工程产品材料费用，缺点是每批材料由于买价和运距不等，使用的交通运载工具也不一致，运杂费的分摊十分烦琐，常使库存材料的实际平均单价发生变化，促使日常的材料成本核算工作十分繁重，往往影响核算的及时性。

材料价格通常按实际成本计算，具体方法有先进先出法和加权平均法两种。

（1）先进先出法。先进先出法是指同一种材料每批进货的实际成本如各不相同时，按各批不同的数量及价格分别记入账册。在领用时，以先购入的材料数量及价格先计价核算工程成本，按先后程序依此类推。

（2）加权平均法。加权平均法是指同一种材料实际成本不同时，按加权平均法求得平均单价，当下一批进货时，又以余额（数量及价格）与新购入的数量、价格做新的加权平均计算，得出的平均价格。

2. 材料预算（计划）价格

材料预算价格是由地区建设主管部门颁布的，以历史水平为基础，并考虑当前和今后的变动因素，预先编制的价格。

材料预算价格是地区性的，根据本地区工程分布、投资数额、材料用量、材料来源地、运输方法等因素综合考虑，采用加权平均的计算方法确定。同时对其使用范围也有明确规定，在地区范围以外的工程，则应按规定增加远距离的运费差价。材料预算价格包括从材料来源地起，到达施工现场的工地仓库或材料堆放场地为止的全部价格。材料预算价格由下列五项费用组成：材料原价，供销部门手续费，包装费，采购费及保管费。

材料预算价格的计算公式：

$$材料预算价格 = （材料原价 + 代销部门手续费 + 包装费 + 运杂费） \times$$
$$（1 + 采购及保管费率） - 包装品回收值 \qquad (5-1)$$

3. 材料采购成本的考核

材料采购成本可以从实物量和价值量两方面进行考核。单项品种的材料在考核材料采购成本时，可以从实物量形态考核其数量上的差异。但企业实际进行采购成本考核，往往是分类或按品种综合考核价值上的"节"与"超"。通常有以下两项考核指标：

（1）材料采购成本降低（超耗）额。材料采购成本降低（超耗）额的计算公式为：
$$材料采购成本降低（超耗）额 = 材料采购预算成本 - 材料采购实际成本 \qquad (5-2)$$
式中，材料采购预算成本为按预算价格事先计算的计划成本支出；材料采购实际成本是按实际价格事后计算的实际成本支出。

（2）材料采购成本降低（超耗）率。材料采购成本降低（超耗）率的计算公式为：
$$材料采购成本降低（超耗）率（\%） = \frac{材料采购成本降低（超耗）额}{材料采购预算成本} \times 100\% \qquad (5-3)$$

通过此项指标，考核成本降低或超耗的水平和程度。

5.2.2 材料供应的核算

材料供应计划是组织材料供应的依据。它是根据施工生产进度计划、材料消耗定额等进行编制的。施工生产进度计划确定了一定时期内应完成的工程量，而材料供应量是根据工程量乘材料消耗定额，并结合库存、合理储备及综合利用等因素，经平衡后确定的。所以按质、按量、按时配套供应各种材料，是保证施工生产正常进行的基本条件。因此，检查考核材料供应计划的执行情况，主要是检查材料收入执行的情况，反映了材料对生产的保证程度。

检查材料收入执行的情况即将一定时期（旬、月、季、年）内的材料实际收入量与计划收入量对比，来反映计划完成情况。通常从以下两个方面考核。

1. 检查材料收入量是否充足

考核各种材料在某一时期内的收入总量是否完成了计划，检查从收入数量上是否达到了施工生产的要求。按式（5-4）计算：

$$材料供应计划完成率（\%）= \frac{实际收入量}{计划收入量} \times 100\% \qquad (5-4)$$

2. 检查材料供应的及时性

在分析考核材料供应及时性问题时，需要把时间、数量、平均每天需用量以及期初库存等资料联系起来进行考查。

5.2.3　材料储备的核算

为了防止材料的积压（或不足），保证生产的需要，加速资金周转，企业要经常检查材料储备定额的执行情况，分析是否超储（或不足）。

检查材料储备定额的执行情况即将实际储备材料数量（金额）与储备定额数量（金额）进行对比，当实际储备数量超过最高储备定额时，说明材料有超储积压。当实际储备数量低于最低储备定额时，则说明企业材料储备不足，需要动用保险储备。

材料储备一般是企业材料储备管理水平的标志。反映物资储备周转的指标可分为以下两类。

1. 储备实物量的核算

实物量储备的核算是对实物周转速度的核算。核算材料对生产的保证天数及在规定期限内的周转次数和周转 1 次所需天数。其计算公式为：

$$材料储备对生产的保证天数（天）= \frac{期末库存量}{每日平均消耗材料量} \qquad (5-5)$$

$$材料周转次数（次）= \frac{某种材料的年度耗用量}{平均库存} \qquad (5-6)$$

$$材料周转天数（即储备天数）（天）= \frac{平均库存 \times 日历某年天数}{年度材料耗用量} \qquad (5-7)$$

2. 储备价值量的核算

价值形态的检查考核，是把实物数量乘以材料单价，用货币作为综合单位进行综合计算，其好处是能将不同质、不同价格的各类材料进行最大限度地综合，它的计算方法除上述的有关周转速度方面（周转次数、周转天数）均为适用外，还可以从百元产值占用材料储备资金情况及节约使用材料资金方面进行计算考核。其计算公式为：

$$百元产值占用材料储备资金 = \frac{定额流动资金中材料储备资金平均数}{年度建筑企业总产值} \times 100 \qquad (5-8)$$

$$流动资金中材料资金节约使用额 =（计划周转天数 - 实际周转天数）\times \frac{年度材料耗用总额}{360} \qquad (5-9)$$

5.2.4　材料消耗量的核算

现场材料使用过程的管理主要是按单位工程定额供料及班组耗用材料的限额领料进行管理。前者是按概算定额对在建工程实行定额供应材料；而班组耗用材料的限额领料是在分部分项工程中用施工定额对施工队伍限额领料。施工队伍实行限额领料是材料管理工作的落脚点，也是经济核算、考核企业经营成果的依据。

实行限额领料有利于加强企业经营管理，提高企业管理水平；有利于调动企业广大职工的社会主义积极性，有利于合理地有计划地使用材料；是增产节约的重要手段之一。实行限额领料即要使队伍在使用材料时养成"先算后用"及"边用边算"的习惯，克服"先用后算"或者是"只用不算"的做法。

检查材料消耗情况主要是用材料的实际消耗量与定额消耗量作对比，反映材料节约或浪费情况。因材料的使用情况不同，因而考核材料的节约或浪费的方法也不相同，现就几种情况作叙述：

1. 核算某项工程某种材料的定额与实际消耗情况

某种材料节约（超耗）量计算公式如下：

$$某种材料节约（超耗）量 = 某种材料定额耗用量 - 该项材料实际耗用量 \quad (5-10)$$

上式计算结果为正数，则表示节约；计算结果为负数，则表示超耗。

$$某种材料节约（超耗）率（\%） = \frac{某种材料节约（超耗）量}{该种材料定额耗用量} \times 100\% \quad (5-11)$$

同样，计算结果为正数，则表示节约；计算结果为负数，则表示超耗。

2. 核算多项工程某种材料消耗情况

其节约（或超支）的计算式同上，但某种材料的计划耗用量，也就是定额要求完成一定数量建筑安装工程所需消耗的材料数量按式（5-12）计算：

$$某种材料定额耗用量 = \sum（材料消耗定额 \times 实际完成的工程量）\quad (5-12)$$

3. 算一项工程使用多种材料的消耗情况

建筑材料有时因使用价值不同，计量单位也不同，不能直接相加进行考核。所以需要利用材料价格作为同度量因素，用消耗量乘材料价格，再加总对比，公式如下：

$$材料节约（+）或超支（-）额 = \sum 材料价格 \times（材料实耗量 - 材料定额消耗量）\quad (5-13)$$

4. 检查多项分项工程使用多种材料的消耗情况

这类考核检查，适用以单位工程为单位的材料消耗情况，它既可了解分部分项工程以及各单位材料的定额执行情况，又可综合分析全部工程项目耗用材料的效益情况。

5.2.5 周转材料的核算

因周转材料可多次反复使用于施工过程，所以其价值的转移方式不同于材料的一次性转移，而是分多次转移，一般称为摊销。周转材料的核算以价值量核算为主要内容，核算周转材料的费用收入与支出的差异、摊销。

1. 费用收入

周转材料的费用收入即以施工图为基础，以预算定额为标准，随工程款结算而取得的资金收入。

2. 费用支出

周转材料的费用支出是按施工工程的实际投入量计算的。在对周转材料实行租赁的企业，费用支出为实际支付的租赁费用；在不实行租赁制度的企业，费用支出为按照规定的摊销率所提取的摊销额。

3．费用摊销

（1）一次摊销法。一次摊销法是指一经使用，其价值为全部转入工程成本的摊销方法。适用于与主件配套使用并独立计价的零配件等。

（2）"五·五"摊销法。指投入使用时，先将其价值的一半摊入工程成本，在报废后再将另一半价值摊入工程成本的摊销方法。适用于价值偏高，不适宜一次摊销的周转材料。

（3）期限摊销法。期限摊销法是按使用期限和单价来确定摊销额度的摊销方法。适用于价值较高、使用期限较长的周转材料。可以按以下方法进行计算：

1）分别计算各种周转材料的月摊销额，公式如下：

$$某种周转材料÷月摊销额（元）＝[该种周转材料采购原值－预计残余价值（元）]÷[该种周转材料预计使用年限×12（月）] \qquad (5-14)$$

2）计算各种周转材料月摊销率，公式如下：

$$某种周转材料月摊销率＝[该种周转材料月摊销额（元）÷该种周转材料采购原值（元）]×100\% \qquad (5-15)$$

3）计算月度总摊销额：

$$周转材料月总摊销额＝\sum[周转材料采购原值（元）×该周转材料月摊销率（\%）] \qquad (5-16)$$

5.2.6　工具的核算

1．费用收入与支出

在施工生产中，工具费的收入是按照框架结构、升板结构、排架结构、全装配结构等不同结构类型，及旅游宾馆等大型公共建筑，分不同檐高（20m 以上和以下），用每平方米建筑面积计取。通常，生产工具费用约占工程直接费的 2%。

工具费的支出包括购置费、摊销费、租赁费、维修费以及个人工具的补贴费等项目。

2．工具的账务

施工企业的工具财务管理和实物管理相对应，工具账包括由财务部门建立的财务账和由料具部门建立的业务账两类。

（1）财务账。

1）总账（一级账）。用货币单位反映工具资金来源及资金占用的总体规模。资金来源是购置、加工制作、从其他企业调入及向租赁单位租用的工具价值总额。资金占用是企业在库及在用的全部工具价值余额。

2）分类账（二级账）。在总账之下按工具类别所设置的账户，用来反映工具的摊销和余值状况。

3）分类明细账（三级账）。是针对二级账户的核算内容与实际需要，按工具品种而分别进行设置的账户。

在实际工作中，以上三种账户要平行登记，做到各类费用的对口衔接。

（2）业务账。总数量账。用来反映企业或单位的工具数量总规模，可在一本账簿中分门别类地登记，也可以按工具的类别分设几个账簿登记。

1）新品账。也称在库账，用来反映未投入使用的工具的数量，是总数量账的隶属账。

2）旧品账。也称在用账，用来反映已经投入使用的工具的数量，是总数量账的隶属账。

当由于施工需要使用新品时，按实际领用数量冲减新品账，同时记入旧品账，某种工具在总数量账上的数额，应与该种工具在新品账和旧品账的数额之和相等。当旧品完全损耗，按实际消耗冲减旧品账。

3）在用分户账。用来反映在用工具的动态和分布情况，是旧品账的隶属账。某种工具在旧品账上的数量，应与各在用分户账上的数量之和相等。

3．工具费用的摊销

方法与周转材料相同。

6 | 建筑工程胶凝材料

6.1 水 泥

水泥是由石灰质原料、黏土质原料与少数校正原料（如石英砂岩、钢渣等），破碎后按比例配合、磨细并调配成为成分合适的生料，经高温煅烧（1450℃）至部分熔融制成熟料，再加入适量的调凝剂（石膏）、混合材料（如粉煤灰、粒化高炉矿渣等）、活性或非活性混合材料，共同磨细而成的一种粉状无机水硬性胶凝材料，它加水拌和成塑性浆体，能胶结砂石等材料，既能在空气中硬化，又能在水中硬化，并保持、发展其强度。

水泥是当代最重要的建筑材料之一，目前广泛应用于工业、农业、国防、交通、城市建设、水利以及海洋开发等工程建设中。

6.1.1 水泥的分类

水泥品种日益增多，可按其生产工艺、矿物组分、用途和性能等不同方式分为若干类。

1．按生产工艺

按生产工艺水泥可分为回转窑水泥、立窑水泥和粉磨水泥。

（1）回转窑水泥。回转窑产量较高，产品质量较好，所以在现代化的大型水泥厂中，普遍采用回转窑。

（2）立窑水泥。立窑设备较简单，投资少，见效快，技术容易掌握，适宜于地方性小水泥厂采用。但立窑煅烧不易均匀，往往有些产品的细度、强度均达不到技术指标要求，还有些水泥熟料中游离氧化钙含量过多，严重地影响水泥的安定性，因而逐步被淘汰。

（3）粉磨水泥。粉磨水泥是将水泥熟料加入掺合料进行磨细，水泥熟料的来源可能是回转窑生产，也可能是立窑生产的，因而在采购时应注意区分。

2．按矿物组成

按矿物组成分类可分为硅酸盐水泥、铝酸盐水泥、少熟料或无熟料水泥。

3．按用途和性能

水泥可分为通用水泥、专用水泥和特性水泥，每类水泥按其用途和性能又有若干品种。

（1）通用水泥。硅酸盐水泥、普通硅酸盐水泥、矿渣硅酸盐水泥、火山灰质硅酸盐水泥、粉煤灰硅酸盐水泥、复合硅酸盐水泥。

（2）专用水泥。油井水泥、砌筑水泥、耐酸水泥、耐碱水泥、道路水泥等。

（3）特性水泥。白色硅酸盐水泥、快硬硅酸盐水泥、高铝水泥、硫铝酸盐水泥、抗硫酸盐水泥、膨胀水泥、自应力水泥等。

6.1.2 通用水泥

通用水泥是以硅酸盐水泥熟料和适量的石膏以及规定的混合材料制成的水硬性胶凝材

料。通用水泥主要是指硅酸盐水泥、普通硅酸盐水泥、矿渣硅酸盐水泥、火山灰质硅酸盐水泥和粉煤灰硅酸盐水泥五种。

1. 通用水泥的组分

通用硅酸盐水泥的组分和代号应符合表6－1的规定。

表6－1　通用硅酸盐水泥的组分和代号（%）

品种	代号	组　分				
		熟料＋石膏	粒化高炉矿渣	火山灰质混合材料	粉煤灰	石灰石
硅酸盐水泥	P·Ⅰ	100	—	—	—	—
	P·Ⅱ	≥95	≤5	—	—	—
		≥95	—	—	—	≤5
普通硅酸盐水泥	P·O	≥80且<95	>5且≤20			—
矿渣硅酸盐水泥	P·S·A	≥50且<80	>20且≤50	—	—	—
	P·S·B	≥30且<50	>50且≤70	—	—	—
火山灰质硅酸盐水泥	P·P	≥60且<80	—	>20且≤40	—	—
粉煤灰硅酸盐水泥	P·F	≥60且<80	—	—	>20且≤40	—
复合硅酸盐水泥	P·C	≥50且<80	>20且≤50			—

2. 通用硅酸盐水泥的强度等级

1）硅酸盐水泥的强度等级分为42.5、42.5R、52.5、52.5R、62.5、62.5R六个等级。

2）普通硅酸盐水泥的强度等级分为42.5、42.5R、52.5、52.5R四个等级。

3）矿渣硅酸盐水泥、火山灰质硅酸盐水泥、粉煤灰硅酸盐水泥的强度等级分为32.5、32.5R、42.5、42.5R、52.5、52.5R六个等级。

4）复合硅酸盐水泥的强度等级分为32.5R、42.5、42.5R、52.5、52.5R五个等级。

3. 通用硅酸盐水泥的技术要求

（1）化学指标。通用硅酸盐水泥的化学指标应符合表6－2的规定。

表6－2　通用硅酸盐水泥的化学指标（%）

品种	代号	不溶物（质量分数）	烧失量（质量分数）	三氧化硫（质量分数）	氧化镁（质量分数）	氯离子（质量分数）
硅酸盐水泥	P·Ⅰ	≤0.75	≤3.0	≤3.5	≤5.0[a]	≤0.06[c]
	P·Ⅱ	≤1.50	≤3.5			
普通硅酸盐水泥	P·O	—	≤5.0			
矿渣硅酸盐水泥	P·S·A	—	—	≤4.0	≤6.0[b]	
	P·S·B	—	—		—	
火山灰质硅酸盐水泥	P·P			≤3.5	≤6.0[b]	
粉煤灰硅酸盐水泥	P·F					
复合硅酸盐水泥	P·C					

注：[a]如果水泥压蒸试验合格，则水泥中氧化镁的含量（质量分数）允许放宽至6.0%；

[b]如果水泥中氧化镁的含量（质量分数）大于6.0%时，需进行水泥压蒸安定性试验并合格；

[c]当有更低要求时，该指标由买卖双方协商确定。

（2）碱含量。水泥中碱含量按 $Na_2O + 0.658K_2O$ 计算值表示。若使用活性骨料，用户要求提供低碱水泥时，水泥中的碱含量应不大于 0.60% 或由买卖双方协商确定。

（3）凝结时间。硅酸盐水泥初凝时间不小于 45min，终凝时间不大于 390min。

普通硅酸盐水泥、矿渣硅酸盐水泥、火山灰质硅酸盐水泥、粉煤灰硅酸盐水泥和复合硅酸盐水泥初凝不小于 45min，终凝时间不迟于 600min。

（4）安定性。沸煮法合格。

（5）强度。不同品种不同强度等级的通用硅酸盐水泥，其不同各龄期的强度应符合表 6-3 的规定。

表 6-3　通用硅酸盐水泥的强度（MPa）

品　　种	强度等级	抗 压 强 度		抗 折 强 度	
		3d	28d	3d	28d
硅酸盐水泥	42.5	≥17.0	≥42.5	≥3.5	≥6.5
	42.5R	≥22.0		≥4.0	
	52.5	≥23.0	≥52.5	≥4.0	≥7.0
	52.5R	≥27.0		≥5.0	
	62.5	≥28.0	≥62.5	≥5.0	≥8.0
	62.5R	≥32.0		≥5.5	
普通硅酸盐水泥	42.5	≥17.0	≥42.5	≥3.5	≥6.5
	42.5R	≥22.0		≥4.0	
	52.5	≥23.0	≥52.5	≥4.0	≥7.0
	52.5R	≥27.0		≥5.0	
矿渣硅酸盐水泥 火山灰硅酸盐水泥 粉煤灰硅酸盐水泥	32.5	≥10.0	≥32.5	≥2.5	≥5.5
	32.5R	≥15.0		≥3.5	
	42.5	≥15.0	≥42.5	≥3.5	≥6.5
	42.5R	≥19.0		≥4.0	
	52.5	≥21.0	≥52.5	≥4.0	≥7.0
	52.5R	≥23.0		≥4.5	
复合硅酸盐水泥	32.5R	≥15.0	≥32.5	≥3.5	≥5.5
	42.5	≥15.0	≥42.5	≥3.5	≥6.5
	42.5R	≥19.0		≥4.0	
	52.5	≥21.0	≥52.5	≥4.0	≥7.0
	52.5R	≥23.0		≥4.5	

（6）细度。硅酸盐水泥和普通硅酸盐水泥的细度以比表面积表示，其比表面积不小于 $300m^2/kg$；矿渣硅酸盐水泥、火山灰质硅酸盐水泥、粉煤灰硅酸盐水泥和复合硅酸盐水泥的细度以筛余表示，其 $80\mu m$ 方孔筛筛余不大于 10% 或 $45\mu m$ 方孔筛筛余不大于 30%。

4．通用硅酸盐水泥的特点和使用范围

通用硅酸盐水泥由于组成成分的不同，因而具有各自的特点和适用范围，表 6 – 4 为通用硅酸盐水泥的主要特点和适用范围。

表 6 – 4　通用硅酸盐水泥的主要特点和适用范围

品　　种	主　要　特　点	适　用　范　围
硅酸盐水泥	1．早强快硬； 2．水化热高； 3．抗冻性好； 4．耐热性较差； 5．耐酸碱和硫酸盐类的化学侵蚀性差； 6．对外加剂的作用比较敏感	1．适用于快硬早强工程； 2．配制强度等级较高的混凝土
普通硅酸盐水泥	1．早期强度高； 2．水化热较高； 3．抗冻性较好； 4．耐热性较差； 5．耐腐蚀性较差； 6．低温时凝结时间有所延长	1．地上、地下及水中的混凝土、钢筋混凝土和预应力混凝土结构，包括早期强度要求较高的工程； 2．配制建筑砂浆
矿渣硅酸盐水泥	1．早期强度低，后期强度增长较快； 2．水化热较低； 3．耐热性较好； 4．抗硫酸盐侵蚀性好； 5．抗冻性较差； 6．干缩性较大，有泌水现象	1．大体积工程； 2．配制耐热混凝土； 3．蒸汽养护的构件； 4．一般地上、地下的混凝土和钢筋混凝土结构； 5．配制建筑砂浆
火山灰质硅酸盐水泥	1．早期强度低，后期强度增长较快； 2．水化热较低； 3．耐热性较差； 4．抗硫酸盐侵蚀性好； 5．抗冻性较差； 6．抗渗性较好； 7．干缩性较大	1．大体积工程； 2．有抗渗要求的工程； 3．蒸汽养护的构件； 4．一般混凝土和钢筋混凝土工程； 5．配制建筑砂浆
粉煤灰硅酸盐水泥	1．早期强度低，后期强度增长较快； 2．水化热较低； 3．耐热性较差； 4．抗硫酸盐侵蚀的抵抗能力和抗水性好； 5．抗冻性较差； 6．干缩性较小； 7．耐磨性好	1．大体积工程； 2．有抗渗要求的工程； 3．一般混凝土工程； 4．配制建筑砂浆

6.1.3　水泥的验收与保管

1. 水泥的验收

水泥进场时，应对其品种、代号、强度等级、包装或散装仓号、出厂日期等进行检查，并应对水泥的强度、安定性和凝结时间进行检验，检验结果应符合现行国家标准《通用硅酸盐水泥》GB 175—2007 的相关规定。

检查数量：按同一厂家、同一品种、同一代号、同一强度等级、同一批号且连续进场的水泥，袋装不超过 200t 为一批，散装不超过 500t 为一批，每批抽样数量不应少于一次。

检验方法：检查质量证明文件和抽样检验报告。

2. 进场水泥外观检查

水泥袋上要标明：工厂名称、生产许可证编号、名称、代号、品种、强度等级，及包装年、月、日与编号。掺火山灰质混合材料的普通水泥应标注"掺火山灰"字样，散装水泥应提交与袋标志相同内容的卡片与散装仓号，当设计有特殊要求时，应检查是否与设计要求相符。

1）水泥试验应以同一水泥厂、同品种、同强度等级、同一生产时间、同一进场日期的水泥，200t 为一验收批。当不足 200t 时，按一验收批进行计算。

2）每一验收批取样一组，数量为 12kg。抽查水泥的重量是否符合规定。绝大部分水泥每袋净重为（50±1）kg，但以下品种的水泥每袋净重稍有不同：

①砌筑水泥每袋净重为（40±1）kg。

②快凝快硬硅酸盐水泥每袋净重为（45±1）kg。

③硫铝酸盐早强水泥每袋净重为（46±1）kg。

注意：袋装水泥的净重，以保证水泥的合理运输和掺量。

3）产品合格证检查：检查产品合格证的品种及强度等级等指标是否符合要求，进货品种同合格证是否相符。

3. 水泥取样

取样要具代表性，可以从 20 个以上的不同部位或 20 袋中取等量样品，总数至少应为 12kg，拌和均匀后分成两等份，一份由试验室按标准试验，另一份密封保存备校验用。

1）取样步骤：水泥取样可以按以下步骤进行：

①袋装水泥。在袋装水泥堆场取样。用专用取样管，随机选择 20 个以上不同的部位，将取样管插入水泥适当深度，用大拇指按住气孔，小心地抽出取样管。将所取样品放入洁净、干燥且不易受污染的器皿中。

②散装水泥。在散装水泥卸料处或输送水泥运输机具上进行取样。当所取水泥深度不超过 2m 时，可用专用取样管，通过取样管内管控制开关，在适当位置插入水泥适当的深度，关闭后小心抽出。将所取样品放入洁净、干燥且不易受污染的器皿中。

2）样品制备：样品缩分可用二分器，一次（或多次）将样品缩分到标准要求的规定量。水泥样要通过 0.9mm 方孔筛，均分为试验样与封存样。样品应存放于密封的金属器皿中，并加封条。器皿应防潮、干燥、洁净、密闭、不易破损且不与水泥发生反应。存放于干燥与通风的环境中。

4．水泥的保管

1）水泥进场应附带出厂合格证（或进场试验报告），并应对其品种、强度等级、包装或散装仓号及出厂日期等检查验收，分别堆放，以防混杂使用。

2）水泥应整齐堆放，袋装水泥堆的高度通常不超过 10 包，堆宽以 5～10 袋为限；散装水泥要置放在专门的防潮仓内。临时露天堆放，应用防雨篷布遮盖。

3）水泥储存时间一般不允许超过 3 个月（快硬水泥为 1 个月）。通常水泥在正常干燥环境中存放 3 个月，其强度将降低 10%～20%；存放 6 个月，其强度将降低 15%～30%。水泥在出厂超过 3 个月（快硬水泥超过 1 个月）时，或对水泥质量有怀疑时，使用前要作复查试验，并按试验结果使用。

4）受潮水泥的鉴别、处理和使用，见表 6－5。

表 6－5　受潮水泥的鉴别、处理和使用

受潮情况	处理方法	使　　用
有粉块，用手捏成粉末	将粉块压碎	经试验后，根据实际强度使用
部分结成硬块	将硬块筛除粉块压碎	经试验后，根据实际强度使用，用于受力小的部位，或强度要求不高的工程，可用于配制砂浆
大部分结成硬块	将硬块粉碎磨细	不能作为水泥使用，可掺入新水泥中作混合材料使用（掺量应小于 25%）

5）受潮水泥的处理。应防止水泥受潮，如发现有受潮结块，可按以下情况处理：

①水泥有松块，可捏成粉末，无硬块时，可通过试验后根据实际强度等级进行使用，松块压成粉末，使用时要加强搅拌。

②水泥部分结成硬块，可通过试验后按实际强度等级使用，使用时要筛去硬块，压碎松块，加强搅拌，但只能用于受力小或不重要的部位，也可用于配制砌筑砂浆。

③水泥受潮结成硬块，通常不得直接使用，可压成粉末后，掺入新水泥，经试验后使用。

6.1.4　水泥的包装、标志、运输与贮存

1．包装

水泥可以散装或袋装，袋装水泥每袋净含量为 50kg，且应不少于标志质量的 99%；随机抽取 20 袋总质量（含包装袋）应不少于 1000kg。其他包装形式由供需双方协商确定，但有关袋装质量要求，应符合上述规定。水泥包装袋应符合《水泥包装袋》GB 9774—2010 的规定。

2．标志

水泥包装袋上应清楚标明：执行标准、水泥品种、代号、强度等级、生产者名称、生产许可证标志（QS）及编号、出厂编号、包装日期、净含量。包装袋两侧应根据水泥的品种采用不同的颜色印刷水泥名称和强度等级，硅酸盐水泥和普通硅酸盐水泥采用红色，矿渣硅酸盐水泥采用绿色，火山灰质硅酸盐水泥、粉煤灰硅酸盐水泥和复合硅酸盐水泥采用黑色或蓝色。

散装发运时应提交与袋装标志相同内容的卡片。

3. 运输、贮存

1）水泥在运输与保管时不得受潮和混入杂物，不同品种和强度等级（标号）的水泥应分别贮运。

2）贮存水泥的库房应注意防潮、防漏。存放袋装水泥时，地面垫板要离地 30cm，四周离墙 30cm；袋装水泥堆垛不宜太高，以免下部水泥受压结硬，一般以 10 袋为宜，如存放期短、库房紧张，亦不宜超过 15 袋。

3）水泥的贮存应按照水泥到货先后，依次堆放，尽量做到先存先用。

4）水泥贮存期不宜过长，以免受潮而降低水泥强度。贮存期一般水泥为 3 个月，高铝水泥为 2 个月，快硬水泥为 1 个月。

一般水泥存放 3 个月以上为过期水泥，强度将降低 10%～20%，存放期愈长，强度降低值也愈大。过期水泥使用前必须重新检验强度等级，否则不得使用。

6.2　石　灰

6.2.1　石灰的特点

1）保水性、可塑性好。熟化生成的氢氧化钙颗粒极其细小，比表面积（材料的总表面积与其重量的比值）很大，使得氢氧化钙颗粒表面吸附有一层较厚水膜，即石灰的保水性好。由于颗粒间的水膜较厚，颗粒间的滑移较宜进行，即可塑性好。这一性质常被用来改善砂浆的保水性，以克服水泥砂浆保水性差的缺点。

2）凝结硬化慢、强度低。石灰的凝结硬化很慢，且硬化后的强度很低。

3）耐水性差。潮湿环境中石灰浆体不会产生凝结硬化。硬化后的石灰浆体的主要成分为氢氧化钙，仅有少量的碳酸钙。由于氢氧化钙可微溶于水，所以石灰的耐水性很差，软化系数接近于零。

4）干燥收缩大。氢氧化钙颗粒吸附大量的水分，在凝结硬化过程中不断蒸发，并产生很大的毛细管压力，使石灰浆体产生很大的收缩而开裂，因此石灰除粉刷外不宜单独使用。

石灰在建筑上的用途主要有：石灰乳涂料和砂浆、灰土和三合土、硅酸盐混凝土及其制品、碳化石灰板等。

6.2.2　石灰的组成、特性及用途

石灰的组成、特性和用途见表 6–6。

表 6–6　石灰的品种、组成、特性和用途

品种	组成	特性和细度要求	用途
块灰（生石灰）	以含碳酸钙（$CaCO_3$）为主的石灰石，经 800～1000℃高温煅烧而成，其主要成分为氧化钙（CaO）	块灰中的灰分含量愈少，质量愈高；通常所说的三七灰，即指三成灰粉七成块灰	用于配制磨细生石灰、熟石灰、石灰膏等

续表6-6

品　种	组　　成	特性和细度要求	用　　途
磨细生石灰（生石灰粉）	由火候适宜的块灰经磨细而成粉末状的物料	与熟石灰相比，具快干、高强等特点，便于施工。成品需经4900孔/cm²的筛子过筛	用作硅酸盐建筑制品（砖、瓦、砌块）的原料，并可制作碳化石灰板、砖等制品（碳化制品），还可配制熟石灰、石灰膏等
熟石灰（消石灰）	将生石灰（块灰）淋以适当的水（石灰重量的60%～80%），经熟化作用所得的粉末材料 [Ca(OH)₂]	需经3～6mm的筛子过筛	用于拌制灰土（石灰、黏土）和三合土（石灰、黏土、砂或炉渣）
石灰膏	将块灰加入足量的水，经过淋制熟化而成的百膏状物质 [Ca(OH)₂]	淋浆时应用6mm的网格过滤；应在沉淀池内贮存两周后使用；保水性能好	用于配制石灰砌筑砂浆和抹灰砂浆
石灰乳（石灰水）	将石灰膏用水冲淡所成的浆液状物质	—	用于简易房屋的室内粉刷

6.2.3　石灰的消化与硬化

1．石灰的消化

石灰使用前，一般先加水，使之消解为熟石灰，其主要成分为 $Ca(OH)_2$，这个过程称为石灰的熟化或消化。其反应式如下：

$$CaO + H_2O \longrightarrow Ca(OH)_2 + 64.9kJ$$

石灰熟化过程中，放出大量的热，使温度升高，而且体积要增大1.0～2.0倍。一般煅烧良好、氧化钙含量高、杂质少的生石灰，不但消化速度快，放热量大，而且体积膨胀也大。

工地上熟化石灰常用的方法有两种：石灰浆法和消石灰粉法。

2．石灰的硬化

石灰在空气中的硬化包括两个同时进行的过程：

（1）结晶作用。石灰浆在使用过程中，因游离水分逐渐蒸发和被砌体吸收，引起溶液某种程度的过饱和，使 $Ca(OH)_2$ 逐渐结晶析出，促进石灰浆体的硬化。

（2）碳化作用。$Ca(OH)_2$ 与空气中 CO_2 的作用，生成不溶解于水的碳酸钙晶体，析出的水分则逐渐被蒸发，其反应如下：

$$Ca(OH)_2 + CO_2 + nH_2O \longrightarrow CaCO_3 + (n+1)H_2O$$

这个过程称为碳化，形成的 $CaCO_3$ 晶体，使硬化石灰浆体结构致密，强度提高。

由于空气中 CO_2 的含量少，碳化作用主要发生在空气接触的表层上，而且表层生成的致密 $CaCO_3$ 膜层，阻碍了空气中 CO_2 进一步的渗入，同时也阻碍了内部水分向外蒸发，使 $Ca(OH)_2$ 结晶作用也进行得较慢。随着时间的增长，表层 $CaCO_3$ 厚度增加，阻碍作用更大。在相当长的时间内，仍然是表层为 $CaCO_3$，内部为 $Ca(OH)_2$。所以，石灰硬化是个相当缓慢的过程。

6.2.4　石灰的技术要求

1）建筑生石灰的化学成分应符合表 6-7 的要求。

表 6-7　建筑生石灰的化学成分（%）

名称	（氧化钙 + 氧化镁）（CaO + MgO）	氧化镁（MgO）	二氧化碳（CO$_2$）	三氧化硫（SO$_3$）
CL90 - Q CL90 - QP	≥90	≤5	≤4	≤2
CL85 - Q CL85 - QP	≥85	≤5	≤7	≤2
CL75 - Q CL75 - QP	≥75	≤5	≤12	≤2
ML85 - Q ML85 - QP	≥85	>5	≤7	≤2
ML80 - Q ML80 - QP	≥80	>5	≤7	≤2

2）建筑生石灰的物理性质应符合表 6-8 的要求。

表 6-8　建筑生石灰的物理性质

名称	产浆量（dm^3/10kg）	细　　　度	
		0.2mm 筛余量（%）	90μm 筛余量（%）
CL90 - Q CL90 - QP	≥26 —	— ≤2	— ≤7
CL85 - Q CL85 - QP	≥26 —	— ≤2	— ≤7
CL75 - Q CL75 - QP	≥26 —	— ≤2	— ≤7
ML85 - Q ML85 - QP	— —	— ≤2	— ≤7
ML80 - Q ML80 - QP	— —	— ≤7	— ≤2

注：其他物理特性，根据用户要求，可按照《建筑石灰试验方法　第 1 部分：物理试验方法》JC/T 478.1—2013 进行测试。

6.2.5　石灰标志、包装、运输、贮存和质量证明书

1．标志
（1）袋装。每个包装袋上应标明产品名称、标记、净重、批号、厂名、地址和生产日期。
（2）散装。散装产品提供相应的标签。

2．包装
生石灰产品可以散装或袋装，具体包装形式由供需双方协商确定。

3．运输和储存
建筑生石灰是自然材料，不应与易燃、易爆和液体物品混装。在运输和储存时不应受潮和混入杂物，不宜长期储存。不同类生石灰应分别储存或运输，不得混杂。

4．质量证明书
每批产品出厂时应向用户提供质量证明书，证明书上应注明厂名、产品名称、标记、检验结果、批号、生产日期。

6.3　石　膏

石膏是以硫酸钙为主要成分的传统气硬性胶凝材料之一。在自然界中硫酸钙以两种稳定形态存在，一种是未水化的，叫天然无水石膏（$CaSO_4$），另一种水化程度最高的，称为二水石膏（$CaSO_4 \cdot 2H_2O$）。

生石膏即二水石膏（$CaSO_4 \cdot 2H_2O$），又称天然石膏。

熟石膏是将生石膏加热至 107～170℃时，部分结晶水脱出，即成半水石膏。若温度升高至 190℃以上，则完全失水，变成硬石膏，即无水石膏。半水石膏和无水石膏统称熟石膏。熟石膏品种很多，建筑上常用的有建筑石膏、模型石膏、地板石膏、高强石膏四种，在此我们主要介绍建筑石膏。

建筑石膏是将天然二水石膏等原料在一定温度下（一般为 107～170℃）煅烧成熟石膏，经磨细而成的白色粉状物，主要成分是 β 型半水硫酸钙（$CaSO_4 \cdot 1/2H_2O$）。

建筑石膏的用途很广，主要用于室内抹灰、粉刷和生产各种石膏板等。

6.3.1　建筑石膏特点

1．凝结硬化快
建筑石膏加水拌和后，浆体在几分钟后便开始失去塑性，30min 内完全失去塑性而产生强度，2h 可达 3～6MPa。由于初凝时间过短，容易造成施工成型困难，一般在使用时需加缓凝剂，延缓初凝时间，但强度会有所降低。

2．凝结硬化时体积微膨胀
石膏浆体在凝结硬化初期会产生微膨胀，这一性质使石膏制品的表面光滑、细腻，尺寸精确、形体饱满、装饰性好，因而特别适合制作建筑装饰制品。

3．孔隙率大、体积密度小
建筑石膏在拌和时，为使浆体具有施工要求的可塑性，需加入建筑石膏用量为

60%～80%的用水量，而建筑石膏的理论需水量为18.6%。大量的自由水在蒸发后，在建筑石膏制品内部形成大量的毛细孔隙，其孔隙率达50%～60%，体积密度为800～1000kg/m³，属于轻质材料。

4. 保温性和吸声性好

建筑石膏制品的孔隙率大，且均为微细的毛细孔，所以热导率小。大量的毛细孔隙对吸声有一定的作用。

5. 强度较低

建筑石膏的强度较低，但其强度发展较快，2h可达3～6MPa，7d抗压强度为8～12MPa（接近最高强度）。

6. 调湿性

由于建筑石膏制品内部的大量毛细孔隙对空气中的水蒸气具有较强的吸附能力，所以对室内的空气湿度有一定的调节作用。

7. 防火性好，但耐火性差

建筑石膏制品的热导率小，传热慢，且二水石膏受热脱水产生的水蒸气能阻碍火势的蔓延，起到防火作用。但二水石膏脱水后，强度下降，因而不耐火。

8. 耐水性、抗渗性、抗冻性差

建筑石膏制品孔隙率大，且二水石膏可微融于水，遇水后强度大大降低。为了提高建筑石膏及其制品的耐水性，可以在石膏中掺入适当的防水剂，或掺入适量的水泥、粉煤灰、磨细粒化高炉矿渣等。

6.3.2 建筑石膏的水化、凝结与硬化

建筑石膏加水拌和后，首先溶于水，与水发生水化反应，生成二水石膏。这一过程需要7～12min。随着水化的不断进行，生成的二水石膏胶体微粒不断增多，这些微粒较原来的半水石膏更加细小，比表面积很大，吸附着很多的水分；同时浆体中的自由水分由于水化和蒸发而不断减少，浆体的稠度不断增加，胶体微粒间的搭接、黏结逐步增强，颗粒间产生摩擦力和黏结力，浆体逐渐产生黏结。随水化的不断进行，二水石膏胶体微粒凝聚并转变为晶体。晶体颗粒逐渐长大，且晶体颗粒间相互搭接、交错、共生，使浆体完全失去塑性，产生强度。这一过程不断进行，直至浆体完全干燥，强度不再增加。

6.3.3 建筑石膏的技术要求

1. 组成

建筑石膏组成中β半水硫酸钙（$\beta - CaSO_4 \cdot 1/2H_2O$）的含量（质量分数）应不小于60.0%。

2. 物理力学性能

建筑石膏的物理力学性能应符合表6-9的要求。

表 6 – 9　建筑石膏的物理力学性能

等级	细度（0.2mm 方孔筛筛余）（%）	凝结时间（min）		2h 强度（MPa）	
		初凝	终凝	抗折	抗压
3.0				≥3.0	≥6.0
2.0	≤10	≥3	≤30	≥2.0	≥4.0
1.6				≥1.6	≥3.0

3. 放射性核素限量

工业副产建筑石膏的放射性核素限量应符合《建筑材料放射性核素限量》GB 6566—2010 的要求。

4. 限制成分

工业副产建筑石膏中限制成分氧化钾（K_2O）、氧化钠（Na_2O）、氧化镁（MgO）、五氧化二磷（P_2O_5）和氟（F）的含量由供需双方商定。

6.3.4　建筑石膏的储运、保存

建筑石膏在存储中，需要防雨、防潮，储存期不宜超过三个月。存储三个月后，强度降低 30% 左右。应分类分等级存储在干燥的仓库内，运输时也要采取防水措施。

6.3.5　建筑石膏的应用

1. 室内抹灰及粉刷

抹灰是以建筑石膏为胶凝材料，加入水和砂子配成石膏砂浆，作为内墙面抹平用。由建筑石膏特性可知，石膏砂浆具有良好的保温隔热性能，调节室内空气的湿度和良好的隔声与防火性能，由于不耐水，故不宜在外墙使用。粉刷指的是建筑石膏加水和适量外加剂，调制成涂料，涂刷装修内墙面。表面光洁、细腻、色白，且透湿透气，凝结硬化快，施工方便，黏结强度高，是良好的内墙涂料。

2. 建筑装饰制品

以杂质含量少的建筑石膏加入少量纤维增强材料和建筑胶水等制作成各种装饰制品，也可掺入颜料制成彩色制品。

3. 石膏板

这是土木工程中使用量最大的一类板材。包括石膏装饰板、空心石膏板、蜂窝板等。作为装饰吊顶、隔板或保温、隔声、防火等使用。

4. 其他用途

建筑石膏可作为生产某些硅酸盐制品时的增强剂，如粉煤灰砖、炉渣制品等，也可用作油漆或粘贴墙纸等的基层找平。建筑石膏在运输和储存时要注意防潮，储存期一般不宜超过 3 个月，否则将使石膏制品的质量下降。

7 混凝土与砌筑砂浆材料

7.1 混凝土材料

混凝土为工程建设的主要材料。广义的混凝土是指由胶凝材料、粗骨料（石）、细骨料（砂）及水按适当比例配制的混合物，经硬化形成的人造石材。普通混凝土是由水、水泥、砂、石以及根据需要掺入的各类外加剂与矿物混合材料组成，目前在建筑工程中使用较为广泛。

7.1.1 混凝土的原材料与质量要求

1. 水泥

水泥在混凝土中起胶结作用，是影响混凝土强度、耐久性及经济性的重要因素。

（1）水泥品种的选择。水泥的品种应根据工程性质及特点、工程所处环境及施工条件，依据各种水泥的特性，合理选择。

（2）水泥强度等级的选用原则。选择与混凝土的设计强度等级相适应的水泥标号。

1）普通混凝土：水泥强度等级为混凝土强度等级的1.5~2.0倍。

2）高强度混凝土（C30以上）：水泥标号为混凝土强度等级的0.9~1.5倍。

2. 砂

由天然风化、水流搬运和分选、堆积形成或经机械粉碎、筛分制成的粒径小于4.75mm的岩石颗粒，但不包括软质岩、风化岩石的颗粒。

（1）砂的分类。砂可按产地、细度模数和加工方法分类。

1）按产地不同分为河砂、海砂和山砂。

①河砂。因长期受流水冲洗，颗粒成圆形，一般工程大都采用河砂。

②海砂。因长期受海水冲刷，颗粒圆滑，较洁净，但常混有贝壳及其碎片，且氯盐含量较高。

③山砂。存在于山谷或旧河床中，颗粒多带棱角，表面粗糙，石粉含量较多。

2）按细度模数（μ_f）可分为粗砂、中砂、细砂、特细砂四级。

粗砂：$\mu_f = 3.7 \sim 3.1$

中砂：$\mu_f = 3.0 \sim 2.3$

细砂：$\mu_f = 2.2 \sim 1.6$

特细砂：$\mu_f = 1.5 \sim 0.7$

3）按其加工方法不同可分为天然砂和人工砂两大类。

①天然砂。不需加工而直接使用的，包括河砂、海砂和山砂。

②人工砂。将天然石材破碎而成的或加工粗骨料过程中的碎屑。

（2）砂的技术要求。

1）砂筛应采用方孔筛。砂的公称粒径、砂筛筛孔的公称直径和方孔筛筛孔边长应符合表7－1的规定。

表7－1　砂的公称粒径、砂筛筛孔的公称直径和方孔筛筛孔边长尺寸

砂的公称粒径	砂筛筛孔的公称直径	方孔筛筛孔边长
5.00mm	5.00mm	4.75mm
2.50mm	2.50mm	2.36mm
1.25mm	1.25mm	1.18mm
630μm	630μm	600μm
315μm	315μm	300μm
160μm	160μm	150μm
80μm	80μm	75μm

除特细砂之外，砂的颗粒级配可按公称直径630μm筛孔的累计筛余量（以质量百分率计，下同），分成三个级配区（见表7－2），且砂的颗粒级配应处于表7－2中的某一个区内。

砂的实际颗粒级配与表7－2中的累计筛余相比，除公称粒径为5.00mm和630μm（表7－2斜体所标数值）的累计筛余外，其余公称粒径的累计筛余可稍有超出分界线，但总超出量不应大于5%。

当天然砂的实际颗粒级配不符合要求时，宜采取相应的技术措施，并经试验证明能确保混凝土质量后，方允许使用。

表7－2　砂颗粒级配区

累计筛余（%）　级配区 公称粒径	Ⅰ区	Ⅱ区	Ⅲ区
*5.00*mm	*10~0*	*10~0*	*10~0*
2.50mm	35~5	25~0	15~0
1.25mm	65~35	50~10	25~0
*630*μm	*85~71*	*70~41*	*40~16*
315μm	95~80	92~70	85~55
160μm	100~90	100~90	100~90

配制混凝土时宜优先选用Ⅱ区砂。当采用Ⅰ区砂时，应提高砂率，并保持足够的水泥用量，满足混凝土的和易性；当采用Ⅲ区砂时，宜适当降低砂率；当采用特细砂时，应符合相应的规定。

配制泵送混凝土要选用中砂。

2）天然砂中含泥量应符合表7-3的规定。对于有抗冻、抗渗或其他特殊要求的小于或等于C25混凝土用砂，其含泥量不应大于3.0%。

表7-3　天然砂中含泥量

混凝土强度等级	≥C60	C55～C30	≤C25
含泥量（按质量计）（%）	≤2.0	≤3.0	≤5.0

3）砂中泥块含量应符合表7-4的规定。对于有抗冻、抗渗或其他特殊要求的小于或等于C25混凝土用砂，其泥块含量不应大于1.0%。

表7-4　砂中泥块含量

混凝土强度等级	≥C60	C55～C30	≤C25
泥块含量（按质量计）（%）	≤0.5	≤1.0	≤2.0

4）人工砂或混合砂中石粉含量应符合表7-5的规定。

表7-5　人工砂或混合砂中石粉含量

混凝土强度等级		≥C60	C55～C30	≤C25
石粉含量（%）	$MB < 1.4$（合格）	≤5.0	≤7.0	≤10.0
	$MB \geq 1.4$（不合格）	≤2.0	≤3.0	≤5.0

5）砂的坚固性应采用硫酸钠溶液检验，试样经5次循环后其质量损失应符合表7-6的规定。

表7-6　砂的坚固性指标

混凝土所处的环境条件及其性能要求	5次循环后的质量损失（%）
在严寒及寒冷地区室外使用并经常处于潮湿或干湿交替状态下的混凝土 对于有抗疲劳、耐磨、抗冲击要求的混凝土有腐蚀介质作用或经常处于水位变化区的地下结构混凝土	≤8
其他条件下使用的混凝土	≤10

6）人工砂的总压碎值指标应小于30%。

7）当砂中含有云母、轻物质、有机物、硫化物及硫酸盐等有害物质时，其含量应符合表7-7的规定。

表 7 – 7 砂中的有害物质含量

项 目	质 量 指 标
云母含量（按质量计,%）	≤2.0
轻物质含量（按质量计,%）	≤1.0
硫化物及硫酸盐含量（折算成 SO$_3$ 按质量计,%）	≤1.0
有机物含量（用比色法试验）	颜色不应深于标准色，当颜色深于标准色时，应按水泥胶砂强度试验方法进行强度对比试验，抗压强度比不应低于 0.95

对于有抗冻、抗渗要求的混凝土用砂，其云母含量不应大于 1.0% 。

当砂中含有颗粒状的硫酸盐或硫化物杂质时，应进行专门检验，确认能满足混凝土耐久性要求后，方可采用。

8）对于长期处于潮湿环境的重要混凝土结构用砂，应采用砂浆棒（快速法）或砂浆长度法进行骨料的碱活性检验。经上述检验判断为有潜在危害时，应控制混凝土中的碱含量不超过 3kg/m^3，或采用能抑制碱 – 骨料反应的有效措施。

9）砂中的氯离子含量应符合下列规定：

①对于钢筋混凝土用砂，其氯离子含量不得大于 0.06% （以干砂的质量百分率计）。

②对于预应力混凝土用砂，其氯离子含量不得大于 0.02% （以干砂的质量百分率计）。

10）海砂中贝壳含量应符合表 7 – 8 的规定。对于有抗冻、抗渗或其他特殊要求的小于或等于 C25 混凝土用砂，其贝壳含量不应大于 5% 。

表 7 – 8 海砂中贝壳含量

混凝土强度等级	≥C60	C55 ~ C30	C25 ~ C15
贝壳含量（按质量计，%）	≤3	≤5	≤8

3. 石

1）石筛应采用方孔筛。石的公称粒径、石筛筛孔的公称直径与方孔筛筛孔边长应符合表 7 – 9 的规定。

表 7 – 9 石筛筛孔的公称直径与方孔筛尺寸（mm）

石的公称粒径	石筛筛孔的公称直径	方孔筛筛孔边长
2.50	2.50	2.36
5.00	5.00	4.75
10.0	10.0	9.5

续表 7 - 9

石的公称粒径	石筛筛孔的公称直径	方孔筛筛孔边长
16.0	16.0	16.0
20.0	20.0	19.0
25.0	25.0	26.5
31.5	31.5	31.5
40.0	40.0	37.5
50.0	50.0	53.0
63.0	63.0	63.0
80.0	80.0	75.0
100.0	100.0	90.0

碎石或卵石的颗粒级配，应符合表 7 - 10 的要求。混凝土用石应采用连续粒级。

单粒级宜用于组合成满足要求的连续粒级；也可与连续粒级混合使用，以改善其级配或配成较大粒度的连续粒级。

当卵石的颗粒级配不符合表 7 - 10 要求时，应采取措施并经试验证实能确保工程质量后，方允许使用。

表 7 - 10 碎石或卵石的颗粒级配范围

级配情况	公称粒级（mm）	累计筛余（按质量计，%）											
		方孔筛筛孔边长尺寸（mm）											
		2.36	4.75	9.5	16.0	19.0	26.5	31.5	37.5	53	63	75	90
连续粒级	5 ~ 10	95 ~ 100	80 ~ 100	0 ~ 15	0	—	—	—	—	—	—	—	—
	5 ~ 16	95 ~ 100	85 ~ 100	30 ~ 60	0 ~ 10	0	—	—	—	—	—	—	—
	5 ~ 20	95 ~ 100	90 ~ 100	40 ~ 80	—	0 ~ 10	0	—	—	—	—	—	—
	5 ~ 25	95 ~ 100	90 ~ 100	—	30 ~ 70	—	0 ~ 5	0	—	—	—	—	—
	5 ~ 31.5	95 ~ 100	90 ~ 100	70 ~ 90	—	15 ~ 45	—	0 ~ 5	0	—	—	—	—
	5 ~ 40	—	95 ~ 100	70 ~ 90	—	30 ~ 65	—	—	0 ~ 5	0	—	—	—

续表 7-10

级配情况	公称粒级（mm）	累计筛余（按质量计，%）											
		方孔筛筛孔边长尺寸（mm）											
		2.36	4.75	9.5	16.0	19.0	26.5	31.5	37.5	53	63	75	90
单粒级	10~20	—	95~100	85~100	—	0~15	0	—	—	—	—	—	—
	16~31.5	—	95~100	—	85~100	—	—	0~10	0	—	—	—	—
	20~40	—	—	95~100	—	80~100	—	—	0~10	0	—	—	—
	31.5~63	—	—	—	95~100	—	—	75~100	45~75	—	0~10	0	—
	40~80	—	—	—	—	95~100	—	—	70~100	—	30~60	0~10	0

2）碎石或卵石中针、片状颗粒含量应符合表 7-11 的规定。

表 7-11　针、片状颗粒含量

混凝土强度等级	≥C60	C55~C30	≤C25
针、片状颗粒含量（按质量计，%）	≤8	≤15	≤25

3）碎石或卵石中含泥量应符合表 7-12 的规定。

表 7-12　碎石或卵石中含泥量

混凝土强度等级	≥C60	C55~C30	≤C25
含泥量（按质量计，%）	≤0.5	≤1.0	≤2.0

对于有抗冻、抗渗或其他特殊要求的混凝土，其所用碎石或卵石中含泥量不应大于 1.0%。当碎石或卵石的含泥是非黏土质的石粉时，其含泥量可由表 7-12 的 0.5%、1.0%、2.0%，分别提高到 1.0%、1.5%、3.0%。

4）碎石或卵石中泥块含量应符合表 7-13 的规定。

表 7-13　碎石或卵石中泥块含量

混凝土强度等级	≥C60	C55~C30	≤C25
泥块含量（按质量计，%）	≤0.2	≤0.5	≤0.7

对于有抗冻、抗渗或其他特殊要求的强度等级小于 C30 的混凝土，其所用碎石或卵石中泥块含量不应大于 0.5%。

5）碎石的强度可用岩石的抗压强度和压碎值指标表示。岩石的抗压强度应比所配制的混凝土强度至少高 20%。当混凝土强度等级大于或等于 C60 时，应进行岩石抗压强度检验。岩石强度首先应由生产单位提供，工程中可采用压碎值指标进行质量控制。碎石的压碎值指标宜符合表 7 – 14 的规定。

表 7 – 14　碎石的压碎值指标

岩石品种	混凝土强度等级	碎石压碎值指标（%）
沉积岩	C60 ~ C40	≤10
	≤C35	≤16
变质岩或深成的火成岩	C60 ~ C40	≤12
	≤C35	≤20
喷出的火成岩	C60 ~ C40	≤13
	≤C35	≤30

注：沉积岩包括石灰岩、砂岩等；变质岩包括片麻岩、石英岩等；深成的火成岩包括花岗岩、正长岩、闪长岩和橄榄岩等；喷出的火成岩包括玄武岩和辉绿岩等。

卵石的强度可用压碎值指标表示。其压碎值指标应符合表 7 – 15 的规定。

表 7 – 15　卵石的压碎值指标

混凝土强度等级	C60 ~ C40	≤C35
压碎值指标（%）	≤12	≤16

6）碎石或卵石的坚固性应用硫酸钠溶液法检验，试样经 5 次循环后，其质量损失应符合表 7 – 16 的规定。

表 7 – 16　碎石或卵石的坚固性指标

混凝土所处的环境条件及其性能要求	5 次循环后的质量损失（%）
在严寒及寒冷地区室外使用，并经常处于潮湿或干湿交替状态下的混凝土；有腐蚀性介质作用或经常处于水位变化区的地下结构或有抗疲劳、耐磨、抗冲击等要求的混凝土	≤8
在其他条件下使用的混凝土	≤12

7）碎石或卵石中的硫化物和硫酸盐含量以及卵石中有机物等有害物质含量，应符合表 7 – 17 的规定。

表 7 – 17　碎石或卵石中的有害物质含量

项　　目	质　量　要　求
硫化物及硫酸盐含量（折算成 SO_3 按质量计，%）	≤1.0
卵石中有机物含量（用比色法试验）	颜色不应深于标准色，当颜色深于标准色时，应配制成混凝土进行强度对比试验，抗压强度比不应低于 0.95

当碎石或卵石中含有颗粒状硫酸盐或硫化物杂质时，应进行专门检验，确认能满足混凝土耐久性要求后，方可采用。

8）对于长期处于潮湿环境的重要结构混凝土，其所使用的碎石或卵石应进行碱活性检验。

进行碱活性检验时，首先应采用岩相法检验碱活性骨料的品种、类型和数量。当检验出骨料中含有活性二氧化硅时，应采用快速砂浆棒法和砂浆长度法进行碱活性检验；当检验出骨料中含有活性碳酸盐时，应采用岩石柱法进行碱活性检验。

经上述检验，当判定骨料存在潜在碱–碳酸盐反应危害时，不宜用作混凝土骨料；否则，应通过专门的混凝土试验，做最后评定。

当判定骨料存在潜在碱–硅反应危害时，应控制混凝土中的碱含量不超过 $3kg/m^3$，或采用能抑制碱–骨料反应的有效措施。

4．水

水是混凝土的主要组成材料。混凝土用水按水源可分为饮用水、地表水、地下水、海水、生活污水以及工业废水等。符合国家标准的饮用水，可拌制各种混凝土。地表水在首次使用前，要按《混凝土用水标准》JGJ 63—2006 规定检验，合格后方可使用。

7.1.2　混凝土外加剂

1．外加剂的分类

混凝土外加剂可按其主要功能分类：

1）改善混凝土拌和物流变性能的外加剂，包括各种减水剂、泵送剂等。
2）调节混凝土凝结时间、硬化性能的外加剂，包括缓凝剂、促凝剂、速凝剂等。
3）改善混凝土耐久性的外加剂，包括引气剂、防水剂、阻锈剂、矿物外加剂等。
4）改善混凝土其他性能的外加剂，包括膨胀剂、防冻剂、着色剂等。

2．混凝土外加剂的作用及应用范围

各种外加剂都有其各自的特殊作用。合理使用各种混凝土处加剂，可以满足实际工程对混凝土在塑性阶段、凝结硬化阶段和凝结硬化后期服务阶段各种性能的不同要求。归纳起来，人们使用混凝土外加剂的主要目的有以下几个方面：

（1）改善混凝土、砂浆和水泥浆塑性阶段的性能。
1）在不增加用水量的情况下，提高新拌混凝土和易性或在和易性相同时减少用水量。
2）降低泌水率。
3）增加黏聚性，减小离析。
4）增加含气量。
5）降低坍落度经时损失。
6）提高可泵性。
7）改善在水下浇注时的抗分散性等。
（2）改善混凝土、砂浆和水泥浆在凝结硬化阶段的性能。
1）缩短或延长凝结时间。
2）延缓水化或减少水化热，降低水化热温升速度和温峰高度。

3）提高早期强度。

4）在负温下尽快建立强度，以增强防冻性等。

（3）改善混凝土、砂浆和水泥浆在凝结硬化后期及服务期内的性能。

1）提高强度（包括抗压、抗拉、抗弯和抗剪强度等）。

2）提高新老混凝土之间的黏结力。

3）增强混凝土与钢筋之间的黏结能力。

4）提高抗冻融循环能力。

5）增强密实性，提高防水能力。

6）产生一定体积膨胀。

7）提高耐久性。

8）阻止内部配筋和预埋金属的锈蚀。

9）阻止碱－骨料反应。

10）改善混凝土抗冲击和抗磨损能力。

11）其他，包括配制彩色混凝土、多孔混凝土等。

外加剂的作用与作用效果，因外加剂的种类不同而各异，见表7－18。

表7－18　外加剂的作用与作用效果

序号	外加剂种类	作用与使用效果
1	普通减水剂 高效减水剂	1. 在保持单位立方混凝土用水量和水泥用量不变的情况下，可提高混凝土的流动性； 2. 在保持混凝土坍落度和水泥用量不变的情况下，可减少用水量，从而提高混凝土的强度，改善混凝土的耐久性； 3. 在保持混凝土坍落度和设计强度不变的情况下，可节约水泥用量，从而降低成本； 4. 在保持混凝土坍落度不变的情况下，通过配合比设计，可以达到同时节约水泥用量和提高混凝土强度的目的； 5. 改善混凝土的黏聚性、保水性和易浇注性等； 6. 通过降低水泥用量从而降低大体积混凝土的水化热温升，减少温度裂缝； 7. 减少混凝土塑性裂缝、沉降裂缝和干缩裂缝等； 8. 提高混凝土的抹面性等
2	加气剂	1. 使混凝土在凝结前内部产生大量气泡； 2. 生产加气混凝土； 3. 改善混凝土的保温性； 4. 降低混凝土的表观密度等
3	引气剂	1. 使混凝土在搅拌过程中，内部产生大量微小稳定的气泡； 2. 改善混凝土的黏聚性、保水性和抗离析性；

续表 7−18

序号	外加剂种类	作用与使用效果
3	引气剂	3. 改善混凝土的可泵性； 4. 减少塑性裂缝和沉降裂缝； 5. 大幅度提高混凝土的抗冻融循环能力； 6. 增强混凝土的抗化学物质侵蚀性等
4	早强剂	1. 在混凝土配合比不变的情况下，可以提高混凝土早期强度的发展速度，从而提高早期强度； 2. 使拆模时间提前； 3. 减轻混凝土对模板的侧压力； 4. 缩短混凝土养护周期； 5. 加快混凝土制品场地周转，提高生产效率； 6. 减少低温对混凝土强度发展的影响； 7. 对于修补、加固工程，可加快施工速度等
5	早强减水剂	同时具有早强剂和减水剂的作用
6	速凝剂	1. 使混凝土在短时间内迅速凝结硬化； 2. 使混凝土满足喷射施工工艺要求； 3. 对于快速堵漏和其他抢修工程，具有特殊意义
7	缓凝剂	1. 延长混凝土的凝结时间； 2. 延长混凝土的可施工时间； 3. 降低混凝土的坍落度损失速率； 4. 降低混凝土内部水化热温升速率； 5. 提高大体积混凝土的连续浇注性，避免产生冷缝； 6. 延缓混凝土的抹面时间等
8	缓凝减水剂 缓凝高效减水剂	同时具有缓凝剂和减水剂（高效减水剂）的作用
9	膨胀剂	1. 使混凝土在硬化早期产生一定的体积膨胀； 2. 补偿收缩，减少温度裂纹和干缩裂缝； 3. 提高混凝土的抗渗性； 4. 减少超长混凝土结构的施工缝； 5. 可生产自应力混凝土等
10	防水剂	1. 增强混凝土的密实度； 2. 提高混凝土的抗渗等级； 3. 改善混凝土的耐久性等

续表 7-18

序号	外加剂种类	作用与使用效果
11	防冻剂	1. 降低混凝土中自由水的冰点； 2. 提高混凝土的早期强度； 3. 使混凝土能够在负温下尽早建立强度，以提高其防冻能力； 4. 使混凝土能够在冬季进行浇注施工； 5. 改善混凝土的抗冻融循环性等
12	泵送剂	除具有减水剂的作用外，还可以起到： 1. 改善混凝土的泵送性； 2. 减小混凝土坍落度损失等
13	阻锈剂	1. 阻止混凝土内部配筋和预埋金属的锈蚀； 2. 改善混凝土的耐久性等
14	养护剂	1. 阻止混凝土内部水分蒸发； 2. 提高混凝土的养护质量； 3. 减少混凝土干缩开裂； 4. 减少养护劳力； 5. 满足干燥炎热气候下的施工要求； 6. 改善混凝土的耐久性等
15	脱模剂	1. 使混凝土易于脱模； 2. 改善混凝土表面质量等
16	黏结剂	1. 增强新、老混凝土之间的黏结强度； 2. 避免出现冷缝； 3. 提高混凝土修补加固工程的质量等
17	着色剂	1. 生产具有各种不同颜色的混凝土制品； 2. 配制彩色砂浆； 3. 配制彩色水泥浆等
18	碱-骨料反应抑制剂	1. 预防混凝土内部碱-骨料反应； 2. 改善混凝土的耐久性等
19	水下浇注混凝土抗分散剂	1. 提高新拌混凝土的黏聚性； 2. 提高混凝土水下浇注时的抗分离性； 3. 避免对混凝土浇筑区附近水域的污染等

任何混凝土中都可以使用外加剂，外加剂也被公认为现代技术的混凝土所不可缺少的第五组分。但是混凝土外加剂的品种繁多，功能各异。所以，实际应用外加剂时，应根据工程需要、现场的材料和施工条件，并参考外加剂产品说明书及有关资料进行全面考虑。如果有条件，最好通过实验验证使用效果和计算经济效益后再确定具体使用方案。

工程中常用的混凝土外加剂的应用范围见表 7-19。

表 7 – 19　外加剂的应用范围

序号	混凝土品种	应用目的	适合的外加剂
1	普通强度混凝土（C20 ~ C30）	1. 节约水泥用量； 2. 使用低强度等级水泥； 3. 增大混凝土坍落度； 4. 降低混凝土的收缩和徐变等；	普通减水剂
2	中等强度混凝土（C35 ~ C55）	1. 节约水泥用量； 2. 以低强度等级水泥代替高强度等级水泥； 3. 改善混凝土的流动性； 4. 降低混凝土的收缩和徐变等	普通减水剂 早强减水剂 缓凝减水剂 缓凝高效减水剂 高效减水剂 由普通减水剂与高效减水剂复合而成的减水剂
3	高强混凝土（C60 ~ C80）	1. 节约水泥用量； 2. 降低混凝土的 W/C； 3. 解决因掺加硅灰而降低混凝土需水量之间的矛盾； 4. 改善混凝土的流动性； 5. 降低混凝土的收缩和徐变等	高效减水剂 聚羧酸系高性能减水剂 缓凝高效减水剂等
4	超高强混凝土（ > C80）	1. 大幅度降低 W/C； 2. 改善混凝土流动性； 3. 降低混凝土的收缩和徐变等； 4. 降低混凝土内部温升，减少温度开裂	高效减水剂 聚羧酸系高性能减水剂 缓凝高效减水剂等
5	早强混凝土	1. 提高混凝土早期强度，使混凝土在标养条件下 3d 强度达 28d 的 70%，7d 强度达设计等级； 2. 加快施工速度，包括加快模板和台座的周转，提高产品生产率； 3. 取消或缩短蒸养时间； 4. 使混凝土在低温情况下，尽早建立强度并加快早期强度发展	早强剂 高效减水剂 早强减水剂等

续表 7−19

序号	混凝土品种	应用目的	适合的外加剂
6	大体积混凝土	1. 降低混凝土初期水化热释放速率，从而降低混凝土内部温峰，减小因产生温度应力导致的开裂风险； 2. 延缓混凝土凝结时间； 3. 节约水泥； 4. 降低干缩，减少干缩开裂等	缓凝剂（普通强度混凝土） 缓凝减水剂（普通强度混凝土） 缓凝高效减水剂（中等强度混凝土，高强混凝土） 膨胀剂 膨胀剂与减水剂复合掺加等
7	防水混凝土	1. 减少混凝土内部毛细孔； 2. 细化内部孔径，堵塞连通的渗水孔道； 3. 减少混凝土的泌水； 4. 减少混凝土的干缩开裂等	防水剂 膨胀剂 普通减水剂 引气减水剂 高效减水剂等
8	喷射混凝土	1. 大幅度缩短混凝土凝结时间，使混凝土在瞬间凝结硬化； 2. 在喷射施工时降低混凝土的回弹率	速凝剂
9	流态混凝土	1. 配制坍落度为 18~22cm 甚至更大的混凝土； 2. 改善混凝土的黏聚性和保水性，减小离析泌水； 3. 降低水泥用量，减小收缩，提高耐久性	普通减水剂或高效减水剂 引气减水剂等
10	泵送混凝土	1. 提高混凝土流动性； 2. 改善混凝土的可泵性能，使混凝土具有良好的抗离析性，泌水率小，与管壁之间的摩擦阻力减小； 3. 确保硬化混凝土质量	普通减水剂 高效减水剂 引气减水剂 缓凝减水剂 缓凝高效减水剂 泵送剂等
11	补偿收缩混凝土	1. 在混凝土内产生 0.2~0.7MPa 的膨胀应力，抵消由于干缩而产生的拉应力，降低混凝土干缩开裂； 2. 提高混凝土的结构密实性，改善混凝土的抗渗性	膨胀剂 膨胀剂与减水剂等复合掺加

续表 7 – 19

序号	混凝土品种	应用目的	适合的外加剂
12	填充用混凝土	1. 使混凝土体积产生一定膨胀，抵消由于干缩而产生的收缩，提高机械设备和构件的安装质量； 2. 改善混凝土的和易性和施工流动性； 3. 提高混凝土的强度	膨胀剂 膨胀剂与减水剂等复合掺加
13	自应力混凝土	1. 在钢筋混凝土内部产生较大膨胀应力（大于 2MPa），使混凝土因受钢筋的约束而形成预压应力； 2. 提高钢筋混凝土构件（结构）的抗开裂性和抗渗性	膨胀剂 膨胀剂与减水剂等复合掺加
14	修补加固用混凝土	1. 达到较高的强度等级； 2. 满足修补加固施工时的和易性； 3. 与旧混凝土之间具有良好的黏结强度； 4. 收缩变形小； 5. 早强发展快，能尽早承受荷载或较早投入使用	早强剂 减水剂 高效减水剂 早强减水剂 膨胀剂 黏结剂 膨胀剂与早强剂、减水剂等复合使用
15	大模板施工用混凝土	1. 改善和易性，确保混凝土既具有良好的流动性，又具有优异的黏聚性和保水性； 2. 提高混凝土的早期强度，以减轻模板所受的侧压力，加快拆模和满足一定的扣板强度	夏季：普通减水剂 　　　高效减水剂等 冬季：高效减水剂 　　　早强减水剂等
16	滑模施工用混凝土	1. 改善混凝土的和易性，满足滑模施工工艺； 2. 夏季适当延长混凝土的凝结时间，便于滑模和抹光； 3. 冬季适当早强，保证滑升速度	夏季：普通减水剂 　　　缓凝减水剂 　　　缓凝高效减水剂 冬季：高效减水剂 　　　早强减水剂 　　　早强剂与高效减水剂复合使用

续表 7－19

序号	混凝土品种	应用目的	适合的外加剂
17	冬季施工用混凝土	1. 防止混凝土受到冻害； 2. 加快施工进度，提高构件（结构）质量； 3. 提高混凝土的抗冻融循环能力	早强剂 早强减水剂 根据冬季日最低气温，选用规定温度的防冻剂 早强剂与防冻剂、引气剂与防冻剂、引气剂与早强剂或早强减水剂复合掺加等
18	高温炎热干燥天气施工用混凝土	1. 适当延长混凝土的凝结时间； 2. 改善混凝土的和易性； 3. 预防塑性开裂和减少干燥收缩开裂等	缓凝剂 缓凝减水剂 缓凝高效减水剂 养护剂等
19	耐冻融混凝土	1. 在混凝土内部引入适量稳定的微气泡； 2. 降低混凝土的 W/C 等	引气剂 引气减水剂 普通减水剂 高效减水剂等
20	水下浇注混凝土	1. 提高混凝土的流动性； 2. 提高混凝土的黏聚性和抗水冲刷性，使拌和料在水下浇注时不分离； 3. 适当提高混凝土的设计强度等	水下浇注混凝土外加剂 絮凝剂 絮凝剂与减水剂复合掺加等
21	预拌混凝土	1. 保证混凝土运往施工现场后的和易性，以满足施工要求，确保施工质量； 2. 满足工程对混凝土性能的特殊要求； 3. 节约水泥，取得较好的经济效益	普通减水剂 高效减水剂 夏季及运输距离比较长时，应采用缓凝减水剂、缓凝高效减水剂、泵送剂或能有效控制混凝土坍落度损失的减水剂（泵送剂） 选用不同性质的外加剂，以满足各种工程的特殊要求

续表 7 – 19

序号	混凝土品种	应用目的	适合的外加剂
22	自然养护的预制混凝土构件	1. 以自然养护代替蒸汽养护； 2. 缩短脱模、起吊时间； 3. 提高场地利用率，缩短生产周期； 4. 节省水泥，从而降低成本； 5. 方便脱模，提高产品外观质量等	普通减水剂 高效减水剂 早强剂 早强减水剂 脱模剂等
23	蒸养混凝土构件	1. 改善混凝土施工性，降低振动密实能耗； 2. 缩短养护时间或降低蒸养温度； 3. 缩短静停时间； 4. 提高蒸养制品质量； 5. 节省水泥用量； 6. 方便脱模，提高产品外观质量等	早强剂 高效减水剂 早强减水剂 脱模剂等
24	建筑砂浆	1. 节省石灰膏； 2. 改善砂浆和易性，提高其保水性等	砂浆微沫剂 普通减水剂 高效减水剂等
25	预拌砂浆（商品砂浆）	1. 节省石灰膏； 2. 改善砂浆和易性，提高其保水性； 3. 降低砂浆流动性经时损失； 4. 节省水泥用量等	砂浆微沫剂 砂浆增稠剂（絮凝剂） 砂浆微沫剂与增稠剂（絮凝剂） 普通减水剂（或高效减水剂）等复合掺加
26	预拌干粉砂浆	1. 彻底不用石灰膏； 2. 改善砂浆加水后的和易性和施工性； 3. 节省水泥用量等	砂浆微沫剂 砂浆增稠剂（絮凝剂） 砂浆微沫剂与增稠剂（絮凝剂）、普通减水剂（或高效减水剂）等复合掺加

3. 外加剂的技术要求

1）掺外加剂混凝土的性能应符合表 7 – 20 的要求。

表 7－20　掺外加剂的受检混凝土性能指标

项目	高性能减水剂 HPWR			高效减水剂 HWR		普通减水剂 WR			引气减水剂 AEWR	泵送剂 PA	早强剂 Ac	缓凝剂 Re	引气剂 AE
	早强型 HPWR－A	标准型 HPWR－S	缓凝型 HPWR－R	标准型 HWR－S	缓凝型 HWR－R	早强型 WR－A	标准型 WR－S	缓凝型 WR－R					
减水率（%），不小于	25	25	25	14	14	8	8	8	10	12	—	—	6
泌水率比（%），不大于	50	60	70	90	100	95	100	100	70	70	100	100	70
含气量（%）	≤6.0	≤6.0	≤6.0	≤3.0	≤4.5	≤4.0	≤4.0	≤5.5	≥3.0	≤5.5	—	—	≥3.0
凝结时间之差/min　初凝	−90 ~ +90	−90 ~ +120	> +90	−90 ~ +120	> +90	−90 ~ +90	−90 ~ +120	> +90	−90 ~ +120	—	−90 ~ +90	> +90	−90 ~ +120
凝结时间之差/min　终凝													
1h 经时变化量　坍落度/mm	—	≤80	≤60	—	—	—	—	—	—	≤80	—	—	—
1h 经时变化量　含气量（%）	—	—	—	—	—	—	—	—	−1.5 ~ +1.5	—	—	—	−1.5 ~ +1.5
抗压强度比（%），不小于　1d	180	170	—	140	—	135	—	—	—	—	135	—	—
抗压强度比（%），不小于　3d	170	160	—	130	—	130	115	—	115	—	130	—	95
抗压强度比（%），不小于　7d	145	150	140	125	125	110	115	110	110	115	110	100	95
抗压强度比（%），不小于　28d	130	140	130	120	120	100	110	110	100	110	100	100	90
收缩率比（%），不大于　28d	110	110	110	135	135	135	135	135	135	135	135	135	135
相对耐久性（200次）（%），不大于	—	—	—	—	—	—	—	—	80	—	—	—	80

注：
1. 表中抗压强度比、收缩率比、相对耐久性为强制性指标，其余为推荐性指标；
2. 除含气量和相对耐久性外，表中所列数据为掺外加剂混凝土与基准混凝土的差值或比值；
3. 凝结时间之差性能指标中的"－"号表示提前，"＋"号表示延缓；
4. 相对耐久性（200次）性能指标中的"≥80"表示将28d龄期的受检混凝土试件快速冻融循环200次后，动弹性模量保留值≥80%；
5. 1h含气量经时变化量指标中的"－"号表示含气量增加，"＋"号表示含气量减少；
6. 其他品种的外加剂是否需要测定相对耐久性指标，由供、需双方协商确定；
7. 当用户对泵送剂等产品有特殊要求时，需要进行的补充试验项目、试验方法及指标，由供需双方协商决定。

2）匀质性是指外加剂本身的性能，生产厂主要用来控制产品质量的稳定性。《混凝土外加剂均质性试验方法》GB/T 8077—2012 只规定工厂对各项指标控制在一定的波动范围内，具体指标由生产厂自定。表 7 - 21 为外加剂匀质性指标。

表 7 - 21　外加剂匀质性指标

项目	指标
氯离子含量（%）	不超过生产厂控制值
总碱量（%）	不超过生产厂控制值
含固量（%）	$S > 25\%$ 时，应控制在 $0.95S \sim 1.05S$ $S \leqslant 25\%$ 时，应控制在 $0.90S \sim 1.10S$
含水率（%）	$W > 5\%$ 时，应控制在 $0.90W \sim 1.10W$ $W \leqslant 5\%$ 时，应控制在 $0.80W \sim 1.20W$
密度（g/cm^3）	$D > 1.1$ 时，应控制在 $D \pm 0.03$ $D \leqslant 1.1$ 时，应控制在 $D \pm 0.02$
细度	应在生产厂控制范围内
pH 值	应在生产厂控制范围内
硫酸钠含量（%）	不超过生产厂控制值

注：1. 生产厂应在相关的技术资料中明示产品匀质性指标的控制值；
　　2. 对相同和不同批次之间的匀质性和等效性的其他要求，可由供需双方商定；
　　3. 表中的 S、W 和 D 分别为含固量、含水率和密度的生产厂控制值。

4. 外加剂的选择

1）外加剂种类应根据设计和施工要求及外加剂的主要作用选择。

2）当不同供方、不同品种的外加剂同时使用时，应经试验验证，并应确保混凝土性能满足设计和施工要求后再使用。

3）含有六价铬盐、亚硝酸盐和硫氰酸盐成分的混凝土外加剂，严禁用于饮水工程中建成后与饮用水直接接触的混凝土。

4）含有强电解质无机盐的早强型普通减水剂、早强剂、防冻剂和防水剂，严禁用于下列混凝土结构：

①与镀锌钢材或铝铁相接触部位的混凝土结构。

②有外露钢筋预埋铁件而无防护措施的混凝土结构。

③使用直流电源的混凝土结构。

④距高压直流电源 100m 以内的混凝土结构。

5）含有氯盐的早强型普通减水剂、早强剂、防水剂和氯盐类防冻剂，严禁用于预应力混凝土、钢筋混凝土和钢纤维混凝土结构。

6）含有硝酸铵、碳酸铵的早强型普通减水剂、早强剂和含有硝酸铵、碳酸铵、尿素的防冻剂，严禁用于办公、居住等有人员活动的建筑工程。

7）含有亚硝酸盐、碳酸盐的早强型普通减水剂、早强剂、防冻剂和含亚硝酸盐的阻锈剂，严禁用于预应力混凝土结构。

8）掺外加剂混凝土所用水泥，应符合现行国家标准《通用硅酸盐水泥》GB 175—2007 和《中热硅酸盐水泥　低热硅酸盐水泥低热矿渣硅酸盐水泥》GB 200—2003 的规定；掺外加剂混凝土所用砂、石应符合现行行业标准《普通混凝土用砂、石质量及检验方法标准》JGJ 52—2006 的规定；所用粉煤灰和粒化高炉矿渣粉等矿物掺合料，应符合现行国家标准《用于水泥和混凝土中的粉煤灰》GB/T 1596—2005 和《用于水泥和混凝土中的粒化高炉矿渣粉》GB/T 18046—2008 的规定，并应检验外加剂与混凝土原材料的相容性，应符合要求后再使用。掺外加剂混凝土用水包括拌合用水和养护用水，应符合现行行业标准《混凝土用水标准》JGJ 63—2006 的规定。硅灰应符合现行国家标准《高强高性能混凝土用矿物外加剂》GB/T 18736—2002 的规定。

9）试配掺外加剂的混凝土应采用工程实际使用的原材料，检测项目应根据设计和施工要求确定，检测条件应与施工条件相同，当工程所用原材料或混凝土性能要求发生变化时，应重新试配。

5．外加剂的质量控制

1）外加剂进场时，供方应向需方提供下列质量证明文件：

①型式检验报告。

②出厂检验报告与合格证。

③产品说明书。

2）外加剂进场时，同一供方、同一品种的外加剂应按《混凝土外加剂应用技术规范》GB 50119—2013 各外加剂种类规定的检验项目与检验批量进行检验与验收，检验样品应随机抽取。外加剂进厂检验方法应符合现行国家标准《混凝土外加剂》GB 8076—2008 的规定；膨胀剂应符合现行国家标准《混凝土膨胀剂》GB 23439—2009 的规定；防冻剂、速凝剂、防水剂和阻锈剂应分别符合现行行业标准《混凝土防冻剂》JC 475—2004、《喷射混凝土用速凝剂》JC 477—2005、《混凝土防水剂》JC 474—2008 和《钢筋阻锈剂应用技术规程》JGJ/T 192—2009 的规定。外加剂批量进货应与留样一致，应经检验合格后再使用。

3）经进场检验合格的外加剂应按不同供方、不同品种和不同牌号分别存放，标识应清楚。

4）当同一品种外加剂的供方、批次、产地和等级等发生变化时，需方应对外加剂进行复检，应合格并满足设计和施工要求后再使用。

5）粉状外加剂应防止受潮结块，有结块时，应进行检验，合格者应经粉碎至全部通过公称直径为 $630\mu m$ 方孔筛后再使用；液体外加剂应贮存在密闭容器内，并应防晒和防冻，有沉淀、异味、漂浮等现象时，应经检验合格后再使用。

6）外加剂计量系统在投入使用前，应经标定合格后再使用，标识应清楚，计量应准确，计量允许偏差应为 ±1%。

7）外加剂在贮存、运输和使用过程中应根据不同种类和品种分别采取安全防护措施。

7.2　砌筑砂浆材料

7.2.1　砂浆的分类及组成材料

砂浆系由胶结料、细骨料、掺加料和水按适当比例配合、拌制并经硬化而成的材料，在建筑工程中起黏结、衬垫和传递力的作用。

1. 砂浆分类

（1）胶凝材料：水泥砂浆、石灰砂浆和混合砂浆等。

（2）用途：砌筑砂浆、抹灰（面）砂浆、装饰砂浆和防水砂浆。

（3）堆积密度：重质砂浆和轻质砂浆等。

（4）生产工艺：传统砂浆、预拌砂浆和干粉砂浆等。

2. 砌筑砂浆的种类

常用的砌筑砂浆一般分为水泥砂浆、混合砂浆、石灰砂浆。

（1）水泥砂浆。水泥砂浆是由水泥和砂子按一定比例混合搅拌而成，它可以配制强度较高的砂浆。水泥砂浆一般应用于基础、长期受水浸泡的地下室和承受较大外力的砌体。

（2）混合砂浆。混合砂浆一般由水泥、石灰膏、砂子拌和而成。一般用于地面以上的砌体。混合砂浆由于加入了石灰膏，改善了砂浆的和易性，所以操作起来比较方便，有利于砌体密实度和工效的提高。

（3）石灰砂浆。石灰砂浆是由石灰膏和砂子按一定比例搅拌而成的砂浆，完全靠石灰的气硬而获得强度。

（4）其他砂浆。防水砂浆，在水泥砂浆中加入3%～5%的防水剂制成，防水砂浆主要用于有防水要求的砌体，也广泛用于房屋的防潮层。嵌缝砂浆，主要特点是砂子必须采用细砂或特细砂，以利于勾缝。聚合物砂浆，是一种掺入一定量高分子聚合物的砂浆，一般用于有特殊要求的砌筑物。

3. 砌筑砂浆的组成材料

将砖、砌块、石等黏结为一体的称为砌体的砂浆，也称为砌筑砂浆。

砌筑砂浆宜用水泥砂浆或水泥混合砂浆。水泥砂浆是由水泥、细骨料和水配制而成的砂浆。水泥混合砂浆是由水泥、细骨料、掺加料和水配制成的砂浆。

砌筑砂浆的原材料应满足以下要求：

（1）胶结料。胶结料宜用普通硅酸盐水泥，也可用矿渣硅酸盐水泥。水泥强度等级应根据砂浆强度等级进行选择。水泥砂浆采用的水泥强度等级，不宜大于32.5级；水泥混合砂浆采用的水泥强度等级，不宜大于42.5级。严禁使用废品水泥。

（2）细骨料。细骨料宜用中砂，毛石砌体宜用粗砂。砂的含泥量不应超过5%。强度等级为M2.5的水泥混合砂浆，砂的含泥量不应超过10%。人工砂、山砂及特细砂，经试配能满足砌筑砂浆技术条件时，含泥量可适当放宽。

砂应过筛，不得含有草根等杂物。

（3）掺加料。

1）石灰膏。块状生石灰熟化成石灰膏时，应用孔洞尺寸不大于 3mm×3mm 的网过滤，熟化时间不得少于 7d；对于磨细生石灰粉，其熟化时间不得少于 2d。沉淀池中储存的石灰膏，应采取防止干燥、冻结和污染的措施。严禁使用脱水的硬化石灰膏。

2）黏土膏。采用黏土或亚黏土制备黏土膏时，宜用搅拌机加水搅拌，通过孔洞尺寸不大于 3mm×3mm 的网过滤。黏土中的有机物含量用比色法鉴定应浅于标准色。

3）磨细生石灰粉。其细度用 0.080mm 筛的筛余量表示时不应大于 15%。

4）电石膏。制作电石膏的电石渣应经 20min 加热至 70℃，无乙炔气味时方可使用。

5）粉煤灰。可采用Ⅲ级粉煤灰。

6）有机塑化剂。砌筑砂浆中所掺入的微沫剂等有机塑化剂，应经砂浆性能试验合格后，方可使用。

（4）水。拌制砂浆应采用不含有害物质的洁净水或饮用水。

7.2.2　砌筑砂浆配合比设计

1. 现场配制砌筑砂浆的试配要求

（1）现场配制水泥混合砂浆的试配要求。

1）配合比应按下列步骤进行计算：

①计算砂浆试配强度（$f_{m,0}$）。

②计算每立方米砂浆中的水泥用量（Q_c）。

③计算每立方米砂浆中石灰膏用量（Q_D）。

④计算每立方米砂浆中的砂用量（Q_s）。

⑤计算每立方米砂浆中砂浆用水量（Q_w）。

2）砂浆的试配强度应按下式计算：

$$f_{m,0} = kf_2 \tag{7-1}$$

式中：$f_{m,0}$——砂浆的试配强度（MPa），应精确至 0.1MPa；

　　　f_2——砂浆强度等级值（MPa），应精确至 0.1MPa；

　　　k——系数，按表 7-22 取值。

表 7-22　砂浆强度标准差 σ 及 k 值

强度等级 施工水平	强度标准差 σ/MPa							k
	M5	M7.5	M10	M15	M20	M25	M30	
优良	1.00	1.50	2.00	3.00	4.00	5.00	6.00	1.15
一般	1.25	1.88	2.50	3.75	5.00	6.25	7.50	1.20
较差	1.50	2.25	3.00	4.50	6.00	7.50	9.00	1.25

3）砂浆强度标准差的确定应符合下列规定：

①当有统计资料时，砂浆强度标准差应按下式计算：

$$\sigma = \sqrt{\frac{\sum_{i=1}^{n} f_{m,i}^2 - n\mu_{fm}^2}{n-1}} \tag{7-2}$$

式中：$f_{m,i}$——统计周期内同一品种砂浆第 i 组试件的强度（MPa）；

μ_{fm}——统计周期内同一品种砂浆 n 组试件强度的平均值（MPa）；

n——统计周期内同一品种砂浆试件的总组数，$n \geqslant 25$。

②当无统计资料时，砂浆强度标准差可按表 7-22 取值。

4）水泥用量的计算应符合下列规定：

①每立方米砂浆中的水泥用量，应按下式计算：

$$Q_c = 1000(f_{m,0} - \beta)/(\alpha \cdot f_{ce}) \tag{7-3}$$

式中：Q_c——每立方米砂浆的水泥用量（kg），应精确至 1kg；

$f_{m,0}$——砂浆的试配强度（MPa），应精确至 0.1MPa；

f_{ce}——水泥的实测强度（MPa），应精确至 0.1MPa；

α、β——砂浆的特征系数，其中 α 取 3.03，β 取 -15.09。

注：各地区也可用本地区试验资料确定 α、β 值，统计用的试验组数不得少于 30 组。

②在无法取得水泥的实测强度值 f_{ce} 时，可按下式计算：

$$f_{ce} = \gamma_c \cdot f_{ce,k} \tag{7-4}$$

式中：$f_{ce,k}$——水泥强度等级值（MPa）；

γ_c——水泥强度等级值的富余系数，宜按实际统计资料确定；无统计资料时可取 1.0。

5）石膏用量应按下式计算：

$$Q_D = Q_A - Q_c \tag{7-5}$$

式中：Q_D——每立方米砂浆的石膏用量（kg），应精确至 1kg，石灰膏使用时的稠度为 120±5mm；

Q_c——每立方米砂浆的水泥用量（kg），应精确至 1kg；

Q_A——每立方米砂浆中水泥和石灰膏总量，应精确至 1kg，可为 350kg。

6）每立方米砂浆中的砂用量，应按干燥状态（含水率小于 0.5%）的堆积密度值作为计算值（kg）。

7）每立方米砂浆中的用水量，可根据砂浆稠度等要求选用 210~310kg。

注：1. 混合砂浆中的用水量，不包括石灰膏中的水；

2. 当采用细砂或粗砂时，用水量分别取上限或下限；

3. 稠度小于 70mm 时，用水量可小于下限；

4. 施工现场气候炎热或干燥季节，可酌量增加用水量。

（2）现场配制水泥砂浆的试配。

1）水泥砂浆的材料用量可按表 7-23 选用。

表 7 – 23　每立方米水泥砂浆材料用量（kg/m³）

强度等级	水泥	砂	用水量
M5	200 ~ 230		
M7.5	230 ~ 260		
M10	260 ~ 290		
M15	290 ~ 330	砂的堆积密度值	270 ~ 330
M20	340 ~ 400		
M25	360 ~ 410		
M30	430 ~ 480		

注：1. M15 及 M15 以下强度等级水泥砂浆，水泥强度等级为 32.5 级；M15 以上强度等级水泥砂浆，水泥强度等级为 42.5 级；

2. 当采用细砂或粗砂时，用水量分别取上限或下限；

3. 稠度小于 70mm 时，用水量可小于下限；

4. 施工现场气候炎热或干燥季节，可酌量增加用水量；

5. 试配强度应按公式（7 – 1）计算。

2）水泥粉煤灰砂浆材料用量可按表 7 – 24 选用。

表 7 – 24　每立方米水泥粉煤灰砂浆材料用量（kg/m³）

强度等级	水泥和粉煤灰总量	粉煤灰	砂	用水量
M5	210 ~ 240			
M7.5	240 ~ 270	粉煤灰掺量可占胶凝材料总量的 15% ~ 25%	砂的堆积密度值	270 ~ 330
M10	270 ~ 300			
M15	300 ~ 330			

注：1. 表中水泥强度等级为 32.5 级；

2. 当采用细砂或粗砂时，用水量分别取上限或下限；

3. 稠度小于 70mm 时，用水量可小于下限；

4. 施工现场气候炎热或干燥季节，可酌量增加用水量；

5. 试配强度应按公式（7 – 1）计算。

2. 预拌砌筑砂浆的试配要求

1）预拌砌筑砂浆应符合下列规定：

①在确定湿拌砌筑砂浆稠度时应考虑砂浆在运输和储存过程中的稠度损失。

②湿拌砌筑砂浆应根据凝结时间要求确定外加剂掺量。

③干混砌筑砂浆应明确拌制时的加水量范围。

④预拌砌筑砂浆的搅拌、运输、储存等应符合相关规定。

⑤预拌砌筑砂浆性能应符合相关规定。

2）预拌砌筑砂浆的试配应符合下列规定：

①预拌砌筑砂浆生产前应进行试配，试配强度应按式（7-1）计算确定，试配时稠度取 70~80mm。

②预拌砌筑砂浆中可掺入保水增稠材料、外加剂等，掺量应经试配后确定。

3. 砌筑砂浆配合比试配、调整与确定

1）砌筑砂浆试配时应考虑工程实际要求，砌筑砂浆试配时应采用机械搅拌。搅拌时间应自开始加水算起，并应符合下列规定：

①对水泥砂浆和水泥混合砂浆，搅拌时间不得少于120s。

②对预拌砌筑砂浆和掺有粉煤灰、外加剂、保水增稠材料等的砂浆，搅拌时间不得少于180s。

2）按计算或查表所得配合比进行试拌时，应按现行行业标准《建筑砂浆基本性能试验方法标准》JGJ/T 70—2009测定砌筑砂浆拌合物的稠度和保水率。当稠度和保水率不能满足要求时，应调整材料用量，直到符合要求为止。然后确定为试配时的砂浆基准配合比。

3）试配时至少应采用三个不同的配合比，其中一个配合比应为按《砌筑砂浆配合比设计规程》JGJ/T 98—2010得出的基准配合比，其余两个配合比的水泥用量应按基准配合比分别增加及减少10%。在保证稠度、保水率合格的条件下，可将用水量、石灰膏、保水增稠材料或粉煤灰等活性掺合料用量作相应调整。

4）砌筑砂浆试配时稠度应满足施工要求，并应按现行行业标准《建筑砂浆基本性能试验方法标准》JGJ/T 70—2009分别测定不同配合比砂浆的表观密度及强度；并应选定符合试配强度及和易性要求、水泥用量最低的配合比作为砂浆的试配配合比。

5）砌筑砂浆试配配合比尚应按下列步骤进行校正：

①应根据4）确定的砂浆配合比材料用量，按下式计算砂浆的理论表观密度值：

$$\rho_t = Q_c + Q_D + Q_s + Q_w \qquad (7-6)$$

式中：ρ_t——砂浆的理论表观密度值（kg/m³），应精确至10kg/m³。

②应按下式计算砂浆配合比校正系数 δ：

$$\delta = \rho_c / \rho_t \qquad (7-7)$$

式中：ρ_c——砂浆的实测表观密度值（kg/m³），应精确至10kg/m³。

③当砂浆的实测表观密度值与理论表观密度值之差的绝对值不超过理论值的2%时，可将按4）得出的试配配合比确定为砂浆设计配合比；当超过2%时，应将试配配合比中每项材料用量均乘以校正系数（δ）后，确定为砂浆设计配合比。

6）预拌砌筑砂浆生产前应进行试配、调整与确定，并应符合相关的规定。

7.2.3　建筑砂浆见证取样

1. 取样方法和试块留置

1）砌筑砂浆强度试验以同台搅拌机、同一强度等级、同种原材料及配合比为一检验批，且不超过 250m³ 砌体为一取样单位。

2）每一取样单位留置标准养护试块不少于两组，每组六个试块。

3）每一取样单位还应制作同条件养护试块不得少于一组。

4）试样要具代表性，每组试块的试样应取自同一次拌制的砌筑砂浆拌合物。

①施工中取试样应在使用地点的砂浆槽、砂浆运送车及搅拌机出料口，至少从三个不同部位进行抽取，数量应多于试验用料的 1～2 倍。

②试验室拌制砂浆试验所用材料应与现场的材料一致。材料称量精确度：水泥、外加剂为 ±0.5%；砂、石灰膏、黏土膏、粉煤灰及磨细生石灰粉为 ±1%。搅拌时可用机械（或人工）拌和，用搅拌机搅拌时，其搅拌量不得少于搅拌机容量的 20%，搅拌时间不宜少于 2min。

2．试块制作与养护

1）在制作砌筑砂浆试件时，将无底试模放于预先铺有吸水性较好的纸的普通砖上（砖的吸水率不小于 10%，含水率不大于 2%），试模内壁事先涂刷薄层机油（或脱模剂）。

2）放于砖上的纸，最好为湿的新闻纸或其他未粘过胶凝材料的纸，纸要以能盖过砖的四边大小为准，砖的使用面要平整，凡砖四个垂直面粘过水泥或其他胶结材料后，不得继续使用。

3）向试模内一次注满砂浆，用捣棒均匀由外向里按螺旋方向插捣 25 次。为了防止低稠度砂浆插捣后而留下孔洞，允许用油灰刀沿模壁插数次，使砂浆高出试模顶面 6～8mm。

4）砂浆表面开始出现麻斑状态时（15～30min）将高出部分的砂浆沿试模顶面削去，并抹平。

5）试件制作后应在（20±5）℃温度环境下停置一昼夜（24h±2h）。气温相对较低时，可适当延长时间，但不应超过两昼夜，再对试件进行编号并拆模。试件拆模后，应在标准养护条件下，继续养护至 28d，最后进行试压。

6）标准养护的条件是：

①水泥混合砂浆应为温度（20±3）℃，相对湿度为 60%～80%。

②水泥砂浆和微沫砂浆应为温度（20±3）℃，相对湿度在 90% 以上。

③养护期间，试件彼此间隔不少于 10mm。

3．砂浆强度等级评定

砂浆试件养护 28d 时送检，试验前，擦净试块表面，再进行试压。以 6 个试件测值的算术平均值作为该组试件的抗压强度值，精确到 0.1MPa；当 6 个试件的最大值（或最小值）与平均值之差超过 20% 时，以中间 4 个试件的平均值作为该组试件的抗压强度值。同一验收批砂浆试块抗压强度平均值不得小于设计强度等级所对应的立方体抗压强度；同一验收批砂浆试块抗压强度的最小一组平均值不得小于设计强度等级所对应的立方体抗压强度的 0.75 倍。

注：砌筑砂浆的验收批，同一类型、强度等级的砂浆试块不少于 3 组。当同一验收批只有一组试块时，该组试块抗压强度的平均值必须不小于设计强度等级所对应的立方体抗压强度。

7.2.4 砂浆的拌制和使用

不同强度等级是用不同数量的原材料拌制成的。各种材料的比例称为配合比。

配合比由专业试验室根据水泥强度等级、砂子级别、塑化剂的种类进行设计试配而确定的，然后下发到施工工地执行。

砂浆组成材料的配料精确度应控制在下列规定。

1）水泥、有机塑化剂 ±2%；砂、石灰膏、黏土膏、粉煤灰、电石膏、磨细生石灰粉 ±5%；砂应考虑其含水量对配料的影响。

2）砂浆应采用砂浆搅拌机拌和。砂浆搅拌机可选用活门卸料式、倾翻卸料式或立式，其容量多用 200L 或 325L。

3）搅拌水泥砂浆时，应先将砂及水泥投入，干拌均匀后，再加入水搅拌均匀。

4）搅拌水泥混合砂浆时，应先将砂及水泥投入，干拌均匀后，再投入石灰膏（或黏土膏等）加水搅拌均匀。

5）搅拌粉煤灰砂浆时，宜先将粉煤灰、砂与水泥及部分水投入，待基本拌匀后，再投入石灰膏加水搅拌均匀。

6）在水泥砂浆和水泥石灰砂浆中掺用微沫剂时，微沫剂掺量应事先通过试验确定，一般为水泥用量的 0.5/10000 ~ 1/10000（微沫剂按 100% 纯度计）。微沫剂宜用不低于 70℃ 的水稀释至 5% ~ 10% 的浓度。微沫剂溶液应随拌和水投入搅拌机内。

砂浆拌成后和使用时，均应盛入储灰器中。如砂浆出现泌水现象，应在砌筑前再次拌和。

砂浆应随拌随用。水泥砂浆和水泥混合砂浆必须分别在拌成后 3h 和 4h 内使用完毕；当施工期间最高气温超过 30℃ 时，必须分别在拌成后 2h 和 3h 内使用完毕。对掺用缓凝剂的砂浆，其使用时间可根据具体情况延长。

7.2.5 特种砂浆

1. 保温砂浆

保温砂浆是以水泥、石灰膏及石膏等胶凝材料与膨胀珍珠岩砂、火山渣、浮石砂或膨胀蛭石、陶砂等轻质多孔骨灰按一定比例配制而成的砂浆。具有轻质与保温的特性。

常用的保温砂浆有水泥膨胀珍珠岩砂浆、水泥石灰膨胀蛭石砂浆和水泥膨胀蛭石砂浆等。水泥膨胀珍珠岩砂浆用 32.5 级普通水泥进行配制时，体积比为水泥:膨胀珍珠岩砂 = 1:（12 ~ 15），水灰比为 1.5 ~ 2.0，热导率为 0.067 ~ 0.074W/（m·K）。可用于砖与混凝土内墙表面抹灰（或喷涂）。水泥石灰膨胀蛭石砂浆是按体积比为水泥:石灰膏:膨胀蛭石 = 1:1:（5 ~ 8）配制而成，热导率为 0.076 ~ 0.105W/（m·K）。适用于平屋顶保温层及顶棚和内墙抹灰。

2. 吸音砂浆

保温砂浆由轻骨料配制成，具有良好的吸声性能，因此可用作吸音砂浆。此外，还可用水泥、石膏、砂及锯末配制成吸音砂浆。如果在石灰、石膏砂浆中掺入玻璃纤维与矿棉等松软纤维材料也能产生吸声效果。吸音砂浆用于有吸音要求的室内墙壁及顶棚的抹灰。

3．耐酸砂浆

在用水玻璃与氟硅酸钠配制的耐酸涂料中，掺入适量由石英岩、花岗岩及铸石等制成的粉及细骨料可拌制成耐酸砂浆。耐酸砂浆用于耐酸地面和耐酸容器的内壁防护层。

4．防辐射砂浆

在水泥砂浆中掺入重晶石粉与重晶石砂可配制成具有防 X 射线能力的砂浆，配合比约为水泥∶重晶石粉∶重晶石砂 = 1∶0.25∶（4~5）。在水泥浆中掺入硼砂和硼酸等可配制成具有防中子辐射能力的砂浆。

8 建筑墙体材料

8.1 砌 墙 砖

砌墙砖包括以黏土、工业废料及其他地方资源为主要原料，用不同工艺制成，用于砌筑的承重及非承重墙体的墙砖。

8.1.1 烧结砖

1. 烧结普通砖

烧结普通砖是以黏土、煤矸石、页岩、粉煤灰为主要原料经成型、焙烧而成的（简称砖）。

（1）分类。

1）类别。按主要原料分为黏土砖（N）、页岩砖（Y）、煤矸石砖（M）和粉煤灰砖（F）。

2）等级。

①根据抗压强度分为 MU30、MU25、MU20、MU15、MU10 五个强度等级。

②强度、抗风化性能和放射性物质合格的砖，根据尺寸偏差、外观质量、泛霜和石灰爆裂分为优等品（A）、一等品（B）、合格品（C）三个质量等级。

优等品适用于清水墙和装饰墙，一等品、合格品可用于混水墙。中等泛霜的砖不能用于潮湿部位。

3）规格。砖的外形为直角六面体，其公称尺寸为：长240mm、宽115mm、高53mm。

4）产品标记。砖的产品标记按产品名称、类别、强度等级、质量等级和标准编号顺序编写。

（2）要求。

1）尺寸允许偏差应符合表8-1规定。

表8-1 尺寸允许偏差（mm）

公称尺寸	优 等 品		一 等 品		合 格 品	
	样本平均偏差	样本极差 小于等于	样本平均偏差	样本极差 小于等于	样本平均偏差	样本极差 小于等于
240	±2.0	6	±2.5	7	±3.0	8
115	±1.5	5	±2.0	6	±2.5	7
53	±1.5	4	±1.6	5	±2.0	6

2）外观质量应符合表8-2的规定。

表8-2 外观质量（mm）

项 目		优等品	一等品	合格品
两条面高度差，≤		2	3	4
弯曲，≤		2	3	4
杂质凸出高度，≤		2	3	4
缺棱掉角的三个破坏尺寸，不得同时大于		5	20	20
裂纹长度	1）大面上宽度方向及其延伸至条面的长度，≤	30	60	80
	2）大面上长度方向及其延伸至顶面的长度或条顶面上水平裂纹的长度，≤	50	80	100
完整面，不得少于		二条面和二顶面	一条面和二顶面	—
颜色		基本一致	—	—

注：1. 为装饰而施加的色差、凹凸纹、拉毛、压花等不算作缺陷。
　　2. 凡有下列缺陷之一者，不得称为完整面：
　　　①缺损在条面或顶面上造成的破坏面尺寸同时大于10mm×10mm；
　　　②条面或顶面上裂纹宽度大于1mm，其长度超过30mm；
　　　③压陷、粘底、焦花在条面或顶面上的凹陷或凸出超过2mm，区域尺寸同时大于10mm×10mm。

3）强度等级应符合表8-3规定。

表8-3 强度等级（MPa）

强度等级	抗压强度平均值 $\bar{f} \geqslant$	变异系数 $\delta \leqslant 0.21$	变异系数 $\delta > 0.21$
		强度标准值 $f_k \geqslant$	单块最小抗压强度值 $f_{min} \geqslant$
MU30	30.0	22.0	25.0
MU25	25.0	18.0	22.0
MU20	20.0	14.0	16.0
MU15	15.0	10.0	12.0
MU10	10.0	6.5	7.5

4）抗风化性能。
①风化区的划分见表8-4。

表8-4 风化区划分

严重风化区	非严重风化区
黑龙江省 吉林省 辽宁省 内蒙古自治区	山东省 河南省 安徽省 江苏省

续表 8-4

严重风化区	非严重风化区
新疆维吾尔自治区 宁夏回族自治区 甘肃省 青海省 陕西省 山西省 河北省 北京市 天津市	湖北省 江西省 浙江省 四川省 贵州省 湖南省 福建省 台湾省 广东省 广西壮族自治区 海南省 云南省 西藏自治区 上海市 重庆市 香港特别行政区 澳门特别行政区

②严重风化区中的前五个地区的砖必须进行冻融试验，其他地区砖的抗风化性能符合表 8-5 规定时可不做冻融试验，否则，必须进行冻融试验。

表 8-5 抗风化性能

砖种类	严重风化区				非严重风化区			
	5h 沸煮 吸水率（%）≤		饱和系数≤		5h 沸煮 吸水率（%）≤		饱和系数≤	
	平均值	单块 最大值	平均值	单块 最大值	平均值	单块 最大值	平均值	单块 最大值
黏土砖	18	20	0.85	0.87	19	20	0.88	0.90
粉煤灰砖[a]	21	23			23	25		
页岩砖	16	18	0.74	0.77	18	20	0.78	0.80
煤矸石砖								

注：[a] 粉煤灰掺入量（体积比）小于 30% 时，按黏土砖规定判定。

③冻融试验后，每块砖样不允许出现裂纹、分层、掉皮、缺棱、掉角等冻坏现象；质量损失不得大于 2%。

5）泛霜。每块砖样应符合下列规定：优等品无泛霜；一等品不允许出现中等泛霜；合格品不允许出现严重泛霜。

6）石灰爆裂。

①优等品。不允许出现最大破坏尺寸大于 2mm 的爆裂区域。

②一等品。最大破坏尺寸大于 2mm、小于等于 10mm 的爆裂区域，每组砖样不得多于 15 处。不允许出现最大破坏尺寸大于 10mm 的爆裂区域。

③合格品。最大破坏尺寸大于 2mm、小于等于 15mm 的爆裂区域，每组砖样不得多于 15 处。其中大于 10mm 的不得多于 7 处。不允许出现最大破坏尺寸大于 15mm 的爆裂区域。

7）产品中不允许有欠火砖、酥砖和螺旋纹砖。

8）放射性物质应符合《建筑材料放射性核素限量》GB 6566—2010 的规定。

2. 烧结多孔砖和多孔砌块

烧结多孔砖和多孔砌块是以黏土、煤矸石、页岩、粉煤灰为主要原料，经焙烧而成主要用于承重部位的多孔砖（简称砖）和多孔砌块。

（1）产品分类、规格、等级和标记。

1）产品分类。按主要原料分为黏土砖和黏土砌块（N）、页岩砖和页岩砌块（Y），煤矸石砖和煤矸石砌块（M）、粉煤灰砖和粉煤灰砌块（F）、淤泥砖和淤泥砌块（U）、固体废弃物砖和固体废弃物砌块（G）。

2）规格。砖和砌块的长度、宽度、高度尺寸应符合下列要求。

砖规格尺寸（mm）：290、240、190、180、140、115、90。

砌块规格尺寸（mm）：490、440、390、340、290、240、190、180、140、115、90。

其他规格尺寸由供需双方协商确定。

3）等级。

①根据抗压强度分为 MU30、MU25、MU20、NU15 及 MU10 五个强度等级。

②砖的密度等级分为 1000、1100、1200、1300 四个等级。

砌块的密度等级分为 900、1000、1100、1200 四个等级。

4）产品标记。砖和砌块的产品标记按产品名称、品种、规格、强度等级、密度等级和标准编号顺序编写。

（2）技术要求。

1）砖和砌块的尺寸允许偏差应符合表 8-6 的规定。

表 8-6　砖和砌块的尺寸允许偏差（mm）

尺寸	样本平均偏差	样本极差≤
>400	±3.0	10.0
300~400	±2.5	9.0

续表 8 – 6

尺寸	样本平均偏差	样本极差≤
200 ~ 300	±2.5	8.0
100 ~ 200	±2.0	7.0
< 100	±1.5	6.0

2）砖和砌块的外观质量应符合表 8 – 7 的规定。

表 8 – 7 砖和砌块的外观质量 （mm）

项　　　目	指标
1）完整面，不得少于	一条面和一顶面
2）缺棱掉角的三个破坏尺寸，不得同时大于	30
3）裂纹长度 ①大面（有孔面）上深入孔壁 15mm 以上宽度方向及其延伸到条面的长度，不大于	80
②大面（有孔面）上深入孔壁 15mm 以上长度方向及其延伸到顶面的长度，不大于	100
③条顶面上的水平裂纹，不大于	100
4）杂质在砖或砌块面上造成的凸出高度，不大于	5

注：凡有下列缺陷之一者，不能称为完整面：
　1. 缺损在条面或顶面上造成的破坏面尺寸同时大于 20mm × 30mm；
　2. 条面或顶面上裂纹宽度大于 1mm，其长度超过 70mm；
　3. 压陷、焦花、粘底在条面或顶面上的凹陷或凸出超过 2mm，区域最大投影尺寸同时大于 20mm × 30mm。

3）砖和砌块的密度等级应符合表 8 – 8 的规定。

表 8 – 8 砖和砌块的密度等级 （kg/m³）

密 度 等 级		3 块砖或砌块干燥 表观密度平均值
砖	砌块	
—	900	≤900
1000	1000	900 ~ 1000
1100	1100	1000 ~ 1100
1200	1200	1100 ~ 1200
1300		1200 ~ 1300

4）砖和砌块的强度等级应符合表 8 – 9 的规定。

表 8 – 9　砖和砌块的强度等级（MPa）

强度等级	抗压强度平均值 $\overline{f} \geqslant$	强度标准值 $f_k \geqslant$
MU30	30.0	22.0
MU25	25.0	18.0
MU20	20.0	14.0
MU15	15.0	10.0
MU10	10.0	6.5

5）砖和砌块的孔型、孔结构及孔洞率应符合表 8 – 10 的规定。

表 8 – 10　砖和砌块的孔型、孔结构及孔洞率

孔型	孔洞尺寸（mm）		最小外壁厚（mm）	最小肋厚（mm）	孔洞率（%）		孔洞排列
	孔宽度尺寸 b	孔长度尺寸 L			砖	砌块	
短型条孔或矩型孔	≤13	≤40	≥12	≥5	≥28	≥33	1）所有孔宽应相等。孔采用单向或双向交错排列 2）孔洞排列上下、左右应对称，分布均匀，手抓孔的长度方向尺寸必须平行于砖的条面

注：1. 矩型孔的孔长 L、孔宽 b 满足式 $L \geqslant 3b$ 时，为矩型条孔；

　　2. 孔四个角应做成过渡圆角，不得做成直尖角；

　　3. 如设有砌筑砂浆槽，则砌筑砂浆槽不计算在孔洞率内；

　　4. 规格大的砖和砌块应设置手抓孔，手抓孔尺寸为（30~40）mm×（75~85）mm。

6）每块砖或砌块不允许出现严重泛霜。

7）石灰爆裂。

①破坏尺寸大于 2mm 且小于或等于 15mm 的爆裂区域，每组砖和砌块不得多于 15 处。其中大于 10mm 的不得多于 7 处。

②不允许出现破坏尺寸大于 15mm 的爆裂区域。

8）抗风化性能。

①风化区的划分见表 8 – 11。

表 8-11　风化区划分

严重风化区	非严重风化区
1. 黑龙江省 2. 吉林省 3. 辽宁省 4. 内蒙古自治区 5. 新疆维吾尔自治区 6. 宁夏回族自治区 7. 甘肃省 8. 青海省 9. 陕西省 10. 山西省 11. 河北省 12. 北京市 13. 天津市	1. 山东省 2. 河南省 3. 安徽省 4. 江苏省 5. 湖北省 6. 江西省 7. 浙江省 8. 四川省 9. 贵州省 10. 湖南省 11. 福建省 12. 台湾省 13. 广东省 14. 广西壮族自治区 15. 海南省 16. 云南省 17. 西藏自治区 18. 上海市 19. 重庆市

②严重风化区中的 1、2、3、4、5 地区的砖、砌块和其他地区以淤泥、固体废弃物为主要原料生产的砖和砌块必须进行冻融试验；其他地区以黏土、粉煤灰、页岩、煤矸石为主要原料生产的砖和砌块的抗风化性能符合表 8-12 规定时可不做冻融试验，否则必须进行冻融试验。

表 8-12　抗风化性能

砖种类	严重风化区				非严重风化区			
	5h 沸煮吸水率（%）≤		饱和系数≤		5h 沸煮吸水率（%）≤		饱和系数≤	
	平均值	单块最大值	平均值	单块最大值	平均值	单块最大值	平均值	单块最大值
黏土砖和砌块	21	23	0.85	0.87	23	25	0.88	0.90
粉煤灰砖和砌块	23	25			30	32		
页岩砖和砌块	16	18	0.74	0.77	18	20	0.78	0.80
煤矸石砖和砌块	19	21			21	23		

注：粉煤灰掺入量（质量比）小于 30% 时按黏土砖和砌块规定判定。

③15 次冻融循环试验后，每块砖和砌块不允许出现裂纹、分层、掉皮、缺棱掉角等冻坏现象。

9）产品中不允许有欠火砖（砌块）、酥砖（砌块）。

10）砖和砌块的放射性核素限量应符合《建筑材料放射性核素限量》（GB 6566—2010）的规定。

3. 烧结空心砖和空心砌块

烧结空心砖和空心砌块是以黏土、煤矸石、页岩、粉煤灰为主要原料，经成型、焙烧而成，主要用于建筑物非承重部位的空心砖与空心砌块（简称砖和砌块）。

（1）产品类别、规格、等级和标记。

1）类别。按主要原料分为黏土空心砖和空心砌块（N）、页岩空心砖和空心砌块（Y）、煤矸石空心砖和空心砌块（M）、粉煤灰空心砖和空心砌块（F）、淤泥空心砖和空心砌块（U）、建筑渣土空心砖和空心砌块（Z）、其他固体废弃物空心砖和空心砌块（G）。

2）规格。空心砖和空心砌块的外形为直角六面体。长度、宽度、高度尺寸（mm）应符合下列要求：

长度规格尺寸（mm）：390，290，240，190，180（175），140。

宽度规格尺寸（mm）：190，180（175），140，115。

高度规格尺寸（mm）：180（175），140，115，90。

其他规格尺寸由供需双方协商来确定。

3）等级。

①按抗压强度分为 MU10.0、MU7.5、MU5.0、MU3.5。

②按体积密度分为 800 级、900 级、1000 级、1100 级。

4）产品标记。空心砖和空心砌块的产品标记按产品名称、类别、规格（长度×宽度×高度）、密度等级、强度等级和标准编号顺序编写。

（2）技术要求。

1）空心砖和空心砌块尺寸允许偏差应符合表 8-13 的规定。

表 8-13　空心砖和空心砌块尺寸允许偏差（mm）

尺寸	样本平均偏差	样本极差≤
>300	±3.0	7.0
>200~300	±2.5	6.0
100~200	±2.0	5.0
<100	±1.7	4.0

2）空心砖和空心砌块的外观质量应符合表 8-14 的规定。

表 8-14　空心砖和空心砌块的外观质量（mm）

项　目	指标
1. 弯曲，不大于	4
2. 缺棱掉角的三个破坏尺寸，不得同时大于	30

续表 8 – 14

项　目	指标
3. 垂直度差，不大于	4
4. 未贯穿裂纹长度 1）大面上宽度方向及其延伸到条面的长度，不大于； 2）大面上长度方向或条面上水平面方向的长度，不大于	100 120
5. 贯穿裂纹长度 1）大面上宽度方向及其延伸到条面的长度，不大于； 2）壁、肋沿长度方向、宽度方向及其水平方向的长度，不大于	40 40
6. 肋、壁内残缺长度，不大于	40
7. 完整面，不少于	一条面或一大面

注：凡有下列缺陷之一者，不能称为完整面：
　　1. 缺损在大面、条面上造成的破坏面尺寸同时大于 20mm×30mm；
　　2. 大面、条面上裂纹宽度大于 1mm，其长度超过 70mm；
　　3. 压缩、粘底、焦花在大面、条面上的凹陷或凸出超过 2mm，区域尺寸同时大于 20mm×30mm。

3）空心砖和空心砌块的强度等级应符合表 8 – 15 的规定。

表 8 – 15　空心砖和空心砌块的强度等级

强度等级	抗压强度平均值 $\overline{f}\geqslant$	变异系数 $\delta\leqslant0.21$ 强度标准值 $f_k\geqslant$	变异系数 $\delta>0.21$ 单块最小抗压强度值 $f_{min}\geqslant$
MU10.0	10.0	7.0	8.0
MU7.5	7.5	5.0	5.8
MU5.0	5.0	3.5	4.0
MU3.5	3.5	2.5	2.8

4）空心砖和空心砌块的密度等级应符合表 8 – 16 的规定。

表 8 – 16　空心砖和空心砌块的密度等级（kg/m³）

密度等级	五块体积密度平均值
800	≤800
900	801～900
1000	901～1000
1100	1001～1100

5）空心砖和空心砌块的孔洞排列及其结构。
①空心砖和空心砌块的孔洞排列及其结构应符合表 8 – 17 的规定。

表 8 – 17　空心砖和空心砌块的孔洞排列及其结构

孔洞排列	孔洞排数（排）		孔洞率（%）	孔型
	宽度方向	高度方向		
有序或交错排列	$b\geqslant 200mm$　　≥4 $b<200mm$　　≥3	≥2	≥40	矩形孔

　　②在空心砖和空心砌块的外壁内侧宜设置有序排列的宽度或直径不大于 10mm 的壁孔，壁孔的孔型可为圆孔或矩形孔。

　　6）每块空心砖和空心砌块不允许出现严重泛霜。

　　7）石灰爆裂。每组空心砖和空心砌块应符合下列规定：

　　①最大破坏尺寸大于 2mm 且小于等于 15mm 的爆裂区域，每组空心砖和空心砌块不得多于 10 处。其中大于 10mm 的不得多于 5 处。

　　②不允许出现最大破坏尺寸大于 15mm 的爆裂区域。

　　8）空心砖和空心砌块的抗风化性能。

　　①风化区的划分见表 8 – 18。

表 8 – 18　空心砖和空心砌块的风化区划分

严重风化区	非严重风化区
1. 黑龙江省	1. 山东省
2. 吉林省	2. 河南省
3. 辽宁省	3. 安徽省
4. 内蒙古自治区	4. 江苏省
5. 新疆维吾尔自治区	5. 湖北省
6. 宁夏回族自治区	6. 江西省
7. 甘肃省	7. 浙江省
8. 青海省	8. 四川省
9. 陕西省	9. 贵州省
10. 山西省	10. 湖南省
11. 河北省	11. 福建省
12. 北京市	12. 台湾省
13. 天津市	13. 广东省
	14. 广西壮族自治区
	15. 海南省
	16. 云南省
	17. 西藏自治区
	18. 上海市
	19. 重庆市
	20. 香港地区
	21. 澳门地区

②严重风化区中的 1、2、3、4、5 地区的空心砖和空心砌块应进行冻融试验，其他地区空心砖和空心砌块的抗风化性能符合表 8 - 19 规定时可不做冻融试验，否则必须进行冻融试验。

表 8 - 19　空心砖和空心砌块的抗风化性能

砖种类	严重风化区				非严重风化区			
	5h 沸煮吸水率（%）≤		饱和系数≤		5h 沸煮吸水率（%）≤		饱和系数≤	
	平均值	单块最大值	平均值	单块最大值	平均值	单块最大值	平均值	单块最大值
黏土砖和砌块	21	23	0.85	0.87	23	25	0.88	0.90
粉煤灰砖和砌块	23	25			30	32		
页岩砖和砌块	16	18	0.74	0.77	18	20	0.78	0.80
煤矸石砖和砌块	19	21			21	23		

注：1. 粉煤灰掺入量（质量比）小于 30% 时按黏土空心砖和空心砌块规定判定；
　　2. 淤泥、建筑渣土及其他固体废弃物掺入量（质量分数）小于 30% 时按相应产品类别规定判定。

③冻融循环 15 次试验后，每块空心砖和空心砌块不允许出现分层、掉皮、缺棱掉角等冻坏现象；冻后裂纹长度不大于表 8 - 14 中第 4 项、第 5 项的规定。

9）产品中不允许有欠火砖（砌块）、酥砖（砌块）。

10）放射性核素限量应符合《建筑材料放射性核素限量》GB 6566—2010 的规定。

8.1.2　非烧结砖

1. 蒸压灰砂砖

蒸压灰砂砖是以石灰和砂为主要原料，允许掺入颜料和外加剂，经坯料制备、压制成型及蒸压养护而成的实心砖。

（1）分类。

1）按灰砂砖的颜色分为彩色的（Co）与本色的（N）两类。

2）规格。砖的外形为直角六面体。公称尺寸为：长度 240mm，宽度 115mm，高度 53mm。生产其他规格尺寸产品，由用户与生产厂协商来确定。

3）等级。

①根据抗压强度和抗折强度分为 MU25、MU20、MU15 及 MU10 四级。

②根据尺寸偏差和外观质量、强度及抗冻性分为优等品（A）、一等品（B）与合格品（C）三种。

4）产品标记。灰砂砖产品标记采用产品名称（LSB）、颜色、强度级别、产品等级、标准编号的顺序进行。

5）用途。

①MU15、MU20、MU25 的砖可用于基础及其他建筑；MU10 的砖仅可用于防潮层以上的建筑。

②灰砂砖不得用于长期受热 200℃ 以上、受急冷急热和有酸性介质侵蚀的建筑部位。

（2）技术要求。

1）蒸压灰砂砖的尺寸偏差和外观应符合表 8-20 的规定。

表 8-20　蒸压灰砂砖的尺寸偏差和外观

项　目			指　标		
			优等品	一等品	合格品
尺寸允许偏差/mm	长度	L	±2	±2	±3
	宽度	B	±2		
	高度	H	±1		
缺棱掉角	个数/个，不多于		1	1	2
	最大尺寸（mm），≤		10	15	20
	最小尺寸（mm），≤		5	10	10
对应高度差（mm），≤			1	2	3
裂纹	条数，不多于（条）		1	1	2
	大面上宽度方向及其延伸到条面的长度（mm），≤		20	50	70
	大面上长度方向及其延伸到顶面上的长度或条、顶面水平裂纹的长度（mm），≤		30	70	100

2）颜色应基本一致，无明显色差，但对本色灰砂砖不作规定。

3）蒸压灰砂砖的抗压强度和抗折强度应符合表 8-21 的规定。

表 8-21　蒸压灰砂砖的力学性能（MPa）

强度等级	抗 压 强 度		抗 折 强 度	
	平均值≥	单块值≥	平均值≥	单块值≥
MU25	25.0	20.0	5.0	4.0
MU20	20.0	16.0	4.0	3.2
MU15	15.0	12.0	3.3	2.6
MU10	10.0	8.0	2.5	2.0

注：优等品的强度级别不得小于 MU15。

4）蒸压灰砂砖的抗冻性应符合表 8-22 的规定。

表 8-22　蒸压灰砂砖的抗冻性指标

强度等级	冻后抗压强度（MPa）（平均值，≥）	单块砖的干质量损失（%），≤
MU25	20.0	2.0
MU20	16.0	2.0
MU15	12.0	2.0
MU10	8.0	2.0

注：优等品的强度级别不得小于 MU15。

2.蒸压粉煤灰砖

蒸压粉煤灰砖是以粉煤灰、生石灰为主要原料，可掺加适量石膏等外加剂和其他骨料，经坯料制备、压制成型、高压蒸汽养护而制成的砖。

（1）蒸压粉煤灰砖的规格、等级和标记。

1）规格。砖的外形为直角六面体。公称尺寸为：长度240mm、宽度115mm、高度53mm。其他规格尺寸由供需双方协商后确定。

2）等级。按强度分为 MU10、MU15、MU20、MU25 及 MU30 五个等级。

3）标记。砖按产品代号（AFB）、规格尺寸、强度等级、标准编号的顺序进行标记。

（2）蒸压粉煤灰砖的技术要求。

1）外观质量和尺寸偏差应符合表 8-23 的规定。

表 8-23　蒸压粉煤灰砖的外观质量和尺寸偏差

项 目 名 称			技术指标
外观质量	缺棱掉角	个数（个）	≤2
		三个方向投影尺寸的最大值（mm）	≤15
	裂纹	裂纹延伸的投影尺寸累计（mm）	≤20
	层裂		不允许
尺寸偏差（mm）	长度		+2 −1
	宽度		±2
	高度		+2 −1

2）蒸压粉煤灰砖的强度等级应符合表 8-24 的规定。

表 8-24　蒸压粉煤灰砖的强度等级（MPa）

强度等级	抗压强度		抗折强度	
	平均值	单块最小值	平均值	单块最小值
MU10	≥10.0	≥8.0	≥2.5	≥2.0
MU15	≥15.0	≥12.0	≥3.7	≥3.0
MU20	≥20.0	≥16.0	≥4.0	≥3.2
MU25	≥25.0	≥20.0	≥4.5	≥3.6
MU30	≥30.0	≥24.0	≥4.8	≥3.8

3）蒸压粉煤灰砖的抗冻性应符合表 8-25 的规定，使用条件应符合《民用建筑热工设计规范》GB 50176—1993 的规定。

表 8 – 25　蒸压粉煤灰砖的抗冻性

使用地区	抗冻指标	质量损失率	抗压强度损失率
夏热冬暖地区	D15		
夏热冬冷地区	D25	≤5%	≤25%
寒冷地区	D35		
严寒地区	D50		

4）蒸压粉煤灰砖的线性干燥收缩值应不大于 0.50mm/m。

5）蒸压粉煤灰砖的碳化系数应不小于 0.85。

6）蒸压粉煤灰砖的吸水率应不大于 20%。

7）蒸压粉煤灰砖的放射性核素限量应符合《建筑材料放射性核素限量》GB 6566—2010 的规定。

8.2　建　筑　砌　块

8.2.1　普通混凝土小型砌块

普通混凝土小型砌块是以水泥、矿物掺合料、砂、石、水等为原材料，经搅拌、振动成型、养护等工艺制成的小型砌块，包括空心砌块和实心砌块。

1. 规格、种类、等级和标记

（1）规格。砌块的外型宜为直角六面体，常用块型的规格尺寸见表 8 – 26。

表 8 – 26　砌块的规格尺寸（mm）

长　度	宽　度	高　度
390	90、120、140、190、240、290	90、140、190

注：其他规格尺寸可由供需双方协商确定。采用薄灰缝砌筑的块型，相关尺寸可作相应调整。

（2）种类。

1）砌块按空心率分为空心砌块（空心率不小于 25%，代号：H）和实心砌块（空心率小于 25%，代号：S）。

2）砌块按使用时砌筑墙体的结构和受力情况，分为承重结构用砌块（代号：L。简称承重砌块）、非承重结构用砌块（代号：N。简称非承重砌块）。

3）常用的辅助砌块代号分别为：半块——50，七分头块——70，圈梁块——U，清扫孔块——W。

（3）等级。按砌块的抗压强度分级，见表 8 – 27。

表 8 – 27　砌块的强度等级（MPa）

砌块种类	承重砌块（L）	非承重砌块（N）
空心砌块（H）	7.5、10.0、15.0、20.0、25.0	5.0、7.5、10.0
实心砌块（S）	15.0、20.0、25.0、30.0、35.0、40.0	10.0、15.0、20.0

（4）标记。砌块标记顺序为：砌块种类、规格尺寸、强度等级（MU）、标准代号。

2．技术要求

1）砌块的尺寸允许偏差应符合表 8 – 28 的规定。对于薄灰缝砌块，其高度允许偏差应控制在 +1mm、–2mm。

表 8 – 28　砌块的尺寸允许偏差（mm）

项 目 名 称	技 术 指 标
长度	±2
宽度	±2
高度	+3、–2

注：免浆砌块的尺寸允许偏差，应由企业根据块型特点自行给出，尺寸偏差不应影响垒砌和墙片性能。

2）砌块的外观质量应符合表 8 – 29 的规定。

表 8 – 29　砌块的外观质量

项 目 名 称		技 术 指 标
弯曲，不大于		2mm
缺棱掉角	个数，不超过	1 个
	三个方向投影尺寸的最大值，不大于	20mm
裂纹延伸的投影尺寸累计，不大于		30mm

3）空心砌块（H）的空心率应不小于 25%；实心砌块（S）的空心率应小于 25%。

4）砌块的外壁和肋厚。

①承重空心砌块的最小外壁厚应不小于 30mm，最小肋厚应不小于 25mm。

②非承重空心砌块的最小外壁厚和最小肋厚应不小于 20mm。

5）砌块的强度等级应符合表 8 – 30 的规定。

表 8 – 30　砌块的强度等级（MPa）

强度等级	抗 压 强 度	
	平均值≥	单块最小值≥
MU5.0	5.0	4.0
MU7.5	7.5	6.0

续表 8 – 30

强度等级	抗 压 强 度	
	平均值≥	单块最小值≥
MU10	10.0	8.0
MU15	15.0	12.0
MU20	20.0	16.0
MU25	25.0	20.0
MU30	30.0	24.0
MU35	35.0	28.0
MU40	40.0	32.0

6）L 类砌块的吸水率应不大于 10%；N 类砌块的吸水率应不大于 14%。

7）L 类砌块的线性干燥收缩值应不大于 0.45mm/m；N 类砌块的线性干燥收缩值应不大于 0.65mm/m。

8）砌块的抗冻性应符合表 8 – 31 的规定。

表 8 – 31　砌块的抗冻性

使用地区	抗冻指标	质量损失率	抗压强度损失率
夏热冬暖地区	D15	平均值≤5% 单块最大值≤10%	平均值≤20% 单块最大值≤30%
夏热冬冷地区	D25		
寒冷地区	D35		
严寒地区	D50		

注：使用条件应符合《民用建筑热工设计规范》GB 50176—1993 的规定。

9）砌块的碳化系数应不小于 0.85。

10）砌块的软化系数应不小于 0.85。

11）砌块的放射性核素限量应符合《建筑材料放射性核素限量》GB 6566—2010 的规定。

8.2.2　蒸压加气混凝土砌块

蒸压加气混凝土砌块（简称砌块），适于作民用与工业建筑物墙体和绝热使用。

1．产品分类

（1）规格。砌块的规格尺寸见表 8 – 32。

表 8 – 32　砌块的规格尺寸

长度 L（mm）	宽度 B（mm）	高度 H（mm）
600	100　120　125 150　180　200 240　250　300	200　240　250　300

注：如需要其他规格，可由供需双方协商解决。

（2）砌块按强度和干密度分级。

1）强度级别有：A1.0、A2.0、A2.5、A3.5、A5.0、A7.5、A10 七个级别。

2）干密度级别有：B03、B04、B05、B06、B07、B08 六个级别。

（3）砌块等级。块按尺寸偏差与外观质量、干密度、抗压强度和抗冻性分为：优等品（A）与合格品（B）两个等级。

（4）砌块产品标记。产品名称（代号 ACB）、强度级别、体积密度级别、规格尺寸、产品等级及标准编号的顺序标记。

2．要求

1）砌块的尺寸允许偏差和外观质量应符合表 8-33 的规定。

表 8-33　砌块的尺寸允许偏差和外观质量

项　　目			指　　标	
			优等品（A）	合格品（B）
尺寸允许偏差（mm）	长度	L	±3	±4
	宽度	B	±1	±2
	高度	H	±1	±2
缺棱掉角	最小尺寸不得大于（mm）		0	30
	最大尺寸不得大于（mm）		0	70
	大于以上尺寸的缺棱掉角个数，不多于/个		0	2
裂纹长度	贯穿一棱二面的裂纹长度不得大于裂纹所在面的裂纹方向尺寸总和的		0	1/3
	任一面上的裂纹长度不得大于裂纹方向尺寸的		0	1/2
	大于以上尺寸的裂纹条数，不多于（条）		0	2
爆裂、粘模和损坏深度不得大于（mm）			10	30
平面弯曲			不允许	
表面疏松、层裂			不允许	
表面油污			不允许	

2）砌块的抗压强度应符合表 8-34 的规定。

表 8-34　砌块的立方体抗压强度（MPa）

强度等级	立方体抗压强度	
	平均值，≥	单组最小值，≥
A1.0	1.0	0.8
A2.0	2.0	1.6
A2.5	2.5	2.0

续表 8－34

强度等级	立方体抗压强度	
	平均值，≥	单组最小值，≥
A3.5	3.5	2.8
A5.0	5.0	4.0
A7.5	7.5	6.0
A10.0	10.0	8.0

3) 蒸压加气混凝土砌块的干密度应符合表 8－35 的规定。

表 8－35　蒸压加气混凝土砌块的干密度（kg/m³）

干密度级别		B03	B04	B05	B06	B07	B08
干密度	优等品（A），≤	300	400	500	600	700	800
	合格品（B），≤	325	425	525	625	725	825

4) 砌块的强度级别应符合表 8－36 的规定。

表 8－36　砌块的强度级别

干密度级别		B03	B04	B05	B06	B07	B08
强度级别	优等品（A）	A1.0	A2.0	A3.5	A5.0	A7.5	A10.0
	合格品（B）			A2.5	A3.5	A5.0	A7.5

5) 蒸压加气混凝土砌块的干燥收缩、抗冻性和热导率（干态）应符合表 8－37 的规定。

表 8－37　干燥收缩、抗冻性和热导率

干密度级别			B03	B04	B05	B06	B07	B08
干燥收缩值	标准法（mm/m），≤		0.50					
	快速法（mm/m），≤		0.80					
抗冻性	质量损失（%），≤		5.0					
	冻后强度（MPa），≥	优等品（A）	0.8	1.6	2.8	4.0	6.0	8.0
		合格品（B）			2.0	2.8	4.0	6.0
热导率（干态）[W/（m·K）]，≤			0.10	0.12	0.14	0.16	0.18	0.20

注：砌块干燥收缩值采用标准法、快速法测定，若测定结果发生矛盾时，则以标准法测定的结果为准。

8.2.3　粉煤灰混凝土小型空心砌块

1. 产品分类

（1）分类。按砌块孔的排数分为：单排孔（1）、双排孔（2）和多排孔（D）三类。

（2）规格。主规格尺寸为 390mm × 190mm × 190mm，其他规格尺寸可由供需双方商定。

（3）等级。

1）按砌块密度等级分为：600、700、800、900、1000、1200 和 1400 七个等级。

2）按砌块抗压强度分为：MU3.5、MU5、MU7.5、MU10、MU15 和 MU20 六个等级。

（4）标记。产品标记顺序为：代号（FHB）、分类、规格尺寸、密度等级、强度等级、标准编号。

2．要求

1）粉煤灰混凝土小型空心砌块尺寸允许偏差和外观质量应符合表 8 - 38 的规定。

表 8 - 38　粉煤灰混凝土小型空心砌块尺寸允许偏差和外观质量

项　　目		指　　标
尺寸允许偏差（mm）	长度	±2
	宽度	±2
	高度	±2
最小外壁厚，不小于（mm）	用于承重墙体	30
	用于非承重墙体	20
肋厚，不小于（mm）	用于承重墙体	25
	用于非承重墙体	15
缺棱掉角	个数，不多于（个）	2
	3 个方向投影的最小值，不大于（mm）	20
裂缝延伸投影的累计尺寸，不大于（mm）		20
弯曲，不大于（mm）		2

2）粉煤灰混凝土小型空心砌块的密度等级应符合表 8 - 39 的规定。

表 8 - 39　粉煤灰混凝土小型空心砌块的密度等级（kg/m³）

密　度　等　级	砌块块体密度的范围
600	≤600
700	610 ~ 700
800	710 ~ 800
900	810 ~ 900
1000	910 ~ 1000
1200	1010 ~ 1200
1400	1210 ~ 1400

3）粉煤灰混凝土小型空心砌块的强度等级应符合表 8 – 40 的规定。

表 8 – 40　粉煤灰混凝土小型空心砌块的强度等级（MPa）

强度等级	砌块抗压强度	
	平均值不小于	单块最小值不小于
MU3.5	3.5	2.8
MU5	5.0	4.0
MU7.5	7.5	6.0
MU10	10.0	8.0
MU15	15.0	12.0
MU20	20.0	16.0

4）粉煤灰混凝土小型空心砌块的干燥收缩率应不大于 0.060%。

5）粉煤灰混凝土小型空心砌块的相对含水率应符合表 8 – 41 的规定。其计算公式如下：

$$W = 100 \times \omega_1 / \omega_2 \qquad (8 - 1)$$

式中　W——砌块的相对含水率，单位为百分比（%）；

　　　ω_1——砌块的含水率，单位为百分比（%）；

　　　ω_2——砌块的吸水率，单位为百分比（%）。

表 8 – 41　粉煤灰混凝土小型空心砌块的相对含水率（%）

使用地区	潮湿	中等	干燥
相对含水率不大于	40	35	30

注：使用地区的湿度条件：潮湿系指年平均相对湿度大于 75% 的地区，中等系指平均相对湿度 50% ~75% 的地区，干燥系指平均相对湿度小于 50% 的地区。

6）粉煤灰混凝土小型空心砌块的抗冻性应符合表 8 – 42 的规定。

表 8 – 42　粉煤灰混凝土小型空心砌块的抗冻性（%）

使用条件	抗冻指标	质量损失率	强度损失率
夏热冬暖地区	F_{15}		
夏热冬冷地区	F_{25}	≤5	≤25
寒冷地区	F_{35}		
严寒地区	F_{50}		

7）粉煤灰混凝土小型空心砌块的碳化系数应不小于 0.80；软化系数应不小于 0.80。

8）粉煤灰混凝土小型空心砌块的放射性应符合《建筑材料放射性核素限量》GB 6566—2010 的规定。

8.3 墙用板材

8.3.1 水泥类墙用板材

水泥类墙用板材具有较好的力学性能与耐久性，生产技术成熟，产品质量可靠，可用于承重墙、外墙及复合墙板的外层面。其缺点是表观密度大，抗拉强度低（大板在起吊过程中容易受损）。生产中可制作预应力空心板材，来减轻自重及改善隔声隔热性能，也可制作以纤维等增强的薄型板材，还可在水泥类板材上制作成具有装饰效果的表面层（如花纹线条装饰、着色装饰、露骨料装饰等）。

1. 预应力混凝土空心墙板

使用时可按要求配以保温层、外饰面层及防水层等。此类板的长度为 1000 ~ 1900mm，宽度为 600 ~ 1200mm，总厚度为 200 ~ 480mm。可用于承重及非承重外墙板、内墙板、屋面板、楼板和阳台板等。

2. 玻璃纤维增强水泥（GRC）空心轻质墙板

该空心板是以低碱水泥为胶结料，膨胀珍珠岩为骨料（也可用炉渣或粉煤灰等），抗碱玻璃纤维或其网格布为增强材料，并配以发泡剂与防水剂等，经配料、搅拌、浇筑、振动成型、脱水及养护而形成。长度为 2500 ~ 3000mm，宽度为 600mm，厚度为 60mm、90mm 或 120mm。

GRC 空心轻质墙板具有的特点是质轻（60mm 厚的板为 35kg/m^2）、强度高（抗折荷载，60mm 厚的板大于 1400N；120mm 厚的板大于 2500N）、隔声［隔声指数大于（30 ~ 45）dB］、隔热［热导率小于或等于 0.2W/（m·K）］、不燃（耐火极限为 1.3 ~ 3h），加工方便等。可用于工业及民用建筑的内隔墙及复合墙体的外墙面。

3. 纤维增强水泥平板（TK 板）

此板是以低碱水泥、耐碱玻璃纤维为主要原料，加水混合成浆，经圆网机抄取制坯、压制及蒸养而成的薄型平板。其长度为 1200 ~ 3000mm，宽度为 800 ~ 900mm，厚度为 4mm、5mm、6mm 及 8mm。

TK 板的表观密度约为 17501kg/m^3，抗折强度可达 15MPa，抗冲击强度大于或等于 0.25J/cm^2。其质量轻、强度高、防火、防潮且不易变形，可加工性（锯、钻、钉及表面装饰等）好。适用于各类建筑物的复合外墙与内隔墙，尤其是高层建筑有防火及防潮要求的隔墙。

4. 水泥木丝板

此板是以木材下脚料经机械刨切成均匀木丝，加入水泥、水玻璃等经成型、冷压、养护及干燥而成的薄型建筑平板。它具有自重轻、强度高、防水、防火、防蛀、保温及隔声等性能。可进行锯、钉、钻、装饰等加工。主要用于建筑物的内外墙板、顶棚及壁橱板等。

5. 水泥刨花板

此板以水泥和木材加工的下脚料刨花为主要原料，加入适量水与化学助剂，经搅拌、成型、加压及养护而成。表观密度为 1000 ~ 1400kg/m^3。其性能和用途与水泥木丝板相同。

6．其他水泥类板材

除以上水泥类墙板外，还有钢丝网水泥板、水泥木屑板、纤维增强硅酸钙板及玻璃纤维增强水泥轻质多孔隔墙条板等。它们都可用于墙体或复合墙板的组合板材。

8.3.2　石膏类墙面板材

1．纸面石膏板

（1）分类。

1）板材种类与代号。纸面石膏板按其功能分为：普通纸面石膏板（代号P）、耐水纸面石膏板（代号S）、耐火纸面石膏板（代号H）以及耐水耐火纸面石膏板（代号SH）四种。

2）棱边形状与代号。纸面石膏板按棱边形状分为：矩形（代号J）、倒角形（代号D）、楔形（代号C）和圆形（代号Y）四种，也可根据用户要求生产其他棱边形状的板材。

（2）规格尺寸。

1）板材的公称长度为1500mm、1800mm、2100mm、2400mm、2440mm、2700mm、3000mm、3300mm、3600mm和3660mm。

2）板材的公称宽度为600mm、900mm、1200mm和1220mm。

3）板材的公称厚度为9.5mm、12.0mm、15.0mm、18.0mm、21.0mm和25.0mm。

（3）标记。标记的顺序依次为：产品名称、板类代号、棱边形状代号、长度、宽度、厚度以及标准编号。

（4）要求。

1）纸面石膏板板面平整，不应有影响使用的波纹、沟槽、亏料、漏料和划伤、破损、污痕等缺陷。

2）纸面石膏板板材的尺寸偏差应符合表8–43的规定。

表8–43　纸面石膏板的尺寸偏差（mm）

项目	长度	宽度	厚　度	
			9.5	≥12.0
尺寸偏差	–6~0	–5~0	±0.5	±0.6

3）板材应切割成矩形，两对角线长度差应不大于5mm。

4）对于棱边形状为楔形的板材，楔形棱边宽度应为30~80mm，楔形棱边深度应为0.6~1.9mm。

5）板材的面密度应不大于表8–44的规定。

表8–44　板材的面密度

板材厚度（mm）	面密度（kg/m²）
9.5	9.5
12.0	12.0

续表8－44

板材厚度（mm）	面密度（kg/m²）
15.0	15.0
18.0	18.0
21.0	21.0
25.0	25.0

6）板材的断裂荷载应不小于表8－45的规定。

表8－45　板材的断裂荷载

板材厚度（mm）	纵　　向		横　　向	
	平均值	最小值	平均值	最小值
9.5	400	360	160	140
12.0	520	460	200	180
15.0	650	580	250	220
18.0	770	700	300	270
21.0	900	810	350	320
25.0	1100	970	420	380

7）板材的棱边硬度和端头硬度应不小于70N。

8）经冲击后，板材背面应无径向裂纹。

9）护面纸和芯材应不剥离。

10）板材的吸水率（仅适用于耐水纸面石膏板和耐水耐火纸面石膏板）应不大于10%。

11）板材的表面吸水量（仅适用于耐水纸面石膏板和耐水耐火纸面石膏板）应不大于160g/m²。

12）板材的遇火稳定性（仅适用于耐火纸面石膏板和耐水耐火纸面石膏板）时间应不少于20min。

13）板材的受潮挠度和剪切力均由供需双方商定。

2．石膏刨花板

该板材是以熟石膏为胶凝材料，木质刨花为增强材料，添加所需的辅助材料，经配合、搅拌、铺装及压制而成。具有以上石膏板材的优点，适用于非承重内隔墙及作装饰板材的基板板。

（1）石膏刨花板的幅面尺寸。幅面尺寸应符合表8－46的规定。

表 8－46　石膏刨花板的幅面尺寸（mm）

宽度	长　　度								
600	600	1220	1500	—	—	—	—	—	—
1200	—	—	—	—	2400	—	3000	—	3300
1220	—	—	2135	—	2440	—	3050	—	—

注：经供需双方协议后，可生产其他幅面尺寸的石膏刨花板。

（2）石膏刨花板的厚度规格。板基本厚度为 8mm，10mm，12mm，16mm，19mm，22mm，25mm，28mm，30mm。

注：经供需双方协议后，可生产其他厚度的石膏刨花板。

（3）石膏刨花板的尺寸偏差及平整度偏差。尺寸偏差及平整度偏差应符合表 8－47 和表 8－48 的规定。

表 8－47　石膏刨花板的尺寸偏差

性　　能		单　位	偏　差　值
厚度偏差	单面砂光	mm	±0.5
	两面砂光	mm	±0.3
长度与宽度偏差		mm/m	±5.0
垂直度		mm/m	<2.0
边缘直度		mm/m	≤1.5

表 8－48　石膏刨花板的平整度偏差

幅面尺寸（mm）	偏差值（mm）
600×600	≤4
600×1220	≤6
600×1550	≤8
1200×2135	≤12
1200×2400	≤13
1200×2440	≤13
1200×3000	≤16
1200×3050	≤16
1200×3300	≤17

注：其他幅面板材的平整度偏差由供需双方协商确定。

（4）石膏刨花板的外观质量。石膏刨花板根据外观质量分为优等品、合格品两个等级。各等级的外观质量要求见表 8-49。

表 8-49　石膏刨花板外观质量要求

缺陷名称	缺陷规定	产品等级	
		优等品	合格品
断裂透痕	大于等于 10mm，小于等于 100mm、10mm 以下不计	不允许	1 处
局部松软	宽度大于等于 5mm，小于等于 20mm、5mm 以下不计 长度大于等于 1/20 板长，小于等于 1/10 板长，1/20 板长以下不计	不允许	1 处
边角缺损	宽度大于等于 5mm，小于等于 10mm、5mm 以下不计	不允许	3 处

注：同一张板不应有两项或两项以上的外观缺陷。

（5）石膏刨花板的理化性能。理化性能要求应符合表 8-50 的规定。

表 8-50　石膏刨花板理化性能要求

性能	单位	基本厚度范围（mm）		
		≤12	>12，≤18	>18
密度	g/cm³	≥1.0		
板内密度偏差	%	±10		
含水率	%	≤3.0		
抗折强度（MOR）	MPa	≥6.50	≥6.00	≥5.50
浸水 24h 抗折强度（MOR）	MPa	≥5.85	≥5.40	≥4.95
弹性模量（MOE）	MPa	≥2000	≥1800	≥1600
内结合强度（IB）	MPa	≥0.30	≥0.28	≥0.25
24h 吸水厚度膨胀率	%	≤0.30		

注：若需方要求测定垂直板面握螺钉力，则由供需双方协商确定其性能要求。

3.　石膏纤维板

该板材是以纤维增强石膏为基材的无面纸石膏板，用无机纤维或有机纤维与建筑石膏、缓凝剂等经打浆、铺装、脱水、成型以及烘干而制成。可节省护面纸，优点是质轻、高强、隔声、耐火、韧性高的性能，可加工性好。其尺寸规格和用途同纸面石膏板。

4.　石膏空心板

该板外形与生产方式与水泥混凝土空心板类似。它是以熟石膏为胶凝材料，适量加入各种轻质骨料（如膨胀珍珠岩、膨胀蛭石等）和改性材料（如矿渣、石灰、粉煤灰、外加剂等），经搅拌、振动成型、抽芯模及干燥而成。其长度为 2500 ~ 3000mm，宽度为

500～600mm，厚度为 60～90mm。该板生产时不用纸，不用胶，安装墙体时不用龙骨，设备简单，且投产较易。

　　石膏空心板的表观密度为 600～900kg/m³，抗折强度为 2～3MPa，隔声指数大于30dB，热导率约为 0.22W/（m·K），耐火极限为 1～2.5h。优点是质轻、比强度高、隔声、隔热、防火、可加工性好等，且安装方便。适用于各类建筑的非承重内隔墙，但如用于相对湿度大于75%的环境中，则板材表面可作防水等相应处理。

9 ▌建筑木材与钢材

9.1 建 筑 木 材

9.1.1 木材的分类及特性

1. 木材的分类

常见木材的分类见表9-1。

表9-1 木材的分类

分类标准	分类名称	说 明
按树种分类	针叶树	树叶细长如针,多为常绿树。材质一般较软,有的含树脂,故又称软材。如:红松、落叶松、云杉、冷杉、杉木、柏木等,都属此类
	阔叶树	树叶宽大,叶脉成网状,大都为落叶树,材质较坚硬,故称硬材。如:樟木、榉木、水曲柳、青冈、柚木、山毛榉、色木等,都属此类。也有少数质地较软的,如桦木、椴木、山杨、青杨等,也属于此类
按材种分类	原条	系指已经除去皮、根、树梢的木料,但尚未按一定尺寸加工成规定的木材
	原木	系指已经除去皮、根、树梢的木料,并已按一定尺寸加工成规定直径和长度的材料
	普通锯材	系指已经加工锯解成材的木料
	枕木	系指按枕木断面和长度加工而成的成材

2. 常用木材的主要特性

常用木材的主要特性见表9-2。

表9-2 常用木材的主要特性

树 种	主 要 特 征
落叶松	干燥较慢,易开裂,早晚材硬度及收缩差异均大,在干燥过程中容易轮裂,耐腐性强
陆均松(泪松)	干燥较慢,若干燥不当,可能翘曲,耐腐性较强,心材耐白蚁

续表 9 – 2

树　　种	主　要　特　征
云杉类木材	干燥易，干后不易变形，收缩较大，耐腐性中等
软木松	系五针松类，如红松、华北松、广东松、台湾五针松、新疆红松等。一般干燥易，不易开裂或变形，收缩小，耐腐性中等，边材易呈蓝变色
硬木松	系二针或三针松类，如马尾松、云南松、赤松、高山松、黄山松、樟子松、油松等。干燥时可能翘裂，不耐腐，最易受白蚁危害，边材蓝变色最常见
铁杉	干燥较易，耐腐性中等
青冈（槠木）	干燥困难，较易开裂，可能劈裂，收缩颇大，质重且硬，耐腐性强
栎木（柞木）（桐木）	干燥困难，易开裂，收缩甚大，强度高，质重且硬，耐腐性强
水曲柳	干燥困难，易翘裂，耐腐性较强
桦木	干燥较易，不翘裂，但不耐腐

9.1.2　木材的识别

识别木材，首先根据有无导管分出针、阔叶树两大类，再按以下构造特征判别属于何种树种，见表9–3～表9–5。

表 9 – 3　常用针叶树材的宏观构造特征

树种	树脂道	心边材区分	材　色 心材	材　色 边材	年轮界线	早晚材过渡情况	纹理	结构	重量及硬度	气味
银杏	无	略明显	褐黄色	淡黄褐色	略明显	渐变	直	细	轻，软	—
柳杉	无	明显	淡红微褐色	淡黄褐色	明显	渐变	直	中	轻，软	—
杉木	无	明显	淡褐色	淡黄白色	明显	渐变	直	中	轻，软	杉木味
冷杉	无	不明显	黄白色	黄白色	明显	急变	直	中	轻，软	—
柏木	无	明显	橘黄色	黄白色	明显	渐变	直或斜	细	重，硬	芳香味
云杉	有	不明显	黄白微红色	黄白微红色	明显	急变	直	中	轻，软	—
红松	有	明显	宽，黄红色	窄，黄白色	明显	渐变	直	中	轻，软	松脂味
樟子松	有	略明显	淡红黄褐色	淡黄褐白色	明显	急变	直	中	轻，软	松脂味
马尾松	有	略明显	窄，黄褐色	宽，黄白色	明显	急变	直	粗	较轻，软	松脂味
落叶松	有	甚明显	宽，红褐色	窄，黄白微褐色	甚明显	急变	直或斜	粗	重，硬	松脂味

表 9 – 4　常用阔叶树环孔材的宏观构造特征

树种	心边材区分	材色		年轮特征	管孔大小		纹理	结构	重量及硬度
		心材	边材		早材	晚材			
麻栎	显心材	红褐色	淡黄褐色	波浪形	中	小	直	粗	重，硬
板栗		甚宽，栗褐色	窄，灰褐色	波浪形	中	小	直	粗	重，硬
香椿		宽，红褐色	淡红色	不均匀	大	小	直	粗	中
臭椿		淡黄褐色	黄白色	宽大	中	小	直	粗	中
郎榆		甚宽，淡红色	淡黄褐色	不均匀	中	甚小	直	较细	重，硬
苦楝		宽，淡红褐色	灰白带黄色	宽大	中	甚小	直	中	中
檫木		红褐色	窄，淡黄褐色	较均匀	大	小	直	粗	中
柞木		暗褐色微黄	黄白色带褐	波浪形	大	小	直斜	粗	重，硬
柚木		黄褐色	窄，淡褐色	均匀	中	甚小	直	中	中
桑木		宽，橘黄褐色	黄白色	不均匀	中	甚小	直	中	重，硬
榆木		黄褐色	窄，淡黄色	不均匀	中	小	直	中	中
黄连木		黄褐色带灰	宽，浅黄灰色	不均匀	中	小	直斜	中	重，硬
水曲柳		灰褐色	窄，灰白色	均匀	中	小	直	中	中
构木	隐心材	淡黄褐色		不均匀	中	甚小	直	中	轻，软
泡桐		浅灰褐色		特宽	中	小	直	粗	轻，软

表9-5　阔叶树散孔材及半散孔材的宏观构造特征

树种	心边材区分	材色		年轮特征	管孔				木射线	木薄壁组织		纹理	结构	重量及硬度	气味
		心材	边材		类型	大小	排列	形状	宽度	傍管型	离管型				
樟木	显心材	宽，红褐色	淡黄褐微红色	明显，不均	半	小	星散	不规则	细	环状	—	交错	中	中	樟脑味
楠木	显心材	黄褐微红色	黄褐微绿色	明显，均匀	散孔	小	星散	不规则	细	环状	—	斜	细	中	香味
丝栗	显心材	宽，灰黄褐色	黄白色	明显，不均呈波浪形	半	中	辐射	条状	宽，甚细	环状	切线	直	粗	略轻，软	—
檀木	—	淡黄褐色		不明显	散孔	小	—	—	细	不易见	—	斜	细	重，硬	—
黄杨木		黄褐至淡红色		不明显	散孔	甚小	—	—	甚细	不易见	—	直斜	甚细	重，硬	—
山毛榉		浅红褐色		明显，均匀	散孔	中	星散	散点	宽，甚细	环状	切线	直	中	重，硬	—
冬青		淡红白，微褐色		略明显，不均匀	散孔	甚小	辐射	条状	中	环状	星散	直	细	轻，软	—
椴木		黄白略带淡褐		略明显	散孔	小	星散	散点	细	不易见	—	直	略细	略轻，软	—
槭木（色木）	—	浅红褐，微黄色		明显，呈蛛网状	散孔	小	星散	散点	中	—	轮界	直	细	重，硬	—
槲木		淡褐黄，带蓝色		不明显	半	中	星散	团状	甚细	环状	切线	直斜	细	中	—
木子木		黄白略带红褐色		明显，均匀	散孔	小	星散	散点	甚细	不易见	—	直斜	细	轻，软	—
桦木		淡黄白色		略明显	散孔	甚小	辐射	条状	甚细	不易见	—	直	细	中	—
杨木		灰红褐色		不明显	散孔	甚小	星散	散点	甚细	不易见	—	直	粗	轻软	—
枫香		黄褐至灰褐色		不明显	散孔	甚小	星散	散点	细	不易见	—	斜	细	中	—
枫杨				明显，不均	半	小	星散	团状	细	不易见	—	交错	中	略轻，软	—

9.1.3 木材的选用

1. 常用木材树种的选用和对材质的要求

常用木材树种的选用和对材质的要求见表9-6。

表9-6 常用木材树种的选用和对材质的要求

使用部位	材质要求	建议选用的树种
屋架（包括木梁、格栅、桁条、柱）	要求纹理直、有适当的强度、耐久性好、钉着力强、干缩小的木材	黄杉、铁杉、云南铁杉、云杉、红皮云杉、细叶云杉；鱼鳞云杉、紫果云杉、冷杉、杉松冷杉、臭冷杉、油杉、云南油杉、红杉、四川红杉、水杉、柳杉、杉木、兴安落叶松、长白落叶松、金钱松、华山松、白皮松、广东松、红松、黄山松、马尾松、樟子松、油松、云南松、福建柏、侧柏、柏木、桧木、响叶杨、青杨、辽杨、小叶杨、毛白杨、山杨、樟木、红楠、楠木、木荷、西南木荷、大叶桉等
门窗	要求木材容易干燥、干燥后不变形、材质较轻、易加工、油漆及黏结性能良好并具有一定花纹和材色的木材	黄杉、铁杉、云南铁杉、云杉、红边云杉、细叶云杉、鱼鳞云杉、紫果云杉、冷杉、杉松冷杉、臭冷杉、油杉、云南油杉、杉木、柏木、异叶罗汉松、华山松、白皮松、红松、广东松、七裂槭、色木槭、青榨槭、满洲槭、紫椴、椴木、大叶桉、水曲柳、胡桃、山核桃、野核桃、核桃楸、枫杨、枫桦、红桦、黑桦、亮叶桦、香桦、白桦、长柄山毛榉、栗、珍珠栗、红楠、楠木等
墙板、镶板、天花板	要求具有一定强度、质较轻和有装饰价值花纹的木材	除以上树种外，还有异叶罗汉松、红豆杉、胡桃、山核桃、野核桃、核桃楸、长柄山毛榉、栗、珍珠栗、红椎、木槠、苦槠、铁槠、面槠、栲树、包栎树、槲栎、白栎、柞栎、麻栎、小叶栎、白克木、悬铃木、皂角、香椿、刺楸、蚬木、金丝李、水曲柳、栲楸树、红楠、楠木等
地板	要求耐腐、耐磨、质硬和具有装饰花纹的木材	黄杉、铁杉、云南铁杉、油杉、云南油杉、四川红杉、红杉、兴安落叶松、长白落叶松、黄山松、马尾松、樟子松、油松、云南松、柏木、山核桃、枫桦、红桦、黑桦、亮叶桦、香桦、白桦、长柄山毛榉、栗、珍珠栗、米槠、红椎、栲树、苦槠、铁槠、槲栎、白栎、柞栎、麻栎、小叶栎、包栎树、蚬木、花楣木、红豆木、栲、水曲柳、大叶桉、七裂槭、色木槭、青榨槭、满洲槭、金丝李、红松、杉木、红楠、楠木等

续表 9 – 6

使用部位	材质要求	建议选用的树种
家具、装饰等	要求材色悦目，具有美丽的花纹、加工性能良好、切面光滑、油漆和胶粘性质均好、不劈裂的木材	银杏、红豆杉、云杉、红皮云杉、细叶云杉、鱼鳞云杉、紫果云杉、红松、异叶罗汉松、桧木、福建柏、侧柏、柏木、旱柳、胡桃、山核桃、野核桃、核桃楸、响叶杨、青杨、大叶杨、辽杨、小叶杨、毛白杨、山杨、枫杨、枫桦、红桦、黑桦、亮叶桦、香桦、白桦、长柄山毛榉、栗、珍珠栗、铁橹、槲栎、白栎、柞栎、麻栎、小叶栎、包栎树、春榆、大叶榆、大果榆、椰榆、白榆、光叶榉、樟木、红楠、楠木、檫木、白克木、枫香、悬铃木、金丝李、大叶合欢、皂角、花楸李、红豆木、黄檀、黄菠萝、香椿、七裂槭、色木槭、青榨槭、满洲槭、蚬木、紫椴、大叶桉、水曲柳、栲、楸树等
椽子、挂瓦条、平顶筋、灰板条、墙筋等	要求纹理直、无翘曲、钉钉时不劈裂的木材	通常利用制材中的废材，以松、杉树种为主
桩木、坑木	要求抗剪、抗劈、抗压、抗冲击力好，耐久、纹理直、并具有高度天然抗害性能的木材	红豆杉、云杉、红皮云杉、细叶云杉、鱼鳞云杉、紫果云杉、冷杉、杉松、臭冷杉、铁杉、云南铁杉、黄杉、油杉、云南油杉、红杉、四川红杉、兴安落叶松、长白落叶松、华山松、白皮松、红松、广东松、黄山松、马尾松、樟子松、油松、云南松、杉木、桧木、柏木、铁橹、面橹、槲栎、白栎、柞栎、麻栎、小叶栎、栓皮栎、包栎树、栗、珍珠栗、春榆、大叶榆、大果榆、椰榆、白榆、光叶榉、金丝李、樟木、檫木、山合欢、大叶合欢、皂角、槐、刺槐、大叶桉等

2．建筑工程承重木结构对木材材质的要求

1）方木的材质标准应符合表 9 – 7 的规定。

表 9 – 7　方木材质标准

项次	缺陷名称		木 材 等 级		
			Ⅰa	Ⅱa	Ⅲa
1	腐朽		不允许	不允许	不允许
2	木节	在构件任一面任何 150mm 长度上所有木节尺寸的总和与所在面宽的比值	≤1/3（连接部位≤1/4）	≤2/5	≤1/2

续表 9 – 7

项次	缺陷名称		木材等级		
			Ⅰₐ	Ⅱₐ	Ⅲₐ
2	木节	死节	不允许	允许，但不包括腐朽节，直径不应大于20mm，且每延米中不得多于1个	允许，但不包括腐朽节，直径不应大于50mm，且每延米中不得多于2个
3	斜纹	斜率	≤5%	≤8%	≤12%
4	裂缝	在连接的受剪面上	不允许	不允许	不允许
		在连接部位的受剪面附近，其裂缝深度（有对面裂缝时，用两者之和）不得大于材宽的	≤1/4	≤1/3	不限
5		髓心	不在受剪面上	不限	不限
6		虫眼	不允许	允许表层虫眼	允许表层虫眼

2）原木的材质标准应符合表9 – 8的规定。

表 9 – 8　原木材质标准

项次	缺陷名称		木材等级		
			Ⅰₐ	Ⅱₐ	Ⅲₐ
1	腐朽		不允许	不允许	不允许
2	木节	在构件任何150mm长度上沿周长所有木节尺寸的总和，与所测部位原木周长的比值	≤1/4	≤1/3	≤2/5
		每个木节的最大尺寸与所测部位原木周长的比值	≤1/10（普通部位）≤1/12（连接部位）	≤1/6	≤1/6
		死节	不允许	不允许	允许，但直径不大于原木直径的1/5，每2m长度内不多于1个
3	扭纹	斜率	≤8%	≤12%	≤15%

续表 9 – 8

项次	缺陷名称		木材等级		
			Iₐ	IIₐ	IIIₐ
4	裂缝	在连接部位的受剪面上	不允许	不允许	不允许
		在连接部位的受剪面附近，其裂缝深度（有对面裂缝时，两者之和）与原木直径的比值	≤1/4	≤1/3	不限
5	髓心	位置	不在受剪面上	不限	不限
6	虫眼		不允许	允许表层虫眼	允许表层虫眼

注：木节尺寸按垂直于构件长度方向测量。直径小于 10mm 的木节不计。

3）板材的材质标准应符合表 9 – 9 的规定。

表 9 – 9　板材材质标准

项次	缺陷名称		木材等级		
			Iₐ	IIₐ	IIIₐ
1	腐朽		不允许	不允许	不允许
2	木节	在构件任一面任何 150mm 长度上所有木节尺寸的总和与所在面宽的比值	≤1/4（连接部位≤1/5）	≤1/3	≤2/5
		死节	不允许	允许，但不包括腐朽节，直径不应大于 20mm，且每延米中不得多于 1 个	允许，但不包括腐朽节，直径不应大于 50mm，且每延米中不得多于 2 个
3	斜纹	斜率	≤5%	≤8%	≤12%
4	裂缝	连接部位的受剪面及其附近	不允许	不允许	不允许
5	髓心		不允许	不允许	不允许

9.1.4 常用木材的尺寸及质量要求

1. 锯切用原木

（1）技术要求。

1）树种。针阔叶树种。

2）尺寸

①检尺长：针叶为 2m ~ 8m，阔叶为 2m ~ 6m，按 0.2m 进级。长级公差：允许 $^{+6}_{-2}$cm。

②检尺径：东北、内蒙古、新疆产区自 18cm 以上，其他产区自 14cm 以上，按 2m 进级。

3）材质指标。锯切用原木各分为三个等级，各等级的材质指标见表 9 – 10。

表 9 – 10 锯切用原木的材质指标

缺陷名称	检量方法	树种	允许限度		
			一等	二等	三等
活节（仅计针叶，阔叶不限）、死节	节子直径不得超过检尺径的	针叶	15%	40%	不限
		阔叶	20%		
	任意材长 1m 范围内的个数不得超过	针叶	5 个	10 个	不限
		阔叶	2 个	4 个	
漏节	全材长范围内的个数不得超过	针阔	不允许	1 个	2 个
边材腐朽	腐朽厚度不得超过检尺径的	针阔	不允许	10%	20%
心材腐朽	腐朽直径不得超过检尺径的	针阔	小头不允许，大头15%	40%	60%
虫眼	虫眼最多的 1m 范围内的个数不得超过	针叶	不允许	25 个	不限
		阔叶		5 个	
纵裂、外夹皮	长度不得超过检尺长的	针阔	阔叶、杉木20%，其他针叶10%	40%	不限
环裂，弧裂	环裂最大半径（或弧裂拱高）不得超过检尺径的	针阔	20%	40%	不限
弯曲	最大弯曲拱高不得超过内曲水平长的	针阔	1.5%	3%	6%
扭转纹	小头 1m 长范围内的纹理倾斜高度不得超过检尺径的	针阔	20%	50%	不限
偏枯	径向深度不得超过检尺径的	针阔	20%	40%	不限
外伤	径向深度不得超过检尺径的	针阔	20%	40%	60%
风折木	检尺长范围内的个数不得超过	针叶	不允许	2 个	不限

注：本表未列缺陷不予计算。

2. 针叶树锯材

（1）树种：所有针叶树种。

（2）尺寸：

1）长度：1~8m。

2）长度进级：自 2m 以上按 0.2m 进级，不足 2m 的按 0.1m 进级。

3）板材、方材规格见表 9 – 11。

表9-11　板材、方材规格尺寸（mm）

分类	厚　度	宽　度	
		尺寸范围	进级
薄板 中板 厚板	12，15，18，21 25，30，35 40，45，50，60	30~300	10
方材	25×20，25×25，30×30，40×30，60×40，60×50，100×55，100×60		

注：表中未列规格尺寸由供需双方协议商定。

4）尺寸偏差见表9-12。

表9-12　尺寸允许偏差

种　类	尺寸范围	偏　差
长度	不足2.0m	+3cm -1cm
	自2.0m以上	+6cm -2cm
宽度、厚度	不足30mm	±1mm
	自30mm以上	±2mm

（3）材质指标：针叶树锯材分为特等、一等、二等和三等四个等级，各等级材质指标见表9-13。长度不足1m的锯材不分等级，其缺陷允许限度不低于三等材，检量计算方法按照《针叶树锯材》GB/T 153—2009执行。

表9-13　材质指标

检量缺陷名称	检量与计算方法	允　许　限　度			
		特等	一等	二等	三等
活节及死节	最大尺寸不得超过板宽的	15%	30%	40%	不限
	任意材长1m范围内个数不得超过	4	8	12	
腐朽	面积不得超过所在材面面积的	不允许	2%	10%	30%
裂纹夹皮	长度不得超过材长的	5%	10%	30%	不限
虫眼	任意材长1m范围内个数不得超过	1	4	15	不限
钝棱	最严重缺角尺寸不得超过材宽的	5%	10%	30%	40%
弯曲	横弯最大拱高不得超过内曲水平长的	0.3%	0.5%	2%	3%
	顺弯最大拱高不得超过内曲水平长的	1%	2%	3%	不限
斜纹	斜纹倾斜程度不得超过	5%	10%	20%	不限

9.1.5 杉原条材积表

杉原条材积表见表9-14。

表 9 - 14　杉原条材积表

检尺径（cm）	检尺长（m）										
	5	6	7	8	9	10	11	12	13	14	15
	材积（m²）										
8	0.025	0.029	0.034	0.039	0.044	0.049	—	—	—	—	—
10	0.040	0.047	0.054	0.060	0.067	0.074	0.081	0.088	0.095	0.102	0.109
12	0.052	0.062	0.071	0.080	0.089	0.098	0.108	0.117	0.126	0.135	0.144
14	0.067	0.079	0.091	0.102	0.114	0.126	0.138	0.149	0.161	0.173	0.185
16	0.084	0.098	0.113	0.128	0.142	0.157	0.171	0.186	0.201	0.215	0.230
18	0.102	0.120	0.137	0.155	0.173	0.191	0.209	0.227	0.245	0.262	0.280
20	—	0.143	0.165	0.186	0.207	0.229	0.250	0.271	0.293	0.314	0.335
22	—	—	0.194	0.219	0.244	0.270	0.295	0.320	0.345	0.370	0.395
24	—	—	—	0.255	0.285	0.314	0.343	0.373	0.402	0.431	0.461
26	—	—	—	—	0.328	0.362	0.395	0.429	0.463	0.497	0.531
28	—	—	—	—	—	0.413	0.451	0.490	0.528	0.567	0.605
30	—	—	—	—	—	—	0.511	0.554	0.598	0.642	0.685
32	—	—	—	—	—	—	—	0.623	0.672	0.721	0.770
34	—	—	—	—	—	—	—	—	0.751	0.805	0.860
36	—	—	—	—	—	—	—	—	—	0.894	0.955
38	—	—	—	—	—	—	—	—	—	—	1.055
40	—	—	—	—	—	—	—	—	—	—	1.159
42	—	—	—	—	—	—	—	—	—	—	—
44	—	—	—	—	—	—	—	—	—	—	—
46	—	—	—	—	—	—	—	—	—	—	—
48	—	—	—	—	—	—	—	—	—	—	—
50	—	—	—	—	—	—	—	—	—	—	—
52	—	—	—	—	—	—	—	—	—	—	—
54	—	—	—	—	—	—	—	—	—	—	—
56	—	—	—	—	—	—	—	—	—	—	—
58	—	—	—	—	—	—	—	—	—	—	—
60											

续表 9 – 14

检尺径 (cm)	检尺长 (m)										
	5	6	7	8	9	10	11	12	13	14	15
	材积 (m²)										
8	—	—	—	—	—	—	—	—	—	—	—	—	—	—
10	0.116	0.123	0.130	0.137	0.146	0.153	0.160	0.167	0.174	0.181	0.188	0.195	0.202	0.210	0.217
12	0.154	0.163	0.172	0.181	0.192	0.201	0.211	0.220	0.229	0.239	0.248	0.257	0.267	0.276	0.286
14	0.197	0.208	0.220	0.232	0.245	0.257	0.268	0.280	0.292	0.304	0.316	0.328	0.340	0.352	0.364
16	0.245	0.259	0.274	0.289	0.304	0.319	0.333	0.348	0.363	0.378	0.393	0.408	0.422	0.437	0.452
18	0.298	0.316	0.334	0.352	0.369	0.387	0.405	0.423	0.441	0.459	0.477	0.495	0.513	0.531	0.549
20	0.357	0.378	0.399	0.421	0.441	0.463	0.484	0.506	0.527	0.549	0.570	0.592	0.613	0.635	0.656
22	0.421	0.446	0.471	0.496	0.519	0.545	0.570	0.595	0.621	0.646	0.672	0.697	0.722	0.748	0.773
24	0.490	0.519	0.548	0.578	0.604	0.634	0.663	0.693	0.722	0.752	0.781	0.810	0.840	0.869	0.899
26	0.564	0.598	0.632	0.666	0.685	0.729	0.763	0.797	0.831	0.865	0.899	0.933	0.967	1.001	1.034
28	0.644	0.683	0.721	0.760	0.793	0.831	0.870	0.909	0.947	0.986	1.025	1.063	1.102	1.141	1.180
30	0.729	0.773	0.816	0.860	0.896	0.940	0.984	1.028	1.071	1.115	1.159	1.203	1.247	1.290	1.334
32	0.819	0.868	0.917	0.966	1.007	1.056	1.105	1.154	1.203	1.252	1.301	1.351	1.400	1.449	1.498
34	0.915	0.970	1.024	1.079	1.123	1.178	1.233	1.288	1.343	1.397	1.452	1.507	1.562	1.617	1.672
36	1.016	1.076	1.137	1.198	1.246	1.307	1.368	1.429	1.490	1.550	1.611	1.672	1.733	1.794	1.855
38	1.122	1.189	1.256	1.323	1.376	1.443	1.510	1.577	1.644	1.711	1.779	1.846	1.913	1.980	2.047
40	1.233	1.307	1.381	1.454	1.511	1.585	1.659	1.733	1.807	1.880	1.954	2.028	2.102	2.176	2.249
42	1.350	1.430	1.511	1.592	1.654	1.734	1.815	1.896	1.977	2.057	2.138	2.219	2.299	2.380	2.461
44	1.471	1.559	1.648	1.736	1.802	1.890	1.978	2.066	2.154	2.242	2.330	2.418	2.506	2.594	2.682
46	1.599	1.694	1.790	1.886	1.957	2.053	2.148	2.244	2.339	2.435	2.530	2.626	2.722	2.817	2.913
48	1.731	1.835	1.938	2.042	2.118	2.222	2.325	2.429	2.532	2.636	2.739	2.842	2.946	3.049	3.153
50	1.869	1.980	2.092	2.204	2.286	2.398	2.509	2.621	2.733	2.844	2.956	3.068	3.179	3.291	3.402
52	2.011	2.132	2.252	2.373	2.460	2.580	2.701	2.821	2.941	3.061	3.181	3.301	3.421	3.541	3.662
54	2.160	2.289	2.418	2.547	2.641	2.770	2.899	3.028	3.157	3.285	3.414	3.543	3.672	3.801	3.930
56	2.313	2.452	2.590	2.728	2.828	2.966	3.104	3.242	3.380	3.518	3.656	3.794	3.932	4.070	4.208
58	2.472	2.620	2.768	2.916	3.021	3.168	3.316	3.463	3.611	3.758	3.906	4.054	4.201	4.349	4.496
60	2.636	2.794	2.951	3.109	3.221	3.378	3.535	3.692	3.850	4.007	4.164	4.321	4.479	4.636	4.793

9.1.6 木材的防腐、防虫与防火

1. 木材的防腐和防虫

（1）木材防腐的基本方法。木材的腐朽是由真菌和少量细菌在木材中寄生引起的。木材防腐的基本方法有如下两种：

1）创造木材不适于真菌的寄生和繁殖条件。原木储存时有干存法和湿存法两种。控制木材含水率，将木材保持在较低含水率，木材由于缺乏水分，真菌难以生存，这是干存法。或将木材保持在很高的含水率，木材由于缺乏空气，破坏了真菌生存所需的条件，从而达到防腐的目的，这是湿存法或水存法。但对成材储存就只能用干存法。对木材构件表面应刷以油漆，使木材隔绝空气和水汽。

2）把木材变成有毒的物质，使其不能作真菌的养料。将化学防腐剂注入木材中，把木材变成对真菌有毒的物质，使真菌无法寄生。常用防腐剂的种类有油溶性防腐剂，能溶于油不溶于水，可用于室外，药效持久，如五氯酚林丹合剂；防腐油，不溶于水，药效持久，但有臭味，且呈暗色，不能油漆，主要用于室外和地下（枕木、坑木和拉木等），如煤焦油的蒸馏物等；水溶性防腐剂，能溶于水，应用方便，主要用于房屋内部，如硅氟酸钠、氯化锌、硫酸铜、硼铬合剂、硼酚合剂和氟砷铬合剂等。

（2）木材防虫的基本方法。木材除受真菌侵蚀而腐朽外，在储运和使用过程中，还经常会受到昆虫的危害。虫害防治方法有以下几点：

1）生态防治：根据蚀虫的生活特性，把需要保护的木材及其制品尽量避开害虫密集区，避开其生存、活动的最佳区域。从建筑上改善透光、通风和防潮条件，以创造出不利于害虫的环境条件。

2）生物防治：就是保护害虫的天敌。

3）物理防治：用灯光诱捕纷飞的虫蛾或用水封杀。

4）化学防治：用化学药物杀灭害虫，是当前木材防虫害的主要方法。

（3）木材防腐、防虫药剂的特性及适用范围。木材防腐、防虫药剂的特性及适用范围，见表9－15。

表9－15　木材防腐、防虫药剂特性及适用范围

类别	编号	名称	特　性	适　用　范　围
水溶性	①	氟化钠	白色粉状，无臭味，不腐蚀金属，不影响油漆，但遇水易流失。不宜和水泥、石灰混合，以免降低毒性	一般房屋木构件的防腐及防虫，但防白蚁效果较差
	②	硼铬合剂	无臭味，不腐蚀金属，不影响油漆，遇水稍有流失，对人畜实际无毒	
	③	硼酚合剂	不腐蚀金属，不影响油漆，但因药剂中有五氯酚钠，毒性较大	一般房屋木构件的防腐及防虫，并有一定的防白蚁效果
水溶性	④	铜铬合剂	无臭味，木材处理后呈绿褐色，不影响油漆，遇水不易流失，处理温度不宜超过76℃。对人畜毒性较低	重要房屋木构件的防腐及防虫，有较好的防白蚁效果
	⑤	氟砷铬合剂	遇水不流失，不腐蚀金属，有剧毒	有良好的防腐和防白蚁效果，但经常与人直接接触的木构件不应使用

续表 9－15

类别	编号	名称	特　性	适　用　范　围
油溶性	⑥	林丹、五氯酚合剂	几乎不溶于水，药效持久，木材处理后不影响油漆。因系油溶性药剂，对防火不利	用于腐朽严重或虫害严重地区
油类	⑦	混合防腐油	有恶臭，木材处理后呈暗黑色，不能油漆，遇水不流失，药效持久	用于直接与砌体接触的木构件的防腐和防白蚁，露明构件不宜使用
	⑧	强化防腐油		同上。用于南方腐朽及白蚁危害的严重地区
浆膏	⑨	沥青浆膏		用于含水率大于 40% 的木材以及经常受潮的构件

2. 木材的防火

液状防火浸渍涂料，用于不直接受水作用的构件上。可采用加压浸渍、槽中浸渍、表面喷洒及涂刷等处理方法。

关于木材浸渍等级的要求一般分为：

（1）一级浸渍：保证木材无可燃性。

（2）二级浸渍：保证木材缓燃。

（3）三级浸渍：在露天火源的作用下，能延迟木材燃烧起火，见表 9－16。

表 9－16　选择和使用防火浸渍剂成分的规定

浸渍剂成分的种类	浸渍等级的要求	每立方米木材所用防火浸渍剂的数量（以 kg 计）不得小于	浸渍剂的特性	适用范围
硫酸铵和磷酸铵的混合物	一 二 三	80 48 20	空气相对湿度超过 80% 时易吸湿；能降低木材强度 10% ~ 15%	空气相对湿度在 80% 以下时，浸渍厚度在 50mm 以内的木制构件
硫酸铵和磷酸铵与火油类磺酸	三	20	不吸湿；不降低木材强度	在不直接受潮湿作用的构件中，用作表面浸渍

注：1. 防火剂配制成分应根据提高建筑物木构件防火性能的有关规程来决定；

　　2. 根据专门规范指示，试验合格的其他防火剂亦可采用；

　　3. 为防止木材的燃烧和腐朽，可于防火涂料中添加防腐剂（氟化钠等）。

9.2 建 筑 钢 材

9.2.1 钢材的分类

钢是将生铁在炼钢炉内熔炼，并将含碳量控制在 2% 以下的铁碳合金。建筑工程所用的钢筋、钢丝、型钢等，通称为建筑钢材。作为工程建设中的主要材料，它广泛应用于工业与民用房屋建筑、道路桥梁、国防等工程中。

建筑钢材的主要优缺点是：

（1）主要优点。

1）强度高：在建筑中可用作各种构件，特别适用于大跨度及高层建筑。在钢筋混凝土中，能弥补混凝土抗拉、抗弯、抗剪和抗裂性能较低的缺点。

2）塑性和韧性较好：在常温下建筑钢材能承受较大的塑性变形，可以进行冷弯、冷拉、冷拔、冷轧、冷冲压等各种冷加工。

3）可以焊接和铆接，便于装配。

（2）主要缺点。建筑钢材的主要缺点是容易生锈、维护费用大、防火性能较差、能耗及成本较高。

按化学成分可以将钢材粗分为碳素结构钢和合金钢两类。碳素结构钢按其含碳量又可分为低碳钢、中碳钢和高碳钢。建筑用钢中使用最多的是低碳钢（即含碳量小于 0.25% 的钢）。合金钢是按其合金元素总量分为低合金钢、中合金钢和高合金钢。建筑用钢中使用最多的是低合金高强度结构钢（即合金元素总含量小于 5% 的钢）。

1. 碳素结构钢

碳素结构钢是常用的工程用钢，按其含碳量的多少，又可分成低碳钢、中碳钢和高碳钢三种。含碳量在 0.03% ~ 0.25% 范围之内的钢材称为低碳钢，含碳量在 0.26% ~ 0.60% 之间的钢材称为中碳钢，含碳量在 0.6% ~ 2.0% 之间的钢材为高碳钢。

建筑钢结构主要使用的钢材是低碳钢。

（1）普通碳素结构钢。按现行国家标准《碳素结构钢》GB/T 700—2006 规定，碳素结构钢的牌号由代表屈服强度的字母、屈服强度数值、质量等级符号、脱氧方法符号等四个部分按顺序组成。符号为：

    Q——钢材屈服强度"屈"字汉语拼音首位字母。

A、B、C、D——分别为质量等级。

    F——沸腾钢"沸"字汉语拼音首位字母。

    Z——镇静钢"镇"字汉语拼音首位字母。

    TZ——特殊镇静钢"特镇"两字汉语拼音首位字母。

在牌号组成表示方法中，"Z"与"TZ"符号可以省略。

碳素结构钢按屈服强度大小，分为 Q195、Q215、Q235 和 Q275 等牌号。不同牌号、不同等级的钢材对化学成分和力学性能指标要求不同，具体要求见表 9 – 17 ~ 表 9 – 19。

表 9 - 17　碳素结构钢的化学成分

牌号	统一数字代号[a]	等级	厚度（或直径）（mm）	脱氧方法	C	Si	Mn	P	S
Q195	U11952	—	—	F、Z	0.12	0.30	0.50	0.035	0.040
Q215	U12152	A	—	F、Z	0.15	0.35	1.20	0.045	0.050
	U12155	B							0.045
Q235	U12352	A	—	F、Z	0.22	0.35	1.40	0.045	0.050
	U12355	B			0.20[b]				0.045
	U12358	C		Z	0.17			0.040	0.040
	U12359	D		TZ				0.035	0.035
Q275	U12752	A	—	F、Z	0.24	0.35	1.50	0.045	0.050
	U12755	B	≤40	Z	0.21			0.045	0.045
			>40		0.22				
	U12758	C	—	Z	0.20			0.040	0.040
	U12759	D		TZ				0.035	0.035

注：[a]镇静钢、特殊镇静钢牌号的统一数字。沸腾钢牌号的统一数字代号如下：

Q195F——U11950。

Q215AF——U12150，Q215BF——U12153。

Q235AF——U12350，Q235BF——U12353。

Q275AF——U12750。

[b]经需方同意，Q235B 的碳含量可不大于 0.22%。

表 9 - 18　碳素结构钢的冷弯试验

牌号	试样方向	冷弯试验 $180°B = 2a$[a]	
		钢材厚度（或直径）[b]（mm）	
		≤60	>60 ~ 100
		弯心直径 d	
Q195	纵	0	—
	横	0.5a	
Q215	纵	0.5a	1.5a
	横	a	2a
Q235	纵	a	2a
	横	1.5a	2.5a
Q275	纵	1.5a	2.5a
	横	2a	3a

注：[a]B 为试样宽度，a 为试样厚度（或直径）；

[b]钢材厚度（或直径）大于 100mm 时，弯曲试验由双方协商确定。

表 9-19 碳素结构钢的拉伸、冲击性能

牌号	等级	屈服强度^a R_{eH} (N/mm²) 不小于 厚度(或直径)(mm)						抗拉强度^b R_m (N/mm²)	断后伸长率 A (%) 不小于 厚度(或直径)(mm)					冲击试验 (V型缺口) 温度(℃)	冲击吸收功 (纵向)(J) 不小于
		≤16	>16~40	>40~60	>60~100	>100~150	>150~200		≤40	>40~60	>60~100	>100~150	>150~200		
Q195	—	195	185	—	—	—	—	315~430	33	—	—	—	—	—	—
Q215	A	215	205	195	185	175	165	335~450	31	30	29	27	26	—	—
Q215	B													+20	27
Q235	A	235	225	215	215	195	185	370~500	26	25	24	22	21	—	—
Q235	B													+20	27^c
Q235	C													0	
Q235	D													-20	
Q275	A	275	265	255	245	225	215	410~540	22	21	20	18	17	—	—
Q275	B													+20	27
Q275	C													0	
Q275	D													-20	

注：^{a} Q125 的屈服强度值仅供参考，不作交货条件；
^{b} 厚度大于 100mm 的钢材，抗拉强度下限允许降低 20N/mm²，宽带钢（包括剪切钢板）抗拉强度上限不作交货条件；
^{c} 厚度小于 25mm 的 Q235B 级钢材，如供方能保证冲击吸收功值合格，经需方同意，可不作检验。

（2）优质碳素结构钢。国家标准《优质碳素结构钢》GB/T 699—1999 中可用于建筑钢结构的牌号、化学成分与力学性能规定见表 9 – 20、表 9 – 21。

表 9 – 20　建筑用优质碳素钢的化学成分（熔炼分析）

统一数字代号	牌号	化学成分（%）							
		C	Si	Mn	Cr	Ni	Cu	P	S
					不大于				
U20152	15	0.12 ~ 0.18	0.17 ~ 0.37	0.35 ~ 0.65	0.25	0.30	0.25	0.035	0.035
U20202	20	0.17 ~ 0.23	0.17 ~ 0.37	0.35 ~ 0.65	0.25	0.30	0.25	0.035	0.035
U21152	15Mn	0.12 ~ 0.18	0.17 ~ 0.37	0.70 ~ 1.00	0.25	0.30	0.25	0.035	0.035
U21202	20Mn	0.17 ~ 0.23	0.17 ~ 0.37	0.70 ~ 1.00	0.25	0.30	0.25	0.035	0.035

表 9 – 21　建筑用优质碳素钢的力学性能

牌号	力 学 性 能			
	σ_b（N/mm²）	δ_5（N/mm²）	δ_5（%）	ψ（%）
15	375	225	27	55
20	410	245	25	55
15Mn	410	245	26	55
20Mn	450	275	24	50

2．低合金高强度结构钢

1）根据国家标准《低合金高强度结构钢》GB/T 1591—2008 规定，低合金高强度结构钢的牌号由代表屈服强度的汉语拼音字母、屈服强度数值、质量等级符号三个部分组成。其化学成分见表 9 – 22 所示。

2）低合金高强度结构钢的力学性能见表 9 – 23。

3）低合金高强度结构钢的特性及应用。由于合金元素的结晶强化合固深强化等作用，是低合金高强度结构钢与碳素结构钢相比，既有较高的强度，同时又有良好的塑性、低温冲击韧性、可焊性和耐蚀性等特点，是一种综合性能良好的建筑钢材。

3．耐候钢

通过添加少量的合金元素如 Cu、P、Cr、Ni 等，使其在金属基体表面上形成保护层，以提高钢材耐大气腐蚀性能的钢称为耐候钢。按照国家标准《耐候结构钢》GB/T 4171—2008 的规定，耐候钢适用于车辆、桥梁、集装箱、建筑、塔架和其他结构用具有耐大气腐蚀性能的热轧和冷轧的钢板、钢带和型钢。耐候钢可制作螺栓连接、铆接和焊接的结构件。

我国目前生产的耐候钢分为高耐候钢和焊接耐候钢两种。耐候钢各牌号的分类及用途见表 9 – 24。

表 9 – 22　低合金高强度结构钢的化学成分（熔炼分析）

牌号	质量等级	化学成分[a]（质量分数）（%）														
		C	Si	Mn	P	S	Nb	V	Ti	Cr	Ni	Cu	N	Mo	B	Als
					不大于											不小于
Q345	A	≤0.20	≤0.50	≤1.70	0.035	0.035										—
	B	≤0.20			0.035	0.035										—
	C	≤0.18			0.030	0.030	0.07	0.15	0.20	0.30	0.50	0.30	0.012	0.10	—	0.015
	D	≤0.18			0.030	0.025										
	E	≤0.18			0.025	0.020										
Q390	A	≤0.20	≤0.50	≤1.70	0.035	0.035										—
	B				0.035	0.035										—
	C				0.030	0.030	0.07	0.20	0.20	0.30	0.50	0.30	0.015	0.10	—	0.015
	D				0.030	0.025										
	E				0.025	0.020										
Q420	A	≤0.20	≤0.50	≤1.70	0.035	0.035										—
	B				0.035	0.035										—
	C				0.030	0.030	0.07	0.20	0.20	0.30	0.80	0.30	0.015	0.20	—	0.015
	D				0.030	0.025										
	E				0.025	0.020										
Q460	C	≤0.20	≤0.60	≤1.80	0.030	0.030	0.11	0.20	0.20	0.30	0.80	0.55	0.015	0.20	0.004	0.015
	D				0.030	0.025										
	E				0.025	0.020										

续表 9-22

牌号	质量等级	化学成分ª（质量分数）（%）														
		C	Si	Mn	P	S	Nb	V	Ti	Cr	Ni	Cu	N	Mo	B	Als
		不大于														不小于
Q500	C	≤0.18	≤0.60	≤1.80	0.030	0.030	0.11	0.12	0.20	0.60	0.80	0.55	0.015	0.20	0.004	0.015
	D				0.030	0.025										
	E				0.025	0.020										
Q550	C	≤0.18	≤0.60	≤2.00	0.030	0.030	0.11	0.12	0.20	0.80	0.80	0.80	0.015	0.30	0.004	0.015
	D				0.030	0.025										
	E				0.025	0.020										
Q620	C	≤0.18	≤0.60	≤2.00	0.030	0.030	0.11	0.12	0.20	1.00	0.80	0.80	0.015	0.30	0.004	0.015
	D				0.030	0.025										
	E				0.025	0.020										
Q690	C	≤0.18	≤0.60	≤2.00	0.030	0.030	0.11	0.12	0.20	1.00	0.80	0.80	0.015	0.30	0.004	0.015
	D				0.030	0.025										
	E				0.025	0.020										

注：ª 型材及棒材 P、S 含量可提高 0.005%，其中 A 级钢上限为 0.045%；当细化晶粒元素组合加入时，20（Nb+V+Ti）≤0.22%，20（Mo+Cr）≤0.30%。

表 9-23　低合金高强度结构钢的力学性能

牌号	质量等级	下屈服强度 R_{eL}（MPa）以下公称厚度（直径、边长）									下抗拉强度 R_m（MPa）以下公称厚度（直径、边长）						
		≤16mm	>16~40mm	>40~63mm	>63~80mm	>80~100mm	>100~150mm	>150~200mm	>200~250mm	>250~400mm	≤40mm	>40~63mm	>63~80mm	>80~100mm	>100~150mm	>150~250mm	>250~400mm
Q345	A																
	B																
	C	≥345	≥335	≥325	≥315	≥305	≥285	≥275	≥265	—	470~630	470~630	470~630	470~630	450~600	450~600	—
	D									≥265							450~600
	E																
Q390	A																
	B																
	C	≥390	≥370	≥350	≥330	≥330	≥310	—	—	—	490~650	490~650	490~650	490~650	470~620	—	—
	D																
	E																
Q420	A																
	B																
	C	≥420	≥400	≥380	≥360	≥360	≥340	—	—	—	520~680	520~680	520~680	520~680	500~650	—	—
	D																
	E																

续表 9-23

牌号	质量等级	下屈服强度 R_{eL} (MPa) 以下公称厚度（直径、边长）									抗拉强度 R_m (MPa) 以下公称厚度（直径、边长）						
		≤16mm	>16~40mm	>40~63mm	>63~80mm	>80~100mm	>100~150mm	>150~200mm	>200~250mm	>250~400mm	≤40mm	>40~63mm	>63~80mm	>80~100mm	>100~150mm	>150~250mm	>250~400mm
Q460	C																
	D	≥460	≥440	≥420	≥400	≥380	—	—	—	—	550~720	550~720	550~720	550~720	530~700	—	—
	E																
Q500	C																
	D	≥500	≥480	≥470	≥450	≥440	—	—	—	—	610~770	600~760	590~750	540~730	—	—	—
	E																
Q550	C																
	D	≥550	≥530	≥520	≥500	≥490	—	—	—	—	670~830	620~810	600~790	590~780	—	—	—
	E																
Q620	C																
	D	≥620	≥600	≥590	≥570	—	—	—	—	—	710~880	690~880	670~860	—	—	—	—
	E																
Q690	C																
	D	≥690	≥670	≥660	≥640	—	—	—	—	—	770~940	750~920	730~900	—	—	—	—
	E																

续表 9 – 23

牌号	质量等级	断后伸长率 A（%）公称厚度（直径，边长）						冲击吸收能量 kV_2^a（J）公称厚度（直径，边长）			180°弯曲试验 [d＝弯心直径（直径），a＝试样厚度（直径，边长）] 钢材厚度（直径，边长）	
		≤40mm	>40~63mm	>63~100mm	>100~150mm	>150~250mm	>250~400mm	12~150mm	>150~250mm	>250~400mm	≤16mm	>16~100mm
Q345	A	≥20	≥19	≥19	≥18	≥17	—	—	—	—	2a	3a
	B	≥20	≥19	≥19	≥18	≥17	—	≥34	—	—		
	C	≥21	≥20	≥20	≥19	≥18	≥17	≥34	≥27	—		
	D	≥21	≥20	≥20	≥19	≥18	≥17	≥34	≥27	27		
	E	≥21	≥20	≥20	≥19	≥18	≥17	≥34	≥27	27		
Q390	A	≥20	≥19	≥19	≥18	—	—	—	—	—		
	B	≥20	≥19	≥19	≥18	—	—	≥34	—	—		
	C	≥20	≥19	≥19	≥18	—	—	≥34	—	—		
	D	≥20	≥19	≥19	≥18	—	—	≥34	—	—		
	E	≥20	≥19	≥19	≥18	—	—	≥34	—	—		
Q420	A	≥19	≥18	≥18	≥18	—	—	—	—	—		
	B	≥19	≥18	≥18	≥18	—	—	≥34	—	—		
	C	≥19	≥18	≥18	≥18	—	—	≥34	—	—		
	D	≥19	≥18	≥18	≥18	—	—	≥34	—	—		
	E	≥19	≥18	≥18	≥18	—	—	≥34	—	—		
Q460	C	≥17	≥16	≥16	≥16	—	—	≥37	—	—	2a	3a
	D	≥17	≥16	≥16	≥16	—	—	≥37	—	—		
	E	≥17	≥16	≥16	≥16	—	—	≥37	—	—		

续表 9-23

牌号	质量等级	断后伸长率 A (%) 公称厚度（直径、边长）						冲击吸收能量 kV_2^a （J） 公称厚度（直径、边长）			180°弯曲试验 $[d=$弯心直径（直径）; $a=$试样厚度（直径、边长）] 钢材厚度（直径、边长）	
		≤40mm	>40~63mm	>63~100mm	>100~150mm	>150~250mm	>250~400mm	12~150mm	>150~250mm	>250~400mm	≤16mm	>16~100mm
Q500	C	≥17	≥17	≥17	—	—	—	≥55	—	—	—	—
	D	≥17	≥17	≥17	—	—	—	≥47	—	—	—	—
	E	≥17	≥17	≥17	—	—	—	≥31	—	—	—	—
Q550	C	≥16	≥16	≥16	—	—	—	≥55	—	—	—	—
	D	≥16	≥16	≥16	—	—	—	≥47	—	—	—	—
	E	≥16	≥16	≥16	—	—	—	≥31	—	—	—	—
Q620	C	≥15	≥15	≥15	—	—	—	≥55	—	—	—	—
	D	≥15	≥15	≥15	—	—	—	≥47	—	—	—	—
	E	≥15	≥15	≥15	—	—	—	≥31	—	—	—	—
Q690	C	≥14	≥14	≥14	—	—	—	≥55	—	—	—	—
	D	≥14	≥14	≥14	—	—	—	≥47	—	—	—	—
	E	≥14	≥14	≥14	—	—	—	≥31	—	—	—	—

注: 1. 当屈服不明显时，可测量 $R_{p0.2}$ 代替下屈服强度;
2. 宽度不小于 600mm 的扁平材，拉伸试验取横向试样;宽度小于 600mm 的扁平材、型材及棒材取纵向试样，断后伸长率最小值相应提高 1%（绝对值）;
3. 厚度 250~400mm 的数值适用于扁平材;
4. ᵃ 冲击试验取纵向试样。

表9-24　耐候钢各牌号的分类及用途

类别	牌号	生产方式	用途
高耐候钢	Q295GNH、Q355GNH	热轧	车辆、集装箱、建筑、塔架或其他结构件等结构用，与焊接耐候钢相比，具有较好的耐大气腐蚀性能
	Q265GNH、Q310GNH	冷轧	
焊接耐候钢	Q235NH、Q295NH、Q355NH、Q415NH、Q460NH、Q500NH、Q550NH	热轧	车辆、桥梁、集装箱、建筑或其他结构件等结构用，与高耐候钢相比，具有较好的焊接性能

　　钢的牌号由"屈服强度""高耐候"或"耐候"的汉语拼音首位字母"Q"、"GNH"或"NH"、屈服强度的下限值以及质量等级（A、B、C、D、E）组成。其化学成分与力学性能分别符合表9-25、表9-26和表9-27的规定。

表9-25　耐候结构钢的化学成分

牌号	化学成分（质量分类）（%）								
	C	Si	Mn	P	S	Cu	Cr	Ni	其他元素
Q265GNH	≤0.12	0.10~0.40	0.20~0.50	0.07~0.12	≤0.020	0.20~0.45	0.30~0.65	0.25~0.50[c]	注1、注2
Q295GNH	≤0.12	0.10~0.40	0.20~0.50	0.07~0.12	≤0.020	0.25~0.45	0.30~0.65	0.25~0.50[c]	注1、注2
Q310GNH	≤0.12	0.25~0.75	0.20~0.50	0.07~0.12	≤0.020	0.25~0.50	0.30~1.25	≤0.65	注1、注2
Q355GNH	≤0.12	0.25~0.75	≤1.00	0.07~0.15	≤0.020	0.25~0.55	0.30~1.25	≤0.65	注1、注2
Q235NH	≤0.13[a]	0.10~0.40	0.20~0.60	≤0.030	≤0.030	0.25~0.55	0.40~0.80	≤0.65	注1、注2
Q295NH	≤0.15	0.10~0.50	0.30~1.00	≤0.030	≤0.030	0.25~0.55	0.40~0.80	≤0.65	注1、注2
Q355NH	≤0.16	≤0.50	0.50~1.50	≤0.030	≤0.030	0.25~0.55	0.40~0.80	≤0.65	注1、注2
Q415NH	≤0.12	≤0.65	≤1.10	≤0.025	≤0.030[b]	0.20~0.55	0.30~1.25	0.12~0.65[c]	注1~注3
Q460NH	≤0.12	≤0.65	≤1.50	≤0.025	≤0.030[b]	0.20~0.55	0.30~1.25	0.12~0.65[c]	注1~注3
Q500NH	≤0.12	≤0.65	≤2.0	≤0.025	≤0.030[b]	0.20~0.55	0.30~1.25	0.12~0.65[c]	注1~注3
Q550NH	≤0.16	≤0.65	≤2.0	≤0.025	≤0.030[b]	0.20~0.55	0.30~1.25	0.12~0.65[c]	注1~注3

　　注：1. 为了改善钢的性能，可以添加一种或一种以上的微量合金元素：Nb　0.015%~0.060%，V　0.02%~0.12%，Ti　0.02%~0.10%，Al≥0.020%，若上述元素组合使用时，应至少保证其中一种元素含量达到上述化学成分的下限规定；

　　　　2. 可以添加下列合金元素：Mo≤0.30%，Zr≤0.15%；

　　　　3. Nb、V、Ti等三种合金元素的添加总量不应超过0.22%；

　　　　4. [a]供需双方协商，C的含量可以不大于0.15%；

　　　　　[b]供需双方协商，S的含量可以不大于0.008%；

　　　　　[c]供需双方协商，Ni含量的下限可不做要求。

表 9 – 26　耐候结构钢的力学性能

牌号	拉伸试验[a]									180°弯曲试验 弯心直径		
	下屈服强度 R_{eL}（N/mm²）不小于				抗拉强度 R_m（N/mm²）	断后伸长率 A（%）不小于						
	≤16	>16 ~ 40	>40 ~ 60	>60		≤16	>16 ~ 40	>40 ~ 60	>60	≤6	>6 ~ 16	>16
Q235NH	235	225	215	215	360 ~ 510	25	25	24	23	a	a	2a
Q295NH	295	285	275	255	430 ~ 560	24	24	23	22	a	2a	3a
Q295GNH	295	285	—	—	430 ~ 560	24	24			a	2a	3a
Q355NH	355	345	335	325	490 ~ 630	22	22	21	20	a	2a	3a
Q355GNH	355	345	—	—	490 ~ 630	22	22			a	2a	3a
Q415NH	415	405	395		520 ~ 680	22	22	20		a	2a	3a
Q460NH	460	450	440		570 ~ 730	20	20	19		a	2a	3a
Q500NH	500	490	480		600 ~ 760	18	16	15		a	2a	3a
Q550NH	550	540	530		620 ~ 780	16	16	15		a	2a	3a
Q265GNH	265				≥410	27				a		
Q310GNH	310				≥450	26				a		

注：1. a 为钢材厚度；

2. [a] 当屈服现象不明显时，可以采用 $R_{p0.2}$。

表 9 – 27　耐候结构钢的冲击性能

牌号	V 型缺口冲击试验[a]		
	试验方向	温度（℃）	冲击吸收能量 A_{KU}（J）
A		—	—
B		+ 20	≥47
C	纵向	0	≥34
D		- 20	≥34
E		- 40	≥27[b]

注：[a] 冲击试样尺寸为 10mm × 10mm × 55mm；

[b] 经供需双方协商，平均冲击功值可以大于或等于 60J。

4. 铸钢件

建筑钢结构，尤其在大跨度情况下，有时需用铸钢件的支座，按《钢结构设计规范》GB 50017—2003 规定，铸钢材质应符合国家标准《一般工程用铸造碳钢件》GB 11352—2009 规定，所包括的铸钢牌号的化学成分及其力学性能见表 9 – 28 和表9 – 29 所示。

表9 – 28　一般工程用铸造碳钢件的化学成分（%）

牌号	C	Si	Mn	S	P	残余元素					
						Ni	Cr	Cu	Mo	V	残余元素总量
ZG 200 – 400	0.20		0.80								
ZG 230 – 450	0.30										
ZG 270 – 500	0.40	0.60		0.035	0.035	0.40	0.35	0.40	0.20	0.05	1.00
ZG 310 – 570	0.50		0.90								
ZG 340 – 640	0.60										

注：1. 对上限减少0.01%的碳，允许增加0.04%的锰，对ZG 200 – 400的锰最高至1.00%，其余四个牌号锰最高至1.20%；

2. 除另有规定外，残余元素不作为验收依据。

表9 – 29　一般工程用铸造碳钢件的力学性能（≥）

牌号	屈服强度 R_{eH} ($R_{p0.2}$)（MPa）	抗拉强度 R_m（MPa）	伸长率 A_5（%）	根据合同选择		
				断面收缩率 Z（%）	冲击吸收功 A_{KU}（J）	冲击吸收功 A_{KU}（J）
ZG 200 – 400	200	400	25	40	30	47
ZG 230 – 450	230	450	22	32	25	35
ZG 270 – 500	270	500	18	25	22	27
ZG 310 – 570	310	570	15	21	15	24
ZG 340 – 640	340	640	10	18	10	16

注：1. 表中所列的各牌号性能，适应于厚度为100mm以下的铸件；当铸件厚度超过100mm时，表中规定的 R_{eH}（$R_{p0.2}$）屈服强度仅供设计使用；

2. 表中冲击吸收功 A_{KU} 的试样缺口为2mm。

9.2.2　建筑用钢材的性能指标

1. 屈服点（屈服强度）σ_s

金属试祥在拉伸中，载荷不再增加，试样仍继续发生变形的现象，即为"屈服"。发生屈服现象时的应力，就是开始出现塑性变形时的应力，即为屈服点或屈服极限，用 σ_s 表示，其单位为MPa。按式（9 – 1）计算：

$$\sigma_s = \frac{F_s（材料屈服时的载荷）}{S_0（试样原横截面面积）} \quad (9 – 1)$$

2. 抗拉强度 σ_b

材料被拉断之前所能承受的最大应力，用 σ_b 表示，单位为MPa。按式（9 – 2）计算：

$$\sigma_{b} = \frac{F_{b} \ (\text{试样拉断前所承受的最大载荷})}{S_{0} \ (\text{试样原横截面面积})} \qquad (9-2)$$

工程上所用的建筑钢材通常对屈强比有一定的要求。屈强比是指屈服点 σ_{s} 与抗拉强度 σ_{b} 的比。屈强比越小，越不易发生突然断裂，但屈强比太低，钢材的强度水平便无法充分发挥。因此，对有抗震设防要求的框架结构，其纵向受力钢筋的强度要满足相关设计要求；当设计无具体要求时，对一、二级抗震等级，检验所得的强度实测值应符合以下要求：

1）钢筋的抗拉强度实测值与屈服强度实测值的比值不得小于 1.25。

2）钢筋的屈服强度实测值与屈服强度标准值的比值不得大于 1.3。

3．塑性变形

钢筋的塑性性能应满足一定要求，才能防止钢筋在加工时弯曲处出现裂缝、翘屈现象及构件在受荷载过程中可能出现的脆断破坏的现象。表示钢材塑性性能的指标有伸长率和断面收缩率。

（1）伸长率。伸长率用 δ 表示，其计算公式为：

$$\text{伸长率} = \frac{\text{标距长度内总伸长值}}{\text{标距长度}} \times 100\% \qquad (9-3)$$

因试件标距的长度不同，伸长率的表示方法也不同。一般热轧钢筋的标距取 10 倍钢筋直径长和 5 倍钢筋直径长，其伸长率分别为 δ_{10} 和 δ_{5}。钢丝的标距取 100 倍直径长，则用 δ_{100} 表示。钢绞线标距取 200 倍直径长，用 δ_{200} 表示。伸长率是衡量钢筋塑性性能的重要指标，伸长率越大，钢筋的塑性也越好。

（2）断面收缩率。断面收缩率按式（9-4）计算：

$$\text{断面收缩率} = \frac{\text{试件的原始截面} - \text{试件拉断时断口截面积}}{\text{试件的原始截面}} \times 100\% \qquad (9-4)$$

4．冷弯性能

冷弯性能的测定是将钢材试件在规定的弯心直径上冷弯到 180°或 90°，在弯曲处的外表及侧面，如无裂纹、起层或断裂现象，即认为试件冷弯性能合格。在出现裂纹前能承受的弯曲程度越大，则材料的冷弯性能越好。弯曲程度通常用弯曲角度或弯心直径 d 对钢筋直径 a 的比值来表示，弯曲角度愈大或弯心直径 d 对钢筋直径 a 的比值愈小，材料的冷弯性能愈好。工程上常用这种方法来检验建筑钢材各种焊接接头的焊接质量。建筑钢材在加工过程中，如有脆断、焊接性能不良或力学性能显著不正常等现象，应按现行国家标准对该批建筑钢材进行化学成分检验或其他专项检验。

5．冲击韧性

冲击韧性即为钢材抵抗冲击荷载的能力。冲击韧性的指标是通过标准试件的弯曲冲击韧性试验来进行确定的。钢材的冲击韧性是衡量钢材质量的一项指标，尤其对经常承受荷载冲击作用的构件，如质量级的吊车梁等，要经过冲击韧性的鉴定。其冲击韧性越大，则表明钢材的冲击韧性越好。

9.2.3　钢材的选用

对建筑结构钢材选择，应符合图纸设计要求的规定，一般结构钢材的选择见表 9-30。

表 9 – 30　结构钢材的选择

结 构 类 型			计算温度	选用牌号
焊接结构	直接承受动力荷载的结构	重级工作制吊车梁或类似结构	—	Q235 镇静钢或 Q345 钢
		轻中级工作制吊车梁或类似结构	—	Q235 镇静钢或 Q345 钢
	承受静力荷载或间接随动力荷载的结构		≤ － 20℃	Q235 镇静钢或 Q345 钢
			> － 20℃	Q235 沸腾钢
			≤ － 30℃	Q235 镇静钢或 Q345 钢
			> － 30℃	Q235 沸腾钢
非焊接结构	直接承受动力荷载的结构	重级工作制吊车梁或类似结构	≤ － 20℃	Q235 镇静钢或 Q345 钢
			> － 20℃	Q235 沸腾钢
		轻、中级工作制吊车梁或类似结构	—	Q235 沸腾钢
	承受静力荷载或间接承受动力荷载的结构		—	Q235 沸腾钢

9.2.4　钢材的验收和贮运

1. 建筑钢材验收的四项基本原则

建筑钢材从钢厂到施工现场经过了商品流通的多道环节，建筑钢材的检验验收是其中必不可少的环节。建筑钢材应按批进行验收，并达到以下四项基本要求：

（1）订货、发货资料要与实物一致。检查发货码单与质量证明书内容是否与建筑钢材标牌标志上的内容相符。

（2）检查包装。除大中型型钢之外，无论是钢筋还是型钢，都应成捆交货。每捆必须用钢带、盘条或铁丝均匀捆扎结实，端面要平齐，不允许异类钢材混装现象。

（3）对建筑钢材质量证明书内容审核。质量证明书字迹要清楚，证明书中应注明：

1）供方名称或厂标。

2）需方名称，发货日期。

3）标准号及水平等级。

4）合同号，牌号。

5）炉罐（批）号、加工用途、交货状态、重量、支数或件数。

6）标准中所规定的各项试验结果（包括参考性指标）。

7）品种名称、规格尺寸（型号）和级别；技术监督部门印记等。

（4）建立材料台账。在建筑钢材进场后，施工单位应及时建立"建设工程材料采购验收检验使用综合台账"。监理单位可设立"建设工程材料监理监督台账"。其内容包括：材料名称、规格品种、生产单位、供应单位、进货日期、送货单编号、生产许可证编号、实收数量、质量证明书编号、产品标识（标志）、外观质量情况、材料检验日期、材料检测结果、检验报告编号、使用部位、工程材料报审表签认日期、审核人员签名等。

2．实物质量的验收

建筑钢材的实物质量是看所送检的钢材是否满足规范及标准要求；现场所检测的建筑钢材尺寸偏差是否符合产品标准及相关规定；外观缺陷是否在标准规定的范围内；对于建筑钢材的锈蚀现象各方也要引起足够的重视。

3．建筑钢材的运输、储存

建筑钢材因重量大、长度长，运输前应了解所运建筑钢材的长度和单捆重量，以便于安排运输车辆和吊车。

建筑钢材应按不同的品种、规格分别进行堆放。如条件允许，建筑钢材应尽量存放在库房或料棚内，如采用露天存放，则料场应选择地势较高且平坦的地面，经平整、夯实、预设排水沟道、安排好垛底后才可使用。为了避免其由于潮湿环境而引起的钢材表面锈蚀现象，雨雪季节建筑钢材应用防雨材料进行覆盖。

施工现场堆放的建筑钢材要注明"合格""不合格""在检"及"待检"等产品质量状态，注明钢材生产企业名称、品种规格、进场日期及数量等内容，并用醒目标识标明。工地应由专人负责建筑钢材的收货、发料。

10 建筑装饰装修材料

10.1 建筑装饰石材

10.1.1 天然石材

常用的装饰板材有花岗石和大理石两类。

1. 花岗石

（1）分类。花岗石按形状分为毛光板（MG）、普型板（PX）、圆弧板（HM）、异型板（YX）；按表面加工程度分为镜面板（JM）、细面板（YG）、粗面板（CM）；按用途分为一般用途（用于一般性装饰用途）和功能用途（用于结构性承载用途或特殊功能要求）。

（2）等级。按加工质量和外观质量分为：

1）毛光板按厚度偏差、平面度公差、外观质量等将板材分为优等品（A）、一等品（B）、合格品（C）三个等级。

2）普型板按规格尺寸偏差、平面度公差、角度公差、外观质量等将板材分为优等品（A）、一等品（B）、合格品（C）三个等级。

3）圆弧板按规格尺寸偏差、直线度公差、线轮廓度公差、外观质量等将板材分为优等品（A）、一等品（B）、合格品（C）三个等级。

（3）加工质量。

1）毛光板的平面度公差和厚度偏差应符合表 10－1 的规定。

表 10－1　毛光板的平面度公差和厚度偏差（mm）

项目		技术指标					
		镜面和细面板材			粗面板材		
		优等品	一等品	合格品	优等品	一等品	合格品
平面度		0.80	1.00	1.50	1.50	2.00	3.00
厚度	≤12	±0.5	±1.0	+1.0 −1.5	—		
	>12	±1.0	±1.5	±2.0	+1.0 −2.0	±2.0	+2.0 −3.0

2）普型板规格尺寸允许偏差应符合表 10 - 2 的规定。

表 10 - 2　普型板规格尺寸允许偏差（mm）

项目		技 术 指 标					
		镜面和细面板材			粗面板材		
		优等品	一等品	合格品	优等品	一等品	合格品
长度、宽度		0 - 1.0		0 - 1.5	0 - 1.0		0 - 1.5
厚度	≤12	±0.5	±1.0	+1.0 - 1.5	—		
	>12	±1.0	±1.5	±2.0	+1.0 - 2.0	±2.0	+2.0 - 3.0

3）圆弧板壁厚最小值应不小于 18mm，规格尺寸允许偏差应符合表 10 - 3 的规定。圆弧板各部位名称及尺寸标注如图 10 - 1 所示。

表 10 - 3　圆弧板规格尺寸允许偏差（mm）

项目	技 术 指 标					
	镜面和细面板材			粗面板材		
	优等品	一等品	合格品	优等品	一等品	合格品
弦长	0 - 1.0		0 - 1.5	0 - 1.5	0 - 2.0	0 - 2.0
高度				0 - 1.0	0 - 1.0	0 - 1.5

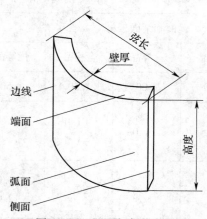

图 10 - 1　圆弧板部位名称

4）普型板平面度允许公差应符合表 10 – 4 的规定。

表 10 – 4　普型板平面度允许公差（mm）

板材长度（L）	技术指标					
	镜面和细面板材			粗面板材		
	优等品	一等品	合格品	优等品	一等品	合格品
L≤400	0.20	0.35	0.50	0.60	0.80	1.00
400 < L≤800	0.50	0.65	0.80	1.20	1.50	1.80
L > 800	0.70	0.85	1.00	1.50	1.80	2.00

5）圆弧板直线度与线轮廓度允许公差应符合表 10 – 5 的规定。

表 10 – 5　圆弧板直线度与线轮廓度允许公差（mm）

板材长度（L）		技术指标					
		镜面和细面板材			粗面板材		
		优等品	一等品	合格品	优等品	一等品	合格品
直线度 （按板材高度）	≤800	0.80	1.00	1.20	1.00	1.20	1.50
	>800	1.00	1.20	1.50	1.50	1.50	2.00
线轮廓度		0.80	1.00	1.20	1.00	1.50	2.00

6）普型板角度允许公差应符合表 10 – 6 的规定。

表 10 – 6　普型板角度允许公差（mm）

板材长度（L）	技术指标		
	优等品	一等品	合格品
L≤400	0.30	0.50	0.80
L > 400	0.40	0.60	1.00

7）圆弧板端面角度允许公差：优等品为 0.40mm，一等品为 0.60mm，合格品为 0.80mm。

8）普型板拼缝板材正面与侧面的夹角不应大于90°。

9）圆弧板侧面角应不小于90°。

10）镜面板材的镜向光泽度应不低于 80 光泽单位，特殊需要和圆弧板由供需双方协商确定。

（4）外观质量。

1）同一批板材的色调应基本调和，花纹应基本一致。

2）板材正面的外观缺陷应符合表 10 – 7 的规定。毛光板外观缺陷不包括缺棱和缺角。

表 10 – 7　板材正面的外观缺陷

缺陷名称	规 定 内 容	技 术 指 标		
		优等品	一等品	合格品
缺棱	长度≤10mm，宽度≤1.2mm（长度＜5mm，宽度＜1.0mm不计），周边每米长允许个数/个	0	1	2
缺角	沿板材边长，长度≤3mm，宽度≤3mm（长度≤2mm，宽度≤2mm不计），每块板允许个数/个			
裂纹	长度不超过两端顺延至板边总长度的1/10（长度＜20mm不计），每块板允许条数/条			
色斑	面积≤15mm×30mm（面积＜10mm×10mm不计），每块板允许个数/个		2	3
色线	长度不超过两端顺延至板边总长度的1/10（长度＜40mm不计），每块板允许条数/条			

注：干挂板材不允许有裂纹存在。

（5）物理性能。天然花岗石建筑板材的物理性能应符合表 10 – 8 的规定；工程对石材物理性能项目及指标有特殊要求的，按工程要求执行。

表 10 – 8　天然花岗石建筑板材的物理性能

项　　　目		技 术 指 标	
		一般用途	功能用途
体积密度（g/cm³），≥		2.56	2.56
吸水率（%），≤		0.60	0.40
压缩强度（MPa），≥	干燥	100	131
	水饱和		
弯曲强度（MPa），≥	干燥	8.0	8.3
	水饱和		
耐磨性ª（1/cm³），≥		25	25

注：ª使用在地面、楼梯踏步、台面等严重踩踏或磨损部位的花岗石石材应检验此项。

（6）放射性。天然花岗石建筑板材应符合《建筑材料放射性核素限量》GB 6566—2010的规定。

2．大理石

（1）分类。按形状分为普型板（PX）和圆弧板（HM）。

（2）等级。

1）普型板按规格尺寸偏差、平面度公差、角度公差及外观质量将板材分为优等品（A）、一等品（B）、合格品（C）三个等级。

2）圆弧板按规格尺寸偏差、直线度公差、线轮廓度公差及外观质量将板材分为优等品（A）、一等品（B）、合格品（C）三个等级。

（3）规格尺寸允许偏差。

1）普型板规格尺寸允许偏差应符合表10-9的规定。

表10-9　普型板规格尺寸允许偏差（mm）

项　　目		允　许　偏　差		
		优等品	一等品	合格品
长度、宽度		0 -1.0		0 -1.5
厚度	≤12	±0.5	±0.8	±1.0
	>12	±1.0	±1.5	±2.0
干挂板材厚度		+2.0 0		+3.0 0

2）圆弧板壁厚最小值应不小于20mm，规格尺寸允许偏差应符合表10-10的规定。圆弧板各部位名称及尺寸标注如图10-2所示。

表10-10　规格尺寸允许偏差（mm）

项　　目	允　许　偏　差		
	优等品	一等品	合格品
弦长	0 -1.0		0 -1.5
高度	0 -1.0		0 -1.5

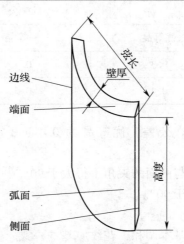

图10-2　圆弧板部位名称

（4）平面度允许公差。

1）普型板平面度允许公差应符合表 10－11 的规定。

表 10－11　普型板平面度允许公差（mm）

板 材 长 度	允 许 公 差		
	优等品	一等品	合格品
≤400	0.2	0.3	0.5
>400～≤800	0.5	0.6	0.8
>800	0.7	0.8	1.0

2）圆弧板直线度与线轮廓度允许公差应符合表 10－12 的规定。

表 10－12　圆弧板直线度与线轮廓度允许公差（mm）

板 材 长 度		允 许 公 差		
		优等品	一等品	合格品
直线度（按板材高度）	≤800	0.6	0.8	1.0
	>800	0.8	1.0	1.2
线轮廓度		0.8	1.0	1.2

（5）角度允许公差。

1）普型板角度允许公差应符合表 10－13 的规定。

表 10－13　普型板角度允许公差（mm）

板 材 长 度	允 许 公 差		
	优等品	一等品	合格品
≤400	0.3	0.4	0.5
>400	0.4	0.5	0.7

2）圆弧板端面角度允许公差：优等品为 0.4mm，一等品为 0.6mm，合格品为 0.8mm。

3）普型板拼缝板材正面与侧面的夹角不得大于 90°。

4）圆弧板侧面角应不小于 90°。

（6）外观质量。

1）同一批板材的色调应基本调和，花纹应基本一致。

2）板材正面的外观质量要求应符合表 10－14 的规定。

表 10 – 14　板材正面的外观质量要求

缺陷名称	规 定 内 容	优等品	一等品	合格品
裂纹	长度超过 10mm 的不允许条数/条	0		
缺棱	长度不超过 8mm，宽度不超过 1.5mm（长度 ≤4mm，宽度 ≤1mm 不计），每米长允许个数/个	0	1	2
缺角	沿板材边长顺延方向，长度 ≤3mm，宽度 ≤3mm （长度 ≤2mm，宽度 ≤2mm 不计），每块板允许个数/个			
色斑	面积不超过 6cm²（面积小于 2cm² 不计），每块板允许个数/个			
砂眼	直径在 2mm 以下		不明显	有，不影响装饰效果

3）板材允许黏结和修补。黏结和修补后应不影响板材的装饰效果和物理性能。

（7）物理性能。

1）镜面板材的镜向光泽值应不低于 70 光泽单位，若有特殊要求，由供需双方协商确定。

2）板材的其他物理性能技术指标应符合表 10 – 15 的规定。

表 10 – 15　物理性能技术指标

项　目		指　标
体积密度（g/cm³） ≥		2.30
吸水率（%） ≤		0.50
干燥压缩强度/MPa ≥		50.0
干燥	弯曲强度/MPa ≥	7.0
水饱和		
耐磨度ª（1/cm³）≥		10

注：ª为了颜色和设计效果，以两块或多块大理石组合拼接时，耐磨度差异应不大于 5，建议适用于经受严重踩踏的阶梯、地面和月台使用的石材耐磨度最小为 12。

3. 天然装饰石材的放射性

天然石材中含有一定的放射性元素，这些元素过量时会对人体造成一定伤害。我国《建筑材料放射性核素限量》GB 6566—2010 标准中根据天然石材的放射性水平，把天然石材产品分为 A、B、C 三类，其中：

A 类：放射性很弱，此类材料的使用范围不受限制，可在任何场合使用。

B 类：其放射性程度高于 A 类，该类材料不可用于 I 类民用建筑的内部装饰面层（I 类民用建筑指住宅、老年公寓、托儿所、医院、学校、办公楼、宾馆等），但可用于

Ⅱ类民用建筑物、工业建筑内饰面及其他一切建筑的外饰面（Ⅱ类民用建筑指Ⅰ类民用建筑以外的民用建筑，如商场、文化娱乐场所、书店、图书馆、展览馆、体育馆和公共交通等候室、餐厅、理发店等）。

C类：其放射性程度高于A、B两类，该类材料只准用于建筑物外饰面及其他室外装饰。

10.1.2 天然板石

1. 分类

1）按用途分为饰面板（CS）和瓦板（RS）。

①饰面板：用于地面和墙面等装饰用途的板石；按弯曲强度分为C_1、C_2、C_3、C_4类。

②瓦板：用于房屋盖顶用途的板石；按吸水率分为R_1、R_2、R_3类。

2）按形状分为普形板（NS）和异形板（IS）。

3）按尺寸偏差、平整度公差、角度公差、外观质量、干湿稳定性分为一等品（A）、合格品（B）两个等级。

2. 技术要求

（1）普形板的技术要求。

1）饰面板规格尺寸允许偏差见表10-16。

表10-16 饰面板规格尺寸允许偏差（mm）

项　　目		技术指标	
		一等品	合格品
长、宽度	≤300	±1.0	±1.5
	>300	±2.0	±3.0
厚度（定厚板ª）		±2.0	±3.0

注：ª定厚板是指合同中对厚度有规定要求的板材。

2）瓦板规格尺寸允许偏差见表10-17。

表10-17 瓦板规格尺寸允许偏差

项　　目		技术指标	
		一等品	合格品
长、宽度（mm）	≤300mm	±1.5	±2.0
	>300mm	±2.0	±3.0
单块板材厚度/mm		±1.0	±1.5
100块板材厚度变化率（%），≤	厚度≤5mm	15	20
	厚度>5mm	20	25

3）同一块板材的厚度允许极差为：饰面板（定厚板）3mm；瓦板1.5mm。

4）平整度允许极限公差见表10－18。

表 10－18　平整度允许极限公差（mm）

项　　目	技　术　指　标		
	饰　面　板		瓦板
	一等品	合格品	
长度≤300	1.5	3.0	不超过长度的 0.5%
长度＞300	2.0	4.0	

5）角度允许极限公差见表10－19。

表 10－19　角度允许极限公差（mm）

项目	技　术　指　标			
	饰　面　板		瓦　板	
	一等品	合格品	一等品	合格品
长度≤300	1.0	2.0	不超过长度的 0.5%	不超过长度的 1.0%
长度＞300	1.5	3.0		

6）外观质量。

①同一批板材的色调应基本调和，花纹应基本一致。

②板材表面不允许有疏松碎屑物及风化孔洞。

③板材不允许有碳质夹杂物形成的线条。

④饰面板正面的外观缺陷应符合表10－20的规定。

表 10－20　饰面板正面的外观缺陷

缺陷名称	规　定　内　容	技　术　指　标	
		一等品	合格品
缺角	沿板材边长，长度≤5mm，宽度≤5mm（长度≤2mm，宽度≥2mm 不计），每块板允许个数/个	1	2
色斑	面积不超过 15mm×15mm（面积小于 5mm×5mm 的不计），每块板允许个数/个	0	2
裂纹	贯穿其厚度方向的裂纹	不允许	
人工凿痕	劈分板石时产生的明显加工痕迹		
台阶高度	装饰面上阶梯部分的最大高度	≤3mm	≤5mm

⑤瓦板正面的外观缺陷应符合表 10-21 的规定。

表 10-21   瓦板正面的外观缺陷

缺陷名称	规 定 内 容	技 术 指 标	
		一等品	合格品
缺角	沿板材边长，长度不大于边长的 8%（长度小于边长 3% 的不计），允许缺角部位和不允许缺角部位如图 10-3 所示。每块板允许个数/个	2	
白斑	面积不超过 15mm×15mm（面积小于 5mm×5mm 的不计），每块板允许个数/个	0	2
裂纹	可见裂纹和隐含裂纹	不允许	
人工凿痕	劈分板石时产生的明显加工痕迹		
台阶高度	装饰面上阶梯部分的最大高度	≤1mm	≤2mm
崩边	打边处理时产生的边缘损失	宽度≤15mm	

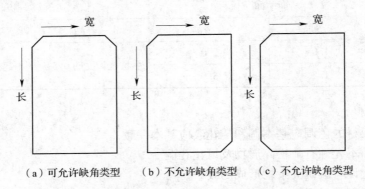

（a）可允许缺角类型　　（b）不允许缺角类型　　（c）不允许缺角类型

图 10-3   瓦板缺角类型

7）理化性能。

①饰面板的理化性能指标应符合表 10-22 的规定。

表 10-22   饰面板的理化性能指标

项　目	技 术 指 标			
	室　内		室　外	
	C_1类	C_2类	C_3类	C_4类
弯曲强度（MPa），≥	10.0	50.0	20.0	62.0
吸水率（%），≤	0.45		0.25	
耐气候性软化深度（mm），≤	0.64			
耐磨性[a]（1/cm³），≥	8			

注：[a]仅适用在地面、楼梯踏步、台面等易磨损部位。

②瓦板的理化性能指标应符合表 10-23 的规定，干湿稳定性按表 10-24 的规定划分等级。

表 10-23 瓦板的理化性能指标

项　　目	技　术　指　标		
	R_1类	R_2类	R_3类
吸水率（%），≤	0.25	0.36	0.45
破坏载荷（N），≥	1800		
耐气候性软化深度（mm），≤	0.35		

表 10-24 瓦板的干湿稳定性

项　　目			技　术　指　标	
			一等品	合格品
含未氧化的黄铁矿结晶			允许有	允许有
含已氧化的黄铁矿结晶	非贯穿型	外观可见	不允许有	允许有
		外观不可见	允许有	
	贯穿型		不允许有	不允许在图 10-4 阴影部位出现

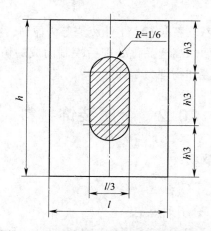

图 10-4 贯穿型已氧化黄铁矿结晶部位

③供需双方对理化性能指标有特殊要求的，按双方协议执行。

（2）异形板的技术要求。

1）饰面板和瓦板的规格尺寸允许偏差、平整度允许极限公差、角度允许极限公差、外观质量由供需双方协商确定。

2）饰面板的理化性能指标应符合表 10-22 的规定。供需双方对理化性能指标有特殊要求的，按双方协议执行。

3）瓦板的理化性能指标应符合表 10-23 的规定。供需双方对理化性能指标有特殊要求的，按双方协议执行。

10.1.3　人造装饰石材

1. 树脂型人造石板

树脂型人造石板以天然大理石、花岗岩、石英砂或方解石、石粉等为骨料，拌和树脂、聚酯等聚合物黏结剂，经过真空强力拌和、加压成型、打磨抛光以及切割等工序制成的板材，是人造大理石和人造花岗岩的总称，属于聚酯混凝土的范畴。具有天然石材的花纹和质感，且其重量仅为天然石材的一半，具有强度高、厚度薄、易黏结等特点。

2. 水泥型人造石板

水泥型人造石板又称水磨石，是以碎大理石、花岗岩或工业废料渣为粗骨料，砂为细骨料，水泥和石灰为黏结剂，经成型、搅拌、养护、磨光抛光而制成。

3. 复合型人造石板

复合型人造石板是先以无机胶凝材料将碎石、石粉等骨料胶结成型并硬化后，再将硬化体浸渍于有机单体中，使其在一定条件下聚合而成。

4. 铸石

铸石以玄武岩、辉绿岩及某些工业废渣等较低熔点的矿物为原料，经配料和高温熔化后浇注成型，并经冷却结晶和退火，再经加工制成的产品。具有优异的耐磨及耐腐蚀性能，可替代天然石材、金属、橡胶或木材，应用于土木工程、化工、冶金、电力及机械等工程中。

5. 微晶玻璃

微晶玻璃以石英砂、萤石、石灰石、工业废渣等为原料，在助剂的作用下高温熔融形成微小的玻璃结晶体，再按要求高温晶化处理后模制而成的仿石材料。属于玻璃/陶瓷复合材料，具有良好的装饰特性和物理力学性能。

10.2　金属装饰材料

10.2.1　建筑用型钢和钢板

1. 花纹钢板

1）花纹钢板的尺寸应符合下列规定：

①基本厚度（mm）：2.5，3.0，3.5，4.0，4.5，5.0，5.5，6.0，7.0，8.0。

②宽度：600~1800mm，按50mm进级。

③　长度：2000~12000mm，按100nn进级。

经供需双方协议，可供应《花纹钢板》GB/T 3277—1991规定尺寸以外的花纹钢板或成卷的花纹钢带。

2）花纹钢板长、宽尺寸的允许偏差应符合《热轧钢板和钢带的尺寸、外形、重量及允许偏差》GB/T 706—2006的规定。

连轧机生产的花纹钢板可不切纵边。

3）花纹钢板的基本厚度及允许偏差和理论重量应符合表10-25的规定。

4）花纹钢板表面不得有气泡、结疤、拉裂、折叠和夹杂，钢板不得有分层。

表 10 - 25　花纹钢板的基本厚度及允许偏差和理论重量（mm）

基本厚度	基本厚度允许偏差	理论重量（kg/m²）		
		菱形	扁豆	圆豆
2.5	±0.3	21.6	21.3	21.1
3.0	±0.3	25.6	24.4	24.3
3.5	±0.3	29.5	28.4	28.3
4.0	±0.4	33.4	32.4	32.3
4.5	±0.4	37.3	36.4	36.2
5.0	+0.4 -0.5	42.3	40.5	40.2
5.5	+0.4 -0.5	46.2	44.3	44.1
6.0	+0.5 -0.6	50.1	48.4	48.1
7.0	+0.6 -0.7	59.0	52.6	52.4
8.0	+0.6 -0.8	66.8	56.4	56.2

5）花纹钢板表面质量分为两级：

①普通精度：钢板表面允许有薄层氧化铁皮、铁锈、由于氧化铁皮脱落所形成的表面粗糙和高度或深度不超过允许偏差的其他局部缺陷。

花纹上允许有不明显的毛刺和高度不超过纹高的个别痕迹。单个缺陷的最大面积不超过纹长的平方。

②较高精度：钢板表面允许有薄层氧化铁皮、铁锈和高度或深度不超过厚度公差之半的其他局部缺陷。

花纹完整无损。花纹上允许有高度不超过厚度公差之半的局部的轻微的毛刺。

2. 护栏波形梁用冷弯型钢

护栏波形梁用冷弯型钢按截面型式分为 A 型和 B 型。

1）型钢的截面形状及尺寸符号分别如图 10 - 5、图 10 - 6 所示。

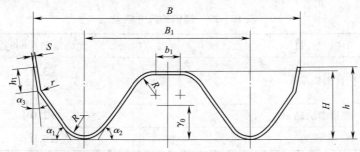

图 10 - 5　A 型

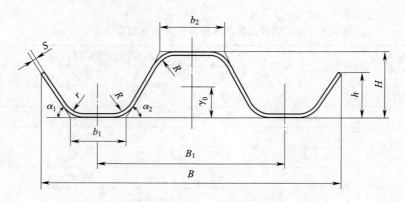

图 10 - 6　B 型

2）型钢的截面尺寸、截面参数及理论重量应符合表 10 - 26 的规定。

表 10 - 26　型钢的截面尺寸、截面参数及理论重量

项目截面	公称尺寸（mm）										弯曲角度 α（°）			截面面积（cm²）	理论重量（kg/m）	重心位置 i_{yo}（cm）	惯性矩 I_{yo}（cm⁴）	截面模数 W_{yo}（cm³）
A 型	H	h	h_1	B	B_1	b_1	b_2	R	r	S	α_1	α_2	α_3					
B 型	83	85	27	310	192	—	28	24	10	3	55	55	10	14.5	11.4	4.4	110.7	24.6
	75	55	—	350	214	63	69	25	25	4	55	60	—	18.6	14.6	3.2	119.9	27.9
	75	53	—	350	218	68	75	25	20	4	57	62	—	18.7	14.7	3.1	117.8	26.8
	79	42	—	350	227	45	60	14	14	4	45	50	—	17.8	14.0	3.4	122.1	27.1
	53	34	—	350	223	63	63	14	14	3.2	45	45	—	13.2	10.4	2.1	45.5	14.2
	52	33	—	350	224	63	63	14	14	2.3	45	45	—	9.4	7.4	2.1	33.2	10.7

注：表中钢的理论重量按密度为 7.85g/cm² 计算。

3）型钢的尺寸偏差应符合表 10 - 27 的规定。

表 10 - 27　型钢的尺寸偏差

项　　目	允许偏差（mm）
自由边高 h	+3.0 −2.0
非自由边高 H	±2.0
宽度 B	±5.0

4）定尺长度偏差应符合表 10 - 28 的规定。

表 10 – 28 定尺长度偏差 （mm）

精度 ＼ 长度	≤6000	>6000
普通定尺	+10	+20
精确定尺	+5	+10

10.2.2 建筑用铝合金制品

铝是地壳中含量很丰富的一种金属元素，在地壳组成中占 8.13%，仅次于氧和硅，约占全部金属总量的1/3。由于铝有优越的性能，使其在各方面的应用迅速发展，尤其在建筑和装饰工程中更显示了其他金属材料无法比拟的特点和优势。

1. 纯铝的性质

铝属于有色轻金属，密度为 2.7g/cm³，仅为钢的1/3。熔点较低，为 660.4℃。铝的导电、导热性能优良，仅次于铜。铝为银白色，呈闪亮的金属光泽，抛光的表面对光和热有 90% 以上的高反射率。

铝的化学性质很活泼，在空气中暴露，很容易与氧发生氧化反应，生成很薄的一层氧化膜，从而起到保护作用，使铝具有一定的耐蚀性，但由于这层自然形成的氧化膜厚度仅 0.1μm 左右，因此仍抵抗不了盐酸、浓硫酸、氢氟酸等强酸、强碱及氯、溴、碘等卤族元素的腐蚀。

纯铝有良好的塑性和延展性，其伸长率可达 40% 以上，极易制成板、棒、线材，并可用挤压法生产薄壁空腹型材。纯铝压延成的铝箔厚度仅为 6~25μm。但纯铝的强度和硬度较低（抗拉强度为 80~100MPa，布氏硬度为 200MPa），因此在结构工程和装饰工程中常采用的是掺入合金元素后形成的铝合金。

2. 铝合金及其特性

为了提高纯铝的强度、硬度，而保持纯铝原有的优良特性，在纯铝中加入适量的铜、镁、锰、硅、锌等元素而得到的铝基合金，称为铝合金。

铝合金避免了纯铝的缺点，又增加了许多优良性能。铝合金强度高（屈服强度可达 210~500MPa，抗拉强度可达 380~550MPa）、密度小，所以有较高的比强度（比强度为 73~190，而普通碳素钢的比强度仅为 27~77），是典型的轻质高强材料。铝合金的耐腐蚀性有较大的提高，同时低温性能好，基本不呈现低温脆性。铝合金易着色，有较好的装饰性。但铝合金也存在着一些缺点，主要是弹性模量小（约为钢的1/3），虽可减小温度应力，但用作结构受力构件，刚度较小，变形较大。其次铝合金耐热性差，热胀系数较大，可焊性也较差。

3. 铝合金的分类及牌号

铝合金有不同的分类方法，一般来说，可按加工工艺分为变形铝合金和铸造铝合金。变形铝合金又可按热处理强化性分为热处理强化型和热处理非强化型。变形铝合金按其性能又可分为防锈铝、硬铝、超硬铝、锻铝、特殊铝和硬钎铝。

变形铝合金是指通过冲压、弯曲、辊轧、挤压等工艺使合金组织、形状发生变化的铝合金。铸造铝合金是供不同种类的模型和方法（砂型、金属型、压力铸造等）铸造零件用的铝合金。热处理非强化型是指不能用淬火的方法提高强度的铝合金，而热处理强化型是指可通过热处理的方法提高强度的铝合金，如硬铝、超硬铝及锻铝等。

（1）变形铝合金的牌号。变形铝合金的牌号用汉语拼音字母和顺序号表示，顺序号与合金钢牌号中的数字不同：不表示合金含量范围，而只是表示顺序号。变形铝合金牌号中的汉语拼音字母含义如下：LF—防锈铝合金（简称防锈铝）；LY—硬铝合金（简称硬铝）；LC—超硬铝合金（简称超硬铝）；LD—锻铝合金（简称锻铝）；LT—特殊铝合金（简称特殊铝）；LQ—硬钎铝合金（简称硬钎铝）。变形铝合金产品的分组及代号见表10－29。

表 10－29　变形铝合金产品的分组及代号

分组	代　　号
防锈铝	LF2、LF3、LF4、LF5－1、LF10、LF11、LF12、LF13、LF14、LF21、LF33、LF45
硬铝	LY1、LY2、LY3、LY4、LY5、LY6、LY8、LY9、LY10、LY11、LY12、LY13、LY16、LY17
超硬铝	LC3、LC4、LC9、LC10、LC12
锻铝	LD2、LD2－1、LD2－2、LD5、LD7、LD8、LD9、LD10、LD11、LD30、LD31
特殊铝	LT1、LT13、LT17、LT41、LT62、LT66、LT75

（2）铸造铝合金的牌号。目前应用的铸造铝合金有铝硅（Al－Si）、铝铜（Al－Cu）、铝镁（Al－Mg）及铝锌（Al－Zn）4个组系。按规定，铸造铝合金的牌号用汉语拼音字母"ZL"（铸铝）和3位数字组成，如ZL101、ZL201等。3位数字中的第一位数（1～4）表示合金的组别，其中1代表硅铝合金；2代表铝铜合金；3代表铝镁合金；4代表铝锌合金。后面两位数表示该合金的顺序号。

4. 铝合金的用途

建筑中广泛使用的铝合金制品主要是铝合金门窗、铝合金装饰板和铝合金龙骨。

（1）铝合金门窗。铝合金门窗是按特定要求成型并经表面处理的铝合金型材。按其结构与开启方式可分为：推拉窗（门）、平开窗（门）、悬挂窗、回转窗（门）、百叶窗、纱窗等。

铝合金门窗产品通常要进行以下主要性能的检验：

1）强度：测定铝合金门窗的强度是在压力箱内进行的，通常用窗扇中央最大位移量小于窗框内沿高度的1/70时所能承受的风压等级表示。

2）气密性：气密性是指在一定压力差的条件下，铝合金门窗空气渗透性的大小。以每平方米面积的窗在每小时内的通气量表示。

3）水密性：水密性是指铝合金门窗在不渗漏雨水的条件下所能承受的脉冲平均风压值。

4）隔热性：铝合金门窗的隔热性能常按传热阻值分为3级，即Ⅰ级≥0.50m² · K/W，Ⅱ级≥0.33m² · K/W，Ⅲ级≥0.25m² · K/W。

5）隔声性：铝合金门窗的隔声性能常用隔声量（dB）表示。隔声铝合金窗的隔声量为25～40dB。

6）开闭力：铝合金窗装好玻璃后，窗户打开或关闭所需的外力应在49N以下，以保证开闭灵活方便。

铝合金门窗按其抗风压强度、气密性和水密性三项性能指标，将产品分为 A、B、C 三类，每类又分为优等品、一等品和合格品三个等级。

（2）铝合金装饰板。

1）铝合金花纹板：铝合金花纹板是采用防锈铝合金等坯料，用特制的花纹轧辊轧制而成。花纹美观大方，筋高适中，不易磨损，防滑性能好，防腐蚀性能强，便于冲洗。通过表面处理可得到各种颜色。广泛用于公共建筑的墙面装饰、楼梯踏板等处。铝合金花纹板的花纹图案，有方格形花纹、扁豆形花纹、五条形花纹、三条形花纹、指针形花纹和菱形花纹等。

铝质浅花纹板是我国特有的建筑装饰制品。它的花纹精巧别致，色泽美观大方，具有普通铝板共有的优点。另外，铝质浅花纹板的刚度提高 20%，抗污垢、抗划伤、抗擦伤能力均有提高，尤其是增加了立体图案和美丽的色彩，更使建筑物生辉。铝质浅花纹板在酸（包括强酸）中的耐蚀性良好，对白光的反射率达 75%～90%，热反射率达 85%～95%。通过表面处理可得到不同色彩的浅花纹板。

2）铝合金压型板：铝合金压型板是目前应用十分广泛的一种新型铝合金装饰材料。它具有质量轻、外形美观、耐久性好、安装方便等优点。通过表面处理可获得各种色彩。主要用于屋面和墙面等。铝合金压型板性能指标应符合表 10－30 的规定。

表 10－30　铝合金压型板的性能指标

材料	抗拉强度（MPa）	伸长率（%）	弹性模量（MPa）	剪切模量（MPa）	线膨胀系数（$10^{-6}/℃$）		对白色光的反射率（%）	密度（g/cm³）
					-6～20	20～100		
纯铝	100～190	3～4	$72×10^3$	$27×10^3$	22	24	90	2.7
LF21	150～220	2～6						2.73

3）铝及铝合金冲孔吸声板：铝及铝合金冲孔吸声板是金属冲孔板的一种，是用平板经机械冲孔而成，孔径一般为 6mm，孔距为 10～14mm，在工程使用中降噪效果为 4～8dB。铝及铝合金冲孔板的特点是具有良好的防腐蚀性能，光洁度高，有一定强度，易于机械加工成各种规格，有良好的抗震、防水、防火性能和吸声效果。经过表面处理后，可得到各种色彩。

铝及铝合金冲孔板主要用于具有吸声要求的各类建筑中。如棉纺厂、各种控制室、计算机房的顶棚及墙壁，也可用于噪声大的厂房车间，更是影剧院理想的吸声和装饰材料。

（3）铝合金龙骨。铝合金龙骨是以铝合金挤压而成的顶棚骨架支承材料，其断面为 T 形；按其位置和功能可分为 T 形主龙骨（代号 LYM）、次龙骨（横撑龙骨 I）、边龙骨、异型龙骨和配件。

铝合金龙骨一般与轻钢龙骨（称为大龙骨）、组合使用。即主要承重龙骨为轻钢龙骨，然后铝合金主龙骨按一定间距用吊勾与轻钢主龙骨挂接。T 形龙骨上可插接或浮摆饰面板材，使龙骨明露或暗设，形成不同风格的吊顶平面。

铝合金龙骨具有自重轻、防火、抗震、外观光亮挺括、色调美观、加工和安装方便等特点，适用于医院、会议室、办公室、走廊等吊顶工程，常与小幅面石膏装饰板或岩棉（矿棉）吸声板配用。

10.3　建　筑　涂　料

建筑涂料是指涂覆于建筑物表面的，经干燥、固化后可形成连续状涂膜，并与被涂覆物表面牢固黏结的材料。它能以其丰富的色彩和质感装饰美化建筑物。并能以其某些特殊功能改善建筑物的使用条件，延长建筑物的使用寿命。

其涂饰作业方法简单，施工效率高，自重小，便于维护更新，造价低。

10.3.1　涂料的组成

涂料的组成材料分为主要成膜物质、次要成膜物质和辅助成膜物质三个部分。

1. 主要成膜物质

主要成膜物质是涂料的基础物质，可独立成膜，并可黏结次要成膜物质共同成膜。它决定着涂料使用和涂膜的主要性能。

2. 次要成膜物质

次要成膜物质是指涂料中的各种颜料与填料，使涂膜着色、增加涂膜质感，改善涂膜性质，增加涂料品种，降低涂料成本等。有植物油、天然树脂（松香、虫胶、沥青等）、合成树脂、无机胶结材料等多种类型。

3. 辅助成膜物质

辅助成膜物质是指涂料中的溶剂和各种助剂，对于涂料的生产、涂饰施工以及涂膜形成过程有重要影响，或者可以改善涂膜的某些性质。

10.3.2　建筑涂料的基本类型

1）按主要成膜物质的化学成分分为有机涂料、无机涂料、无机和有机复合涂料。

①有机溶剂型涂料：以高分子合成树脂为主要成膜物质，有机溶剂为稀释剂，加入适量的颜料、填料及辅助材料，经研磨而成的涂料。常用的溶剂型合成树脂有硝酸纤维素、聚氨酯、醇酸树脂、不饱和聚酯树脂。

特点：涂膜细腻光洁而坚韧，有较好的硬度、光泽和耐水性、耐候性，气密性好，耐酸碱，对建筑物有较强的保护性，使用温度可以低到零度。但有机溶剂型涂料易燃，溶剂挥发对人体有害，施工时要求基层干燥，涂膜透气性差，价格较贵。

②有机水溶性涂料：以水溶性合成树脂为主要成膜物质，以水为稀释剂，加入适当的颜料、填料及辅助材料经研磨而成的涂料。常用的水溶性合成树脂有聚醋酸乙烯、聚乙烯醇、丙烯酸酯等。

特点：耐水性差，耐候性不强，耐洗刷性差，一般只用作内墙涂料。

③有机乳化涂料：又称乳胶漆，是由合成树脂借助乳化剂的作用，以 $0.1\sim0.5\mu m$ 的极细微粒分散于水中构成乳液，并以乳液为主要成膜物质，加入适量的颜料、填料、辅助材料经研磨而成的涂料。

优点：价格便宜，无毒、不燃，对人体无害，有一定的透气性。涂布时不需要基层很干燥，涂膜固化后的耐水、耐擦洗性较好，可作为内外墙涂料。

常用的合成树脂乳液有：丙烯酸酯乳液、苯乙烯 – 丙烯酸酯共聚乳液、醋酸乙烯 – 丙烯酸酯乳液、氯乙烯 – 偏氯乙烯乳液等。

④无机涂料：以碱金属硅酸盐或硅溶胶为主要黏结料，加入颜料、填料及助剂配制而成的，在建筑物上形成薄质涂层的涂料。这种涂料性能优良，主要用于外墙装饰，常用喷涂施工，也可用刷涂或辊涂。

特点：资源丰富，生产工艺简单，价格便宜，节约能源，减少环境污染；黏结力强，对基层处理要求不严；材料的耐久性好，遮盖力强，装饰效果好；温度适应性好；颜色均匀，保色性好；良好的耐热性，且遇火不燃、无毒。但这种涂料抵抗基体开裂的性能较低。

⑤无机 – 有机复合涂料：主要有聚乙烯醇 – 水玻璃内墙涂料、硅溶胶 – 丙烯酸涂料两种。

2）按主要成膜物质分，主要有聚乙烯醇系建筑涂料、丙烯酸系建筑涂料、聚氨酯建筑涂料、水玻璃及硅溶胶建筑涂料五种。

3）按照建筑物的使用部位不同，分为外墙涂料、内墙涂料、顶棚涂料、地面涂料、屋面防水涂料。

4）其他分类。按功能：装饰性涂料、防火涂料、保温涂料、防腐涂料、防水涂料。按涂膜的状态：薄质涂料、厚质涂料、砂壁涂料、变形凹凸花纹涂料。

10.3.3 建筑涂料中有害物质的限量

1）国家标准《室内装饰装修材料 内墙涂料中有害物质限量》GB 18582—2008 对有害物质的限量见表 10 – 31。

表 10 – 31 内墙涂料中有害物质限量的要求

项　目		限　量　值	
		水性墙面涂料[a]	水性墙面腻子[b]
挥发性有机化合物含量（VOC），≤		120g/L	15g/kg
苯、甲苯、乙苯、二甲苯总和（mg/kg），≤		300	
游离甲醛（mg/kg），≤		100	
可溶性重金属（mg/kg），≤	铅 Pb	90	
	镉 Cd	75	
	铬 Cr	60	
	汞 Hg	60	

注：[a]涂料产品所有项目均不考虑稀释配比。

[b]膏状腻子所有项目均不考虑稀释配比；粉状腻子除可溶性重金属项目直接测试粉体外，其余 3 项按产品规定的配比将粉体与水或胶黏剂等其他液体混合后测试。如配比为某一范围时，应按照水用量最小、胶黏剂等其他液体用量最大的配比混合后测试。

2）《室内装饰装修材料　溶剂型木器涂料中有害物质限量》GB 18581—2009 中规定了室内装饰装修用溶剂型木器涂料中对人体有害物质容许限值的技术要求、试验方法、检验规程、包装标志、安全涂装及防护等内容，见表 10 - 32。溶剂型木器涂料主要包括硝基漆、聚氨酯漆和醇酸漆，其他树脂类型的木器涂料可参照使用。

表 10 - 32　溶剂型木器涂料中有害物质限量的要求

项　目	限　量　值				
	聚氨酯类涂料		硝基类涂料	醇酸类涂料	腻子
	面漆	底漆			
挥发性有机化合物（VOC）含量[a]（g/L），≤	光泽（60°）≥80，580 光泽（60°）<80，670	670	720	500	550
苯含量[a]（%），≤	0.3				
甲苯、二甲苯、乙苯含量总和[a]（%），≤	30		30	5	30
游离二异氰酸酯（TDI、HDI）含量总和[b]（%）≤	0.4		—	—	0.4（限聚氨酯类腻子）
甲醇含量[a]（%），≤	—		0.3		0.3（限硝基类腻子）
卤代烃含量[a,c]（%），≤	0.1				
可溶性重金属含量（限色漆、腻子和醇酸清漆）（mg/kg），≤	铅 Pb	90			
	镉 Cd	75			
	铬 Cr	60			
	汞 Hg	60			

注：[a]按产品明示的施工配比混合后测定。如稀释剂的使用量为某一范围时，应按照产品施工配比规定的最大稀释比例混合后进行测定；

　　[b]如聚氨酯类涂料和腻子规定了稀释比例或由双组分或多组分组成时，应先测定固化剂（含游离二异氰酸酯预聚物）中的含量，再按产品明示的施工配比计算混合后涂料中的含量。如稀释剂的使用量为某一范围时，应按照产品施工配比规定的最小稀释比例进行计算；

　　[c]包括二氯甲烷、1，1 - 二氯乙烯、1，2 - 二氯乙烯、三氯甲烷、1，1，1 - 三氯乙烷、1.1.2 - 三氯乙烷、四氯化碳。

10.4　玻　璃

10.4.1　玻璃的作用、性质和分类

玻璃是由石英砂、纯碱、石灰石和长石等主要原料以及一些辅助性材料在高温下熔融、成形、急冷而形成的一种无定形非晶态硅酸盐物质。

1.玻璃的作用

在建筑工程中，玻璃是一种重要的装修材料。它的作用除透光、透视、隔声、隔热外，还有艺术装饰作用。特种玻璃还具有吸热、保温、防辐射、防爆、防弹等特殊要求。此外，玻璃还可制成玻璃幕墙、各种玻璃空心砖及泡沫玻璃等作为轻质建筑材料来满足隔声、绝热、保温等方面特殊要求。尤其是中空玻璃、镜面玻璃、热反射玻璃和夹层玻璃等，可减轻建筑物自重，改善采光效果，获得更好的艺术观感。

2.玻璃的性质

（1）密度。玻璃的密度为 2.45~2.55g/cm³，其孔隙率接近于零。

（2）力学性质。抗压强度为 600~1200MPa，抗拉强度为 40~80MPa，弹性模量为（6~7.5）×10⁴MPa，脆性指数为 1300~1500。

（3）光学性质。玻璃的光学性质有透光性、光折射、光反射、光散射等。

厚度为 2~6mm 的普通窗玻璃光透射比为 80%~82%，随玻璃厚度增加而降低，随入射角增大而减小。折射率为 1.50~2.50，光反射比反射率为 7%~9%。

（4）热物理性。在室温 100℃内，玻璃的比热为 0.33~1.05kJ/（kg·K），热导率为 0.40~0.82W/（m·K），热膨胀系数为（9~15）×10⁶K⁻¹。玻璃的热稳定性差，原因是玻璃的热膨胀系数虽然不大，但玻璃的热导率小，弹性模量高，当产生热变形时，在玻璃中产生很大的应力，从而导致炸裂。

（5）化学性质。玻璃的化学稳定性很强，除氢氟酸外，能抵抗各种介质的腐蚀。

玻璃没有固定的熔点，液态时有极大的粘性，冷却后形成非结晶体。

3.玻璃的分类

按化学组成分为钠钙玻璃、铝镁玻璃、钾玻璃、铝玻璃、硼硅玻璃、石英玻璃等。

按加工工艺不同分为平板玻璃、压延玻璃和工业技术玻璃等。

10.4.2　平板玻璃

1.分类

1）按颜色属性分为无色透明平板玻璃和本体着色平板玻璃。

2）按外观质量分为合格品、一等品和优等品。

3）按公称厚度分为：

2mm、3mm、4mm、5mm、6mm、8mm、10mm、12mm、15mm、19mm、22mm、25mm。

2.要求

（1）尺寸偏差。平板玻璃应切裁成矩形，其长度和宽度的尺寸偏差应不超过表 10-33 规定。

表 10 – 33　平板玻璃的尺寸偏差（mm）

公 称 厚 度	尺 寸 偏 差	
	尺寸≤3000	尺寸>3000
2～6	±2	±3
8～10	+2，–3	+3，–4
12～15	±3	±4
19～25	±5	±5

（2）对角线差。平板玻璃对角线差应不大于其平均长度的0.2%。

（3）厚度偏差和厚薄差。平板玻璃的厚度偏差和厚薄差应不超过表 10 – 34 规定。

表 10 – 34　平板玻璃的厚度偏差和厚薄差（mm）

公 称 厚 度	厚 度 偏 差	厚 薄 差
2～6	±0.2	0.2
8～12	±0.3	0.3
15	±0.5	0.5
19	±0.7	0.7
22～25	±1.0	1.0

（4）外观质量。

1）平板玻璃合格品外观质量应符合表 10 – 35 的规定。

表 10 – 35　平板玻璃合格品外观质量

缺陷种类	质 量 要 求	
点状缺陷[a]	尺寸 L（mm）	允许个数限度
	0.5≤L≤1.0	2×S
	1.0≤L≤2.0	1×S
	2.0≤L≤3.0	0.5×S
	L>3.0	0
点状缺陷密集度	尺寸≥0.5mm 的点状缺陷最小间距不小于 300mm；直径 100mm 圆内尺寸≥0.3mm 的点状缺陷不超过 3 个	
线道	不允许	
裂纹	不允许	
划伤	允许范围	允许条数限度
	宽≤0.5mm，长≤60mm	3×S

续表 10 – 35

缺陷种类	质 量 要 求		
光学变形	公称厚度	无色透明平板玻璃	本体着色平板玻璃
	2mm	≥40°	≥40°
	3mm	≥45°	≥40°
	≥4mm	≥50°	≥45°
断面缺陷	公称厚度不超过 8mm 时，不超过玻璃板的厚度；8mm 以上时，不超过 8mm		

注：1. S 是以平方米为单位的玻璃板面积数值，按《数值修约规则与极限数值的表示和判定》GB/T 8170—2008 修约，保留小数点后两位。点状缺陷的允许个数限度及划伤的允许条数限度为各系数与 S 相乘所得的数值，按《数值修约规则与极限数值的表示和判定》GB/T 8170—2008 修约至整数。

2. ª光畸变点视为 0.5mm ~ 1.0mm 的点状缺陷。

2）平板玻璃一等品外观质量应符合表 10 – 36 的规定。

表 10 – 36　平板玻璃一等品外观质量

缺陷种类	质 量 要 求		
点状缺陷ª	尺寸 L（mm）	允许个数限度	
	0.3 ≤ L ≤ 0.5	2 × S	
	0.5 ≤ L ≤ 1.0	0.5 × S	
	1.0 ≤ L ≤ 1.5	0.2 × S	
	L > 1.5	0	
点状缺陷密集度	尺寸 ≥ 0.3mm 的点状缺陷最小间距不小于 300mm；直径 100mm 圆内尺寸 ≥ 0.2mm 的点状缺陷不超过 3 个		
线道	不允许		
裂纹	不允许		
划伤	允许范围	允许条数限度	
	宽 ≤ 0.2mm，长 ≤ 40mm	2 × S	
光学变形	公称厚度	无色透明平板玻璃	本体着色平板玻璃
	2mm	≥50°	≥45°
	3mm	≥55°	≥50°
	4mm ~ 12mm	≥60°	≥55°
	≥15mm	≥55°	≥50°
断面缺陷	公称厚度不超过 8mm 时，不超过玻璃板的厚度；8mm 以上时，不超过 8mm		

注：1. S 是以平方米为单位的玻璃板面积数值，按《数值修约规则与极限数值的表示和判定》GB/T 8170—2008 修约，保留小数点后两位。点状缺陷的允许个数限度及划伤的允许条数限度为各系数与 S 相乘所得的数值，按《数值修约规则与极限数值的表示和判定》GB/T 8170—2008 修约至整数；

2. ª点状缺陷中不允许有光畸变点。

3）平板玻璃优等品外观质量应符合表 10 – 37 的规定。

表 10 – 37　平板玻璃优等品外观质量

缺陷种类	质　量　要　求	
点状缺陷ᵃ	尺寸 L（mm）	允许个数限度
	0.3≤L≤0.5	1×S
	0.5≤L≤1.0	0.2×S
	L>1.0	0
点状缺陷密集度	尺寸≥0.3mm 的点状缺陷最小间距不小于 300mm；直径 100mm 圆内尺寸≥0.1mm 的点状缺陷不超过 3 个	
线道	不允许	
裂纹	不允许	
划伤	允许范围	允许条数限度
	宽≤0.1mm，长≤30mm	2×S
光学变形	公称厚度	无色透明平板玻璃	本体着色平板玻璃
	2mm	≥50°	≥50°
	3mm	≥55°	≥50°
	4mm ~ 12mm	≥60°	≥55°
	≥15mm	≥55°	≥50°
断面缺陷	公称厚度不超过 8mm 时，不超过玻璃板的厚度；8mm 以上时，不超过 8mm	

注：1. S 是以平方米为单位的玻璃板面积数值，按《数值修约规则与极限数值的表示和判定》GB/T 8170—2008 修约，保留小数点后两位。点状缺陷的允许个数限度及划伤的允许条数限度为各系数与 S 相乘所得的数值，按《数值修约规则与极限数值的表示和判定》GB/T 8170—2008 修约至整数；

2. ᵃ点状缺陷中不允许有光畸变点。

（5）弯曲度。平板玻璃弯曲度应不超过 0.2% 。

（6）光学特性。

1）无色透明平板玻璃可见光透射比应不小于表 10 – 38 的规定。

表 10 – 38　无色透明平板玻璃可见光透射比最小值

公称厚度（mm）	可见光透射比最小值（%）
2	89
3	88
4	87
5	86
6	85

续表 10 – 38

公称厚度（mm）	可见光透射比最小值（%）
8	83
10	81
12	79
15	76
19	72
22	69
25	67

2）本体着色平板玻璃可见光透射比、太阳光直接透射比、太阳能总透射比偏差应不超过表 10 – 39 的规定。

表 10 – 39 本体着色平板玻璃透射比偏差

种　　类	偏差（%）
可见光（380nm ~ 780nm）透射比	2.0
太阳光（300nm ~ 2500nm）直接透射比	3.0
太阳能（300nm ~ 2500nm）总透射比	4.0

3）本体着色平板玻璃颜色均匀性，同一批产品色差应符合 $\Delta E_{ab}^* \leqslant 2.5$。

（7）特殊厚度或其他要求。特殊厚度或其他要求由供需双方协商。

3. 标志、包装、运输和贮存

（1）标志。玻璃包装上应有标志或标签，标明产品名称、生产厂、注册商标、厂址、质量等级、颜色尺寸、厚度、数量、生产日期、拉引方向和本标准号，并印有"轻搬轻放、易碎品、防水防湿"字样或标志。

（2）包装。玻璃包装应便于装卸运输，应采取防护和防霉措施，包装数量应与包装方式相适应。

（3）运输。运输时应防止包装剧烈晃动、碰撞、滑动和倾倒。在运输和装卸过程中应有防雨措施。

（4）贮存。玻璃应贮存在通风、防潮、有防雨设施的地方，以免玻璃发霉。

10.4.3 压花玻璃

1. 分类

1）压花玻璃按外观质量分为一等品、合格品。

2）压花玻璃按厚度分为 3mm、4mm、5mm、6mm 和 8mm。

2. 要求

1）压花玻璃应为长方形或正方形，其长度和宽度尺寸允许偏差应符合表 10 – 40 规定。

表 10 -40   压花玻璃长度和宽度尺寸允许偏差（mm）

厚度	尺寸允许偏差
3	±2
4	±2
5	±2
6	±2
8	±3

2）压花玻璃的厚度偏差应符合表 10 -41 的规定。

表 10 -41   压花玻璃厚度允许偏差（mm）

厚度	尺寸允许偏差
3	±0.3
4	±0.4
5	±0.4
6	±0.5
8	±0.6

3）压花玻璃对角线差应小于两对角线平均长度的 0.2%。

4）压花玻璃的弯曲度不应超过 0.3%。

5）压花玻璃外观质量应符合表 10 -42 规定。

表 10 -42   压花玻璃外观质量

缺陷类型	说明	一等品			合格品		
图案不清	目测可见	不允许					
气泡	长度范围（mm）	$2 \leqslant L < 5$	$5 \leqslant L < 10$	$L \geqslant 10$	$2 \leqslant L < 5$	$5 \leqslant L < 15$	$L \geqslant 15$
	允许个数	$6.0 \times S$	$3.0 \times S$	0	$9.0 \times S$	$4.0 \times S$	0
杂物	长度范围（mm）	$2 \leqslant L < 3$		$L \geqslant 3$	$2 \leqslant L < 3$		$L \geqslant 3$
	允许个数	$1.0 \times S$		0	$2.0 \times S$		0
线条	长度范围（mm）	不允许			长度 $100 \leqslant L < 200$，宽度 $W < 0.5$		
	允许个数				$3.0 \times S$		
皱纹	目测可见	不允许			边部 50mm 以内轻微的允许存在		

续表 10 - 42

缺陷类型	说明		一等品	合格品	
压痕	长度范围（mm）		不允许	$2 \leqslant L < 5$	$L \geqslant 5$
	允许个数			$2.0 \times S$	0
划伤	长度范围（mm）		不允许	长度 $L \leqslant 60$，宽度 $W < 0.5$	
	允许个数			$3.0 \times S$	
裂纹	目测可见		不允许		
断面缺陷	爆边、凹凸、缺角等		不应超过玻璃板的厚度		

注：1. 上表中，L 表示相应缺陷的长度，W 表示其宽度，S 是以平方米为单位的玻璃板的面积，气泡、杂物、压痕和划伤的数量允许上限值是以 S 乘以相应系数所得的数值，此数值应按《数值修约规则与极限数值的表示和判定》GB/T 8170—2008 修约至整数；

2. 对于 2mm 以下的气泡，在直径为 100mm 的圆内不允许超过 8 个；

3. 破坏性的杂物不允许存在。

10.4.4 建筑用安全玻璃

1. 防火玻璃

（1）分类。防火玻璃的分类见表 10 - 43。

表 10 - 43　防火玻璃的分类

分类方式	类　别
按结构分	1. 复合防火玻璃（FFB）：由两层或两层以上玻璃复合而成或由一层玻璃和有机材料复合而成，并满足相应耐火性能要求的特种玻璃； 2. 单片防火玻璃（DFB）：由单层玻璃构成，并满足相应耐火性能要求的特种玻璃
按耐火性能分	1. A 类隔热型防火玻璃：同时满足耐火完整性、耐火隔热性要求的防火玻璃； 2. C 类非隔热型防火玻璃：仅满足耐火完整性要求的防火玻璃
按耐火极限分	可分为 0.50h、1.00h、1.50h、2.00h、3.00h 五个等级

（2）原片玻璃要求。防火玻璃原片刻选用镀膜或非镀膜的浮法玻璃、钢化玻璃，复合防火玻璃原片，还可选用单片防火玻璃。原片玻璃应分别符合《平板玻璃》GB 11614—2009、《建筑用安全玻璃　第二部分　钢化玻璃》GB 15763.2—2005、《镀膜玻璃》GB/T 18915—2013（所有部分）等相应标准和相应条款的规定。

所采用其他材料也均应满足相应的国家标准、行业标准、相关技术条件要求。

（3）尺寸、厚度及允许偏差。防火玻璃的尺寸、厚度允许偏差应符合表 10 - 44 和表 10 - 45 的规定。

表 10 - 44　复合防火玻璃尺寸、厚度允许偏差（mm）

玻璃的总厚度 d	长度或宽度 L 允许偏差		厚度允许偏差
	$L \leq 1200$	$1200 < L \leq 2400$	
$5 \leq d < 11$	±2	±3	±1.0
$11 \leq d < 17$	±3	±4	±1.0
$17 \leq d < 24$	±4	±5	±1.3
$24 \leq d < 35$	±5	±6	±1.5
$d \geq 35$	±5	±6	±2.0

注：当 L 大于 2400mm 时，尺寸允许偏差由供需双方商定。

表 10 - 45　单片防火玻璃尺寸、厚度允许偏差（mm）

玻璃厚度	长度或宽度 L 允许偏差			厚度允许偏差
	$L \leq 1000$	$1000 < L \leq 2000$	$L > 2000$	
5	+1			±0.2
6	−2	±3	±4	
8	+2			±0.3
10	−3			±0.3
12				±0.3
15	±4	±4		±0.5
19	±5	±5	±6	±0.7

（4）外观质量。防火玻璃的外观质量应符合表 10 - 46 和表 10 - 47 的规定。

表 10 - 46　复合防火玻璃的外观质量

缺陷名称	要　　求
气泡	直径 300mm 圆内允许长 0.5mm ~ 1.0mm 的气泡 1 个
胶合层杂质	直径 500mm 圆内允许长 2.0mm 以下的杂质 2 个
划伤	宽度 ≤ 0.1mm、长度 ≤ 50mm 的轻微划伤，每平方米面积内不超过 4 条
	0.1mm < 宽度 < 0.5mm、长度 ≤ 50mm 的轻微划伤，每平方米面积内不超过 1 条
爆边	每米边长允许有长度不超过 20mm、自边部向玻璃表面延伸深度不超过厚度一半的爆边 4 个
叠差、裂纹、脱胶	脱胶、裂纹不允许存在；总叠差不应大于 3mm

注：复合防火玻璃周边 15mm 范围内的气泡、胶合层杂质不作要求。

表 10-47 单片防火玻璃的外观质量

缺陷名称	要　求
爆边	不允许存在
划伤	宽度≤0.1mm、长度≤50mm 的轻微划伤，每平方米面积内不超过 2 条
	0.1mm<宽<0.5mm、长度≤50mm 的轻微划伤，每平方米面积内不超过 1 条
结石、裂纹、缺角	不允许存在

（5）耐火性能。隔热型防火玻璃（A 类）和非隔热型防火玻璃（C 类）的耐火性能应满足表 10-48 的要求。

表 10-48 防火玻璃的耐火性能

分类名称	耐火极限等级	耐火性能要求
隔热型防火玻璃（A 类）	3.00h	耐火隔热性时间≥3.00h，且耐火完整性时间≥3.00h
	2.00h	耐火隔热性时间≥2.00h，且耐火完整性时间≥2.00h
	1.50hh	耐火隔热性时间≥1.50h，且耐火完整性时间≥1.50h
	1.00h	耐火隔热性时间≥1.00h，且耐火完整性时间≥1.00h
	0.50h	耐火隔热性时间≥0.50h，且耐火完整性时间≥0.50h
非隔热型防火玻璃（C 类）	3.00h	耐火完整性时间≥3.00h，耐火隔热性无要求
	2.00h	耐火完整性时间≥2.00h，耐火隔热性无要求
	1.50hh	耐火完整性时间≥1.50h，耐火隔热性无要求
	1.00h	耐火完整性时间≥1.00h，耐火隔热性无要求
	0.50h	耐火完整性时间≥0.50h，耐火隔热性无要求

（6）弯曲度。防火玻璃的弓形弯曲度不应超过 0.3%，波形弯曲度不应超过 0.2%。

（7）可见光透射比。防火玻璃的可见光透射比应符合表 10-49 的要求。

表 10-49 防火玻璃的可见光透射比

项目	允许偏差最大值（明示标称值）	允许偏差最大值（未明示标称值）
可见光透射比	±3%	≤5%

（8）耐紫外线辐照性。

（9）抗冲击性能。

（10）碎片状态。

（11）耐紫外线辐照性。当复合防火玻璃使用在有建筑采光要求的场合时，应进行耐紫外线辐照性能测试。

复合防火玻璃试样试验后试样不应产生显著变色、气泡及浑浊现象，且试验前后可见光透射比相对变化率 ΔT 应不大于 10%。

（12）抗冲击性能。单片防火玻璃不破坏是指试验后不破碎；复合防火玻璃不破坏是指试验后玻璃满足下述条件之一：

1）玻璃不破碎。

2）玻璃破碎但钢球未穿透试样。

（13）碎片状态。每块试验样品在 50mm×50mm 区域内的碎片数应不低于 40 块。允许有少量长条碎片存在，但其长度不得超过 75mm，且端部不是刀刃状；延伸至玻璃边缘的长条形碎片与玻璃边缘形成的夹角不得大于 45°。

2. 钢化玻璃

（1）定义。钢化玻璃是指经热处理工艺之后的玻璃。其特点是在玻璃表面形成压应力层，机械强度和耐热冲击强度得到提高，并具有特殊的碎片状态。

（2）钢化玻璃的分类见表 10-50。

表 10-50　钢化玻璃的分类

分类方式	类别
按生产工艺分	1. 垂直法钢化玻璃：在钢化过程中采取夹钳吊挂的方式生产出来的钢化玻璃； 2. 水平法钢化玻璃：在钢化过程中采取水平辊支撑的方式生产出来的钢化玻璃
按形状分	1. 平面钢化玻璃； 2. 曲面钢化玻璃

（3）尺寸及其允许偏差。

1）长方形平面钢化玻璃边长的允许偏差应符合表 10-51 的规定。

表 10-51　长方形平面钢化玻璃边长允许偏差（mm）

厚度	边长 L 允许偏差			
	$L \leq 1000$	$1000 < L \leq 2000$	$2000 < L \leq 3000$	$L > 3000$
3、4、5、6	+1 -2	±3	±4	±5
8、10、12	+2 -3			
15	±4	±4		
19	±5	±5	±6	±7
>19	供需双方商定			

2）长方形平面钢化玻璃的对角线差应符合表 10 – 52 的规定。

表 10 – 52　长方形平面钢化玻璃的对角线差允许值（mm）

玻璃公称厚度	对角线差允许值		
	边长≤2000	2000＜边长≤3000	边长＞3000
3、4、5、6	±3.0	±4.0	±5.0
8、10、12	±4.0	±5.0	±6.0
15、19	±5.0	±6.0	±7.0
＞19	供需双方商定		

（4）圆孔。适用于公称厚度不小于 4mm 的钢化玻璃。圆孔的边部加工质量由供需双方商定。

1）孔径。孔径一般不小于玻璃的公称厚度，孔径的允许偏差应符合表 10 – 53 的规定。小于玻璃的公称厚度的孔的孔径允许偏差由供需双方商定。

表 10 – 53　钢化玻璃孔径及其允许偏差（mm）

公称孔径（D）	允许偏差
$4≤D≤50$	±1.0
$50＜D≤100$	±2.0
$D＞100$	供需双方商定

2）孔的位置。

①孔的边部距玻璃边部的距离不应小于玻璃公称厚度的 2 倍。

②两孔孔边之间的距离不应小于玻璃公称厚度的 2 倍。

③孔的边部距玻璃角部的距离不应小于玻璃公称厚度的 6 倍。

注：如果孔的边部距玻璃角部的距离小于 35mm，那么这个孔不应处在相对于角部对称的位置上。具体位置由供需双方商定。

④圆心位置表示方法及其允许偏差。

圆孔圆心的位置的表达方法可参照图 10 – 7 所示要求。如图 10 – 7 建立坐标系，用圆心的位置坐标（x，y）表达圆心的位置。

圆孔圆心的位置 x、y 的允许偏差与玻璃的边长允许偏差相同（见表 10 – 51）。

（5）厚度及其允许偏差。

1）钢化玻璃的厚度及其允许偏差应符合表 10 – 54 的规定。

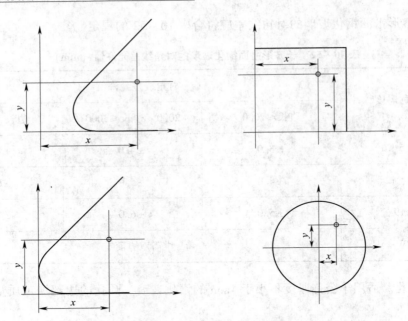

图 10 - 7　圆心位置表示方法

表 10 - 54　钢化玻璃的厚度及其允许偏差 （mm）

公称厚度	厚度允许偏差
3、4、5、6	±0.2
8、10	±0.3
12	±0.4
15	±0.6
19	±1.0
>19	供需双方商定

2）对于表 10 - 54 未作规定的公称厚度的钢化玻璃，其厚度允许偏差可采用表 10 - 54 中与其邻近的较薄厚度的玻璃的规定，或由供需双方商定。

（6）外观质量。钢化玻璃的外观质量应满足表 10 - 55 的要求。

表 10 - 55　钢化玻璃的外观质量

缺陷名称	说　　明	允许缺陷数
爆边	每片玻璃每米边长上允许有长度不超过 10mm，自玻璃边部向玻璃板表面延伸深度不超过 2mm，自板面向玻璃厚度延伸深度不超过厚度 1/3 的爆边个数	1 处

续表 10 − 55

缺陷名称	说　明	允许缺陷数
划伤	宽度在 0.1mm 以下的轻微划伤，每平方米面积内允许存在条数	长度≤100mm 时 4 条
	宽度大于 0.1mm 的划伤，每平方米面积内存在条数	宽度 0.1mm ~ 1mm，长度≤100mm 时 4 条
夹钳印	夹钳印与玻璃边缘的距离≤20mm，边部变形量≤2mm（见图 10 − 8）	
裂纹、缺角	不允许存在	

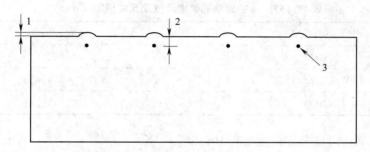

图 10 − 8　夹钳印示意图

1—边部变形　2—夹钳印与玻璃边缘的距离　3—夹钳印

（7）弯曲度。平面钢化玻璃的弯曲度，弓形时应不超过 0.3%，波形时应不超过 0.2%。

（8）碎片状态。取 4 块玻璃试样进行试验，每块试样在任何 50mm × 50mm 区域内的最少碎片数必须满足表 10 − 56 的要求。且允许有少量长条形碎片，其长度不超过 75mm。

表 10 − 56　钢化玻璃的最少允许碎片数

玻璃品种	公称厚度（mm）	最少碎片数（片）
平面钢化玻璃	3	30
	4 ~ 12	40
	≥15	30
曲面钢化玻璃	≥4	30

（9）霰弹袋冲击性能。取 4 块平型玻璃试样进行试验，应符合下列任意一条的规定。

1）玻璃破碎时，每块试样的最大 10 块碎片质量的总和不得超过相当于试样 65cm² 面积的质量，保留在框内的任何无贯穿裂纹的玻璃碎片的长度不能超过 120mm。

2）弹袋下落高度为 1200mm 时，试样不破坏。

（10）表面应力。钢化玻璃的表面应力不应小于 90MPa。

（11）耐热冲击性能。钢化玻璃应耐 200℃ 温差不破坏。

10.4.5　中空玻璃

1. 分类

1）按形状分为平面中空玻璃和曲面中空玻璃。

2）按中空腔内气体分为普通中空玻璃（中空腔内为空气的中空玻璃）和充气中空玻璃（中空腔内充入氩气、氪气等气体的中空玻璃）。

2. 要求

（1）尺寸偏差。

1）中空玻璃的长度及宽度允许偏差见表 10 – 57。

表 10 – 57　中空玻璃的长度及宽度允许偏差（mm）

长（宽）度 L	允许偏差
$L < 1000$	±2
$1000 \leqslant L < 2000$	+2、-3
$L \geqslant 2000$	±3

2）中空玻璃的厚度允许偏差见表 10 – 58。

表 10 – 58　中空玻璃厚度允许偏差（mm）

公称厚度 D	允许偏差
$D < 17$	±1.0
$17 \leqslant D < 22$	±1.5
$D \geqslant 22$	±2.0

注：中空玻璃的公称厚度为玻璃原片公称厚度与中空腔厚度之和。

3）矩形平面中空玻璃对角线差应不大于对角线平均长度的 0.2%。曲面和异形中空玻璃对角线差由供需双方商定。

4）平面中空玻璃的最大叠差应符合表 10 – 59 的规定。

表 10 – 59　平面中空玻璃的允许叠差（mm）

长（宽）度 L	允许叠差
$L < 1000$	2
$1000 \leqslant L < 2000$	3
$L \geqslant 2000$	4

注：曲面和有特殊要求的中空玻璃的叠差由供需双方商定。

5）中空玻璃外道密封胶宽度应 ≥5mm；复合密封胶条的胶层宽度为 8mm±2mm；内道丁基胶层宽度应 ≥3mm，特殊规格或有特殊要求的产品由供需双方商定。

（2）外观质量。中空玻璃的外观质量应符合表 10 – 60 的规定。

表 10 - 60　中空玻璃外观质量

项目	要求
边部密封	内道密封胶应均匀连续，外道密封胶应均匀整齐，与玻璃充分黏结，且不超出玻璃边缘
玻璃	宽度≤0.2mm、长度≤30mm 的划伤允许 4 条/m²，0.2mm＜宽度≤1mm、长度≤50mm 划伤允许 1 条/m²；其他缺陷应符合相应玻璃标准要求
间隔材料	无扭曲，表面平整光洁；表面无污痕、斑点及片状氧化现象
中空腔	无异物
玻璃内表面	无妨碍透视的污迹和密封胶流淌

（3）露点。中空玻璃的露点应＜ -40℃。

（4）耐紫外线辐照性能。试验后，试样内表面应无结雾、水汽凝结或污染的痕迹且密封胶无明显变形。

（5）水气密封耐久性能。水分渗透指数 $I≤0.25$，平均值 $I_{av}≤0.20$。

（6）初始气体含量。充气中空玻璃的初始气体含量应≥85%（V/V）。

（7）气体密封耐久性能。充气中空玻璃经气体密封耐久性能试验后的气体含量应≥80%（V/V）。

（8）U 值。由供需双方商定是否有必要进行本项试验。

11 建筑防水工程材料

11.1 沥青防水材料

1. 沥青

（1）建筑石油沥青。沥青是一种有机胶凝材料，由复杂的高分子碳氢化合物及非金属衍生物组成。沥青在建筑工程上被广泛应用于防水、防潮、防腐工程及水工建筑与道路工程中。

（2）石油沥青。石油沥青是一种有机胶凝材料，由许多高分子碳氢化合物及其非金属（如氧、硫、氮等）衍生物组成的复杂混合物。我国石油沥青产品按用途分为：道路石油沥青及建筑石油沥青等。

（3）改性沥青。石油沥青的改性途径有两大类：即工艺改性与材料改性。材料改性是在沥青中掺入橡胶、树脂及矿物填充料来进行改性，所得沥青混合物为：橡胶沥青、树脂沥青及矿物填充料改性沥青。常用的有：氯丁橡胶沥青、丁基橡胶沥青、再生橡胶沥青、聚乙烯树脂沥青、聚丙烯树脂沥青、橡胶和树脂改性沥青、矿物填充料改性沥青。

（4）煤沥青。煤沥青是炼焦或生产煤气的副产品。根据蒸馏程度的不同又可分为低温沥青、中温沥青（软煤沥青）与高温沥青（硬煤沥青）。其技术性质与石油沥青相比具有以下差异：温度稳定性、粘附性好、耐候性差、塑性差、防腐性能好。

（5）乳化沥青。乳化沥青是将黏稠沥青加热到流动态，经机械作用使其在有乳化剂、稳定剂的水中分散为微小液滴，从而形成的稳定乳状液。乳化沥青无毒、无臭、不燃、干燥快、黏结力强。建筑防水工程中采用乳化沥青黏结防水卷材造价低、用量省，可减轻防水层重量，也利于防水构造的改革。

2. 沥青胶黏材料

沥青胶黏材料是指熬制的纯沥青液与沥青胶的统称。沥青胶黏材料不同于沥青，沥青是一种原料，沥青胶黏材料是用不同标号的沥青经调配熬制而成的。沥青胶黏材料用于防水层与基层和卷材之间黏结以及在卷材面层黏结绿豆石保护层。

3. 冷底子油

冷底子油是一种基层处理剂，涂刷在水泥砂浆或混凝土基层及金属表面上做打底用。可使基层表面与玛瑞脂、涂料、油膏等中间具有一层胶质薄膜，提高胶黏性能。使用冷底子油的合适时间，可在基层基本干燥后或在水泥砂浆凝结后初具强度时进行。

11.2 防水卷材

11.2.1 塑性体改性沥青防水卷材

以聚酯毡或玻纤毡为胎基、无规聚丙烯（APP）或聚烯烃类聚合物（APAO、APO）

作改性剂，两面覆以隔离材料所制成的建筑防水卷材（统称 APP 卷材）。

1. 分类

1）按胎基分为聚酯胎（PY）、玻纤胎（G）、玻纤增强聚酯毡（PYG）三类。

2）按上表面隔离材料分为聚乙烯膜（PE）、细砂（S）、矿物粒料（M）。下表面隔离材料为细砂（S）、聚乙烯膜（PE）。

注：细砂为粒径不超过 0.60mm 的矿物颗粒。

3）按材料性能分为Ⅰ型和Ⅱ型。

2. 规格

卷材公称宽度为 1000mm。

聚酯毡卷材公称厚度为 3mm、4mm、5mm。

玻纤毡卷材公称厚度为 3mm、4mm。

玻纤增强聚酯毡卷材公称厚度为 5mm。

每卷卷材公称面积为 7.5m²、10m²、15m²。

3. 标记

产品按名称、型号、胎基、上表面材料、下表面材料、厚度、面积和本标准编号顺序标记。

4. 用途

1）塑性体改性沥青防水卷材适用于工业与民用建筑的屋面和地下防水工程。

2）玻纤增强聚酯毡卷材可用于机械固定单层防水，但需通过抗风荷载试验。

3）玻纤毡卷材适用于多层防水中的底层防水。

4）外露使用应采用上表面隔离材料为不透明的矿物粒料的防水卷材。

5）地下工程防水应采用表面隔离材料为细砂的防水卷材。

5. 要求

1）塑性体改性沥青防水卷材单位面积质量、面积及厚度应符合表 11 - 1 的规定。

表 11 -1　塑性体改性沥青防水卷材单位面积质量、面积及厚度

规格（公称厚度）（mm）		3			4			5		
上表面材料		PE	S	M	PE	S	M	PE	S	M
下表面材料		PE	PE、S		PE	PE、S		PE	PE、S	
面积（m²/卷）	公称面积	10、15			10、7.5			7.5		
	偏差	±0.10			±0.10			±0.10		
单位面积质量（kg/m²），≥		3.3	3.5	4.0	4.3	4.5	5.0	5.3	5.5	6.0
厚度（mm）	平均值≥	3.0			4.0			5.0		
	最小单值	2.7			3.7			4.7		

2）外观：

①成卷卷材应卷紧卷齐，端面里进外出不得超过 10mm。

②成卷卷材在 4~60℃任一产品温度下展开，在距卷芯 1000mm 长度外不应有 10mm

以上的裂纹或黏结。

③胎基应浸透，不应有未被浸渍的条纹。

④卷材表面必须平整，不允许有孔洞、缺边和裂口、疙瘩，矿物粒料粒度应均匀一致，并紧密地粘附于卷材表面。

⑤每卷接头处不应超过 1 个，较短的一段长度不应少于 1000mm，接头应剪切整齐，并加长 150mm。

3）塑性体改性沥青防水卷材的材料性能应符合表 11 - 2 规定。

表 11 - 2　塑性体改性沥青防水卷材的材料性能

序号	项　　目		指　　标				
			I		II		
			PY	G	PY	G	PYG
1	可溶物含量（g/m²），≥	3mm	2100				—
		4mm	2900				—
		5mm	3500				
		试验现象	—	胎基不燃	—	胎基不燃	—
2	耐热性	℃	110		130		
		≤mm	2				
		试验现象	无流淌、滴落				
3	低温柔性（℃）		-7		-15		
			无裂缝				
4	不透水性 30min		0.3MPa	0.2MPa	0.3MPa		
5	拉力	最大峰拉力（N/50mm），≥	500	350	800	500	900
		次高峰拉力（N/50mm），≥	—				800
		试验现象	拉伸过程中，试件中部无沥青涂盖层开裂或与胎基分离现象				
6	延伸率	最大峰时延伸率（%），≥	25		40		—
		第二峰时延伸率（%），≥	—		—		15
7	浸水后质量增加（%），≤	PE、S	1.0				
		M	2.0				

续表 11 - 2

序号	项 目		指 标				
			I		II		
			PY	G	PY	G	PYG
8	热老化	拉力保持率（%），≥	90				
		延伸率保持率（%），≥	80				
		低温柔性（℃）			-2		-10
			无裂缝				
		尺寸变化率（%），≤	0.7	—	0.7	—	0.3
		质量损失（%），≤	1.0				
9	接缝剥离强度（N/mm），≥		1.0				
10	钉杆撕裂强度ᵃ（N），≥		—				300
11	矿物粒料粘附性ᵇ（g），≤		2.0				
12	卷材下表面沥青涂盖层厚度ᶜ（mm），≥		1.0				
13	人工气候加速老化	外观	无滑动、流淌、滴落				
		拉力保持率（%），≥	80				
		低温柔性（℃）			-2		-10
			无裂缝				

注：ᵃ仅适用于单层机械固定施工方式卷材；

　　ᵇ仅适用于矿物粒料表面的卷材；

　　ᶜ仅适用于热熔施工的卷材。

6. 标志、包装、贮存与运输

（1）标志。

1）生产厂名、地址。

2）商标。

3）产品标记。

4）能否热熔施工。

5）生产日期或批号。

6）检验合格标识。

7）生产许可证号及其标志。

（2）包装。卷材可用纸包装、塑胶袋包装、盒包装或塑料袋包装。纸包装时应以全柱面包装，柱面两端未包装长度总计不超过100mm。产品应在包装或产品说明书中注明贮存于运输注意事项。

（3）贮存与运输。

1）贮存于运输时，不同类型、规格的产品应分别存放，不应混杂。避免日晒雨淋，注意通风。贮存湿度不应高于50℃，立放贮存只能单层，运输过程中立放不超过两层。

2）运输时防止倾斜或横压，必要时加盖苫布。

3）在正常贮存、运输条件下，贮存期自生产日起为 1 年。

11.2.2　弹性体改性沥青防水卷材

聚酯毡或玻纤毡为胎基、苯乙烯—丁二烯—苯乙烯（SBS）热塑性弹性体作改性剂，两面覆以隔离材料所制成的建筑防水卷材（简称"SBS 卷材"）。

1. 分类

1）按胎基分为聚酯胎（PY）、玻纤胎（G）、玻纤增强聚酯毡（PYG）三类。

2）按上表面隔离材料分为聚乙烯膜（PE）、细砂（S）、矿物粒料（M）。下表面隔离材料为细砂（S）、聚乙烯膜（PE）。

注：细砂为粒径不超过 0.60mm 的矿物颗粒。

3）按材料性能分为Ⅰ型和Ⅱ型。

2. 规格

卷材公称宽度为 1000mm。

聚酯毡卷材公称厚度为 3mm、4mm、5mm。

玻纤毡卷材公称厚度为 3mm、4mm。

玻纤增强聚酯毡卷材公称厚度为 5mm。

每卷卷材公称面积为 7.5m²、10m²、15m²。

3. 标记

产品按名称、型号、胎基、上表面材料、下表面材料、厚度、面积和本标准编号顺序标记。

4. 用途

1）弹性体改性沥青防水卷材主要适用于工业与民用建筑的屋面和地下防水工程。

2）玻纤增强聚酯毡卷材可用于机械固定单层防水，但需通过抗风荷载试验。

3）玻纤毡卷材适用于多层防水中的底层防水。

4）外露使用采用上表面隔离材料为不透明的矿物粒料的防水卷材。

5）地下工程防水应采用表面隔离材料为细砂的防水卷材。

5. 要求

1）弹性体改性沥青防水卷材的单位面积质量、面积及厚度应符合表 11-3 的规定。

表 11-3　塑性体改性沥青防水卷材的单位面积质量、面积及厚度

规格（公称厚度）（mm）		3			4			5		
上表面材料		PE	S	M	PE	S	M	PE	S	M
下表面材料		PE	PE、S		PE	PE、S		PE	PE、S	
面积（m²/卷）	公称面积	10、15			10、7.5			7.5		
	偏差	±0.10			±0.10			±0.10		
单位面积质量（kg/m²）		3.3	3.5	4.0	4.3	4.5	5.0	5.3	5.5	6.0
厚度（mm）	平均值≥	3.0			4.0			5.0		
	最小单值	2.7			3.7			4.7		

2）外观：

①成卷卷材应卷紧卷齐，端面里进外出不得超过 10mm。

②成卷卷材在 4℃～50℃ 任一产品温度下展开，在距卷芯 1000mm 的长度外不应有 10mm 以上的裂纹或黏结。

③胎基应浸透，不应有未被浸渍的条纹。

④卷材表面必须平整，不允许有孔洞、缺边和裂口、疙瘩，矿物粒料粒度应均匀一致并紧密地粘附于卷材表面。

⑤每卷接头处不应超过 1 个，较短的一段长度不应少于 1000mm，接头应剪切整齐，并加长 150mm。

3）弹性体改性沥青防水卷材的材料性能应符合表 11 - 4 规定。

表 11 - 4　弹性体改性沥青防水卷材的材料性能

序号	项　目		指　标				
			I		II		
			PY	G	PY	G	PYG
1	可溶物含量（g/m²），≥	3mm	2100				—
		4mm	2900				—
		5mm	3500				
		试验现象	—	胎基不燃	—	胎基不燃	—
2	耐热性	℃	90		105		
		≤mm	2				
		试验现象	无流淌、滴落				
3	低温柔性/℃		- 20		- 25		
			无裂缝				
4	不透水性 30min		0.3MPa	0.2MPa	0.3MPa		
5	拉力	最大峰拉力（N/50mm），≥	500	350	800	500	900
		次高峰拉力（N/50mm），≥	—	—	—	—	800
		试验现象	拉伸过程中，试件中部无沥青涂盖层开裂或与胎基分离现象				
6	延伸率	最大峰时延伸率（%），≥	30		40		—
		第二峰时延伸率（%），≥	—		—		15

续表 11－4

序号	项　目		指　　标				
			I		II		
			PY	G	PY	G	PYG
7	浸水后质量增加（%），≤	PE、S	1.0				
		M	2.0				
8	热老化	拉力保持率（%），≥	90				
		延伸率保持率（%），≥	80				
		低温柔性（℃）	－15		－20		
			无裂缝				
		尺寸变化率（%），≤	0.7	—	0.7	—	0.3
		质量损失（%），≤	1.0				
9	渗油性	张数，≤	2				
10	接缝剥离强度（N/mm），≥		1.0				
11	钉杆撕裂强度ᵃ（N），≥		—				300
12	矿物粒料粘附性ᵇ（g），≤		2.0				
13	卷材下表面沥青涂盖层厚度ᶜ（mm），≥		1.0				
14	人工气候加速老化	外观	无滑动、流淌、滴落				
		拉力保持率（%），≥	80				
		低温柔性（℃）	－15		－20		
			无裂缝				

注：ᵃ仅适用于单层机械固定施工方式卷材；

　　ᵇ仅适用于矿物粒料表面的卷材；

　　ᶜ仅适用于热熔施工的卷材。

6. 标志、包装、贮存与运输

（1）标志。

1）生产厂名、地址。

2）商标。

3）产品标记。

4）能否热熔施工。

5）生产日期或批号。

6）检验合格标识。

7）生产许可证号及其标志。

（2）包装。卷材可用纸包装、塑胶袋包装、盒包装或塑料袋包装。纸包装时应以全柱面包装，柱面两端未包装长度总计不超过 100mm。产品应在包装或产品说明书中注明贮存与运输注意事项。

（3）贮存与运输。

1）贮存与运输时，不同类型、规格的产品应分别堆放，不应混杂；避免日晒雨淋，注意通风；贮存环境温度不应高于50℃，立放贮存，高度不超过两层。

2）当用轮船或火车运输时，卷材必须立放，堆放高度不超过两层。防止倾斜或横压，必要时加盖苫布。

3）在正常贮存、运输条件下，贮存期自生产日起为1年。

11.2.3 聚氯乙烯防水卷材

1. 分类和标记

（1）分类。按产品的组成分为均质卷材（代号H）、带纤维背衬卷材（代号L）、织物内增强卷材（代号P）、玻璃纤维内增强带纤维背衬卷材（代号GL）。

（2）规格。公称长度规格为15m、20m、25m；公称宽度规格为1.00m、2.00m；厚度规格为1.20mm、1.50mm、1.80mm、2.00mm；其他规格可由供需双方商定。

（3）标记。按产品名称（代号PVC卷材）、是否外露使用、类型、厚度、长度、宽度和标准号顺序标记。

2. 要求

（1）尺寸偏差。聚氯乙烯防水卷材长度、宽度应不小于规格值的99.5%；厚度不应小于1.20mm，厚度允许偏差和最小单值见表11-5。

表11-5　聚氯乙烯防水卷材厚度允许偏差

厚度	允许偏差（%）	最小单值（mm）
1.20		1.05
1.50	−5，+10	1.35
1.80		1.65
2.00		1.85

（2）外观。

1）卷材的接头不应多于一处，其中较短的一段长度不应小于1.5m，接头应剪切整齐，并应加长150mm。

2）卷材表面应平整、边缘整齐，无裂纹、孔洞、黏结、气泡和疤痕。

（3）材料性能指标。聚氯乙烯防水卷材材料性能指标应符合表11-6的规定。

表11-6　聚氯乙烯防水卷材材料性能指标

序号	项　目		指　标				
			H	L	P	G	GL
1	中间胎基上面树脂层厚度（mm），≥		—			0.40	
2	拉伸性能	最大拉力（N/cm），≥	—	120	250	—	120
		拉伸强度（MPa），≥	10.0	—	—	10.0	
		最大拉力时伸长率（%），≥	—		15		
		断裂伸长率（%），≥	200	150	—	200	100

续表 11 - 6

序号	项　目		指　标				
			H	L	P	G	GL
3	热处理尺寸变化率（%），≤		2.0	1.0	0.5	0.1	0.1
4	低温弯折性		-25℃无裂纹				
5	不透水性		0.3MPa，2h 不透水				
6	抗冲击性能		0.5kg·m，不渗水				
7	抗静态荷载[a]		—	—	20kg 不渗水		
8	接缝剥离强度（N/mm），≥		4.0 或卷材破坏		3.0		
9	直角撕裂强度（N/mm），≥		50	—	—	50	—
10	梯形撕裂强度（N/mm），≥		—	150	250	—	220
11	吸水率 （70℃，168h）（%）	浸水后，≤	4.0				
		晾置后，≥	-0.40				
12	热老化（80℃）	时间（h）	672				
		外观	无起泡、裂纹、分层、黏结和孔洞				
		最大拉力保持率（%），≥	—	85	85	—	85
		拉伸强度保持率（%），≥	85	—	—	85	—
		最大拉力时伸长率保持率（%），≥			80		
		断裂伸长率保持率（%），≥	80	80	—	80	80
		低温弯折性	-20℃无裂纹				
13	耐化学性	外观	无起泡、裂纹、分层、黏结和孔洞				
		最大拉力保持率（%），≥	—	85	85	—	85
		拉伸强度保持率（%），≥	85	—	—	85	—
		最大拉力时伸长率保持率（%），≥			80		
		断裂伸长率保持率（%），≥	80	80	—	80	80
		低温弯折性	-20℃无裂纹				

续表 11 - 6

序号	项　目		指　标				
			H	L	P	G	GL
14	人工气候 加速老化^c	时间（h）	1500^b				
		外观	无起泡、裂纹、 分层、黏结和孔洞				
		最大拉力保持率（%），≥	—	85	85	—	85
		拉伸强度保持率（%），≥	85	—	—	85	—
		最大拉力时伸长率 保持率（%），≥	—	—	80	—	—
		断裂伸长率保持率 （%），≥	80	80	—	80	80
		低温弯折性	−20℃无裂纹				

注：^a抗静态荷载仅对用于压铺屋面的卷材要求；

　　^b单层卷材屋面使用产品的人工气候加速老化时间为2500h；

　　^c非外露使用的卷材不要求测定人工气候加速老化。

（4）抗风揭能力。采用机械固定方法施工的单层屋面卷材，其抗风揭能力的模拟风压等级应不低于4.3kPa（90psf）。

注：psf为英制单位——磅每平方英尺，其与SI制的换算为1psf=0.0479kPa。

3．标志、包装、贮存与运输

（1）标志。

1）卷材外包装上应包括：

①生产厂名、地址。

②商标。

③产品标记。

④生产日期或批号。

⑤生产许可证号及其标志。

⑥贮存与运输注意事项。

⑦检验合格标记。

⑧复合的纤维或织物种类。

2）外露使用、非外露使用和单层屋面使用的卷材及其包装应有明显的标识。

（2）包装。卷材用硬质芯卷取，宜用塑料袋或编织袋包装。

（3）贮存与运输。

1）贮存：

①卷材应存放在通风、防止日晒雨淋的场所，贮存温度不应高于45℃。

②不同类型、不同规格的卷材应分别堆放。

③卷材平放时堆放高度不应超过五层；立放时应单层堆放。禁止与酸、碱、油类及有机溶剂等接触。

④在正常贮存条件下，贮存期限至少为一年。

2）运输。运输时防止倾斜或横压，必要时加盖苫布。

11.3　防　水　涂　料

11.3.1　聚氨酯防水涂料

1．分类

按组分分为单组分（S）和多组分（M）两种；按基本性能分为Ⅰ型、Ⅱ型和Ⅲ型；按是否曝露使用分为外露（E）和非外露（N）；按有害物质限量分为 A 类和 B 类。

2．标记

按产品名称、组分、基本性能、是否曝露、有害物质限量和标准号顺序标记。

3．一般要求

产品的生产和应用不应对人体、生物与环境造成有害的影响，所涉及与使用有关的安全与环保要求，应符合我国的相关国家标准和规范的规定。

4．技术要求

（1）外观。产品为均匀黏稠体，无凝胶、结块。

（2）物理力学性能。

1）聚氨酯防水涂料基本性能应符合表 11 - 7 的规定。

表 11 - 7　聚氨酯防水涂料基本性能

序号	项　　　目		技　术　指　标		
			Ⅰ	Ⅱ	Ⅲ
1	固体含量（%），≥	单组分	85.0		
		多组分	92.0		
2	表干时间（h），≤		12		
3	实干时间（h），≤		24		
4	流平性[a]		20min 时，无明显齿痕		
5	拉伸强度（MPa），≥		2.00	6.00	12.0
6	断裂伸长率（%），≥		500	450	250
7	撕裂强度（N/mm），≥		15	30	40
8	低温弯折性		-35℃，无裂纹		
9	不透水性		0.3MPa，120min，不透水		
10	加热伸缩率（%）		-4.0 ~ +1.0		

续表 11-7

序号	项 目		技 术 指 标		
			I	II	III
11	黏结强度（MPa），≥		1.0		
12	吸水率（%），≤		5.0		
13	定伸时老化	加热老化	无裂纹及变形		
		人工气候老化[b]	无裂纹及变形		
14	热处理（80℃，168h）	拉伸强度保持率（%）	80~150		
		断裂伸长率（%），≥	450	400	200
		低温弯折性	-30℃，无裂纹		
15	碱处理 [0.1% NaOH + 饱和 Ca（OH）$_2$ 溶液，168h]	拉伸强度保持率（%）	80~150		
		断裂伸长率（%），≥	450	400	200
		低温弯折性	-30℃，无裂纹		
16	酸处理（2% H$_2$SO$_4$ 溶液，168h）	拉伸强度保持率（%）	80~150		
		断裂伸长率（%），≥	450	400	200
		低温弯折性	-30℃，无裂纹		
17	人工气候老化[b]（1000h）	拉伸强度保持率（%）	80~150		
		断裂伸长率（%），≥	450	400	200
		低温弯折性	-30℃，无裂纹		
18	燃烧性能[②]		B$_2$ - E（点火 15s，燃烧 20s，Fs≤150mm，无燃烧滴落物引燃滤纸）		

注：[a]该项性能不适用于单组分和喷涂施工的产品。流平性时间也可根据工程要求和施工环境由供需双方商定，并在订货合同与产品包装上明示。

[b]仅外露产品要求测定。

2）聚氨酯防水涂料可选性能应符合表 11-8 的规定，根据产品应用的工程或环境条件由供需双方商定选用，并在订货合同与产品包装上明示。

表 11-8　聚氨酯防水涂料可选性能

序号	项　　目	技术指标	应用的工程条件
1	硬度（邵 AM），≥	60	上人屋面、停车场等外露通行部位
2	耐磨性（750g，500r）（mg），≤	50	上人屋面、停车场等外露通行部位
3	耐冲击性（kg·m），≥	1.0	上人屋面、停车场等外露通行部位
4	接缝动态变形能力（10000 次）	无裂纹	桥梁、桥面等动态变形部位

3）聚氨酯防水涂料中有害物质限量应符合表 11-9 的规定。

表 11-9　有害物质限量

序号	项　　目		有害物质限量	
			A 类	B 类
1	挥发性有机化合物 VOC（g/L），≤		50	200
2	苯（mg/kg），≤		200	
3	甲苯 + 乙苯 + 二甲苯（g/kg），≤		1.0	5.0
4	苯酚（mg/kg），≤		100	100
5	蒽（mg/kg），≤		10	10
6	萘（mg/kg），≤		200	200
7	游离 TDI（g/kg），≤		3	7
8	可溶性重金属（mg/kg）[a]，≤	铅 Pb	90	
		镉 Cd	75	
		铬 Cr	60	
		汞 Hg	60	

注：[a] 可选项目，由供需双方商定。

5. 标志、包装、运输和贮存

（1）标志。产品外包装上应包括：

1）生产厂名、地址。

2）产品名称。

3）商标。

4）产品标记。

5）产品配比（多组分）。

6）加水配比（水固化产品）。

7）产品净质量。

8）生产日期和批号。

9）使用说明。

10）可选性能（若有时）。

11）运输和贮存注意事项。

12）贮存期。

（2）包装。产品用带盖的铁桶密闭包装，多组分产品按组分分别包装，不同组分的包装应有明显区别。

（3）贮存和运输。贮存与运输时，不同分类的产品应分别堆放。禁止接近火源，避免日晒雨淋，防止碰撞，注意通风。贮存温度为5℃~40℃。在正常贮存、运输条件下，贮存期自生产日起至少为6个月。

11.3.2　溶剂型橡胶沥青防水涂料

溶剂型橡胶沥青防水涂料是以橡胶改性沥青为基料，经溶剂溶解配制而成的。

1. 等级

溶剂型橡胶沥青防水涂料按产品的抗裂性、低温柔性分为一等品（B）和合格品（C）。

2. 标记

标记方法：溶剂型橡胶沥青防水涂料按下列顺序标记：产品名称、等级、标准号。

3. 技术要求

（1）外观。黑色、黏稠状、细腻、均匀胶状液体。

（2）物理力学性能。溶剂型橡胶沥青防水涂料的物理力学性能应符合表11-10的规定。

表 11-10　溶剂型橡胶沥青防水涂料物理力学性能

项　目		技术指标	
		一等品	合格品
固定含量（%），≥		48	
抗裂性	基层裂缝（mm）	0.3	0.2
	涂膜状态	无裂纹	
低温柔性，φ10mm，2h		-15℃	-10℃
		无裂纹	
黏结性（MPa），≥		0.20	
耐热性，80℃，5h		无流淌、鼓泡、滑动	
不透水性，0.2MPa，30min		不渗水	

4. 标志、包装、运输和贮存

（1）标志。出厂产品应标有生产厂名称、地址、产品名称、标记、生产日期、净质量、并附产品合格证和产品说明书。

（2）包装。溶剂型橡胶沥青防水涂料应用带盖的铁桶（内有塑料袋）或塑料桶包装，每桶净质量规格为 200kg、50kg、25kg。

（3）运输。本产品系易燃品，在运输过程中应不得接触明火和曝晒，不得碰撞和扔、摔。

（4）贮存。产品应贮存于干燥、通风及阴凉的仓库内。在正常贮存条件下，自生产之日起贮存期为 1 年。

11.3.3　聚合物乳液建筑防水涂料

以聚合物乳液为主要原料，加入其他添加剂而制得的单组分水乳型防水涂料，可在屋面、墙面、室内等非长期浸水环境下的建筑防水工程中使用。若用于地下及其他建筑防水工程，其技术性能还应符合相关技术规程的规定。

1. 分类

按物理力学性能分为Ⅰ类和Ⅱ类。Ⅰ类产品不用于外露场合。

2. 标记

产品标记顺序为产品名称、分类、标准编号。

3. 技术要求

（1）外观。产品经搅拌后无结块，呈均匀状态。

（2）物理力学性能。聚合物乳液建筑防水涂料物理力学性能应符合表 11–11 的要求。

表 11–11　聚合物乳液建筑防水涂料物理力学性能

序号	试验项目		指标	
			Ⅰ	Ⅱ
1	拉伸强度（MPa），≥		1.0	1.5
2	断裂延伸率（%），≥		300	
3	低温柔性，绕 Φ10mm 棒弯 180°		−10℃，无裂纹	−20℃，无裂纹
4	不透水性，0.3MPa，30min		不透水	
5	固体含量（%），≥		65	
6	干燥时间（h）	表干时间，≤	4	
		实干时间，≤	8	
7	处理后的拉伸强度保持率（%）	加热处理，≥	80	
		碱处理，≥	60	
		酸处理，≥	40	
		人工气候老化处理[a]	—	80~150

续表 11 – 11

序号	试 验 项 目		指　　标	
			I	II
8	处理后的断裂延伸率（%）	加热处理，≥	200	
		碱处理，≥		
		酸处理，≥		
		人工气候老化处理ᵃ	—	200
9	加热伸缩率（%）	伸长，≤	1.0	
		缩短，≤	1.0	

注：ᵃ 仅用于外露使用产品。

4．包装、标志、运输和贮存

（1）包装。产品应贮存于清洁、干燥、密闭的塑料桶或内衬塑料袋的铁桶中。包装好的产品应附有产品合格证和产品使用说明书。

（2）标志。包装桶的立面应有明显的标志，内容包括：生产厂名、厂址、产品名称、标记、净重、商标、生产日期或生产批号、有效日期、运输和贮存条件。

（3）运输。本产品为非易燃易爆材料，可按一般货物运输。运输时，应防冻，防止雨淋、曝晒、挤压、碰撞，保持包装完好无损。

（4）贮存。产品在存放时应保证通风、干燥、防止日光直接照射，贮存环境温度不应低于0℃。自生产之日起，贮存期为6个月。超过贮存期，可按本标准规定项目进行检验，结果符合标准仍可使用。

11.3.4　聚合物水泥防水涂料

聚合物水泥防水涂料是以丙烯酸酯等聚合物乳液和水泥为主要原料，加入其他外加剂制得的双组分水性建筑防水涂料。所用原材料不应对环境和人体健康构成危害。

1．分类

产品按物理力学性能分为I型、II型和III型。I型适用于活动量较大的基层，II型和III型适用于活动量较小的基层。

2．产品标记

产品标记顺序为产品名称、类型、标准号。

3．技术要求

（1）外观。产品的两组分经分别搅拌后，其液体组分应为无杂质、无凝胶的均匀乳液；固体组分应为无杂质、无结块的粉末。

（2）物理力学性能。聚合物水泥防水涂料物理力学性能应符合表11–12的要求。

表 11−12　聚合物水泥防水涂料物理力学性能

序号	试 验 项 目		技 术 指 标		
			Ⅰ型	Ⅱ型	Ⅲ型
1	固体含量（%），≥		70	70	70
2	拉伸强度	无处理（MPa），≥	1.2	1.8	1.8
		加热处理后保持率（%），≥	80	80	80
2	拉伸强度	碱处理后保持率（%），≥	60	70	70
		浸水处理后保持率（%），≥	60	70	70
		紫外线处理后保持率（%），≥	80	—	—
3	断裂伸长率	无处理（%），≥	200	80	30
		加热处理（%），≥	150	65	20
		碱处理（%），≥	150	65	20
		浸水处理后（%），≥	150	65	20
		紫外线处理（%），≥	150	—	—
4	低温柔性（φ10mm 棒）		−10℃无裂纹	—	—
5	黏结强度	无处理（MPa），≥	0.5	0.7	1.0
		潮湿基层（MPa），≥	0.5	0.7	1.0
		碱处理（MPa），≥	0.5	0.7	1.0
		浸水处理（MPa），≥	0.5	0.7	1.0
6	不透水性，0.3MPa，30min		不透水	不透水	不透水
7	抗渗性（砂浆背水面）（MPa），≥		—	0.6	0.8

4. 包装、标志、运输和贮存

（1）标志。产品包装上应有印刷或粘贴牢固的标志，内容包括：

1）产品名称。

2）产品标记。

3）双组分配比。

4）生产厂名、厂址。

5）生产日期、批号和保质期。

6）净含量。

7）商标。

8）运输与贮存注意事项。

（2）包装。

1）产品的液体组分应用密闭的容器包装。固体组分包装应密封防潮。

2）产品包装中应附有产品合格证和使用说明书。

（3）运输。本产品为非易燃易爆材料，可按一般货物运输。运输时应防止雨淋、曝晒、受冻，避免挤压、碰撞，保持包装完好无损。

（4）贮存。产品应在干燥、通风、阴凉的场所贮存，液体组分贮存环境温度不应低于5℃。产品自生产之日起，在正常运输、贮存条件下贮存期为6个月。

11.4　防水密封材料

11.4.1　密封材料分类和要求

建筑密封材料又称嵌缝材料，用于建筑物的接缝中可起到防水、防尘和隔气的作用。

1. 状态

根据状态不同可分为：

（1）定形密封材料。是将密封材料按密封工程部位的不同要求制成带、条、片等形状。俗称密封条或压条。

（2）非定型密封材料。是黏稠状的密封材料，又称密封胶。可分为溶剂型、乳液型、化学反应型等。

2. 性能

按性能可分为：

（1）弹性密封材料。由氯丁橡胶、聚氨酯、有机硅橡胶等为主要原料制成，弹性耐久性较好，使用年限在20年左右。

（2）弹塑性密封材料。主要成分为聚氯乙烯胶泥和各种塑料油膏。弹性低但塑性大，伸长性及黏结力好，使用年限在10年以上。

（3）塑性密封材料。是以改性沥青和煤焦油为主制成的。有一定的弹性和耐久性，但弹性差，伸长性较差，使用年限在10年以下。

3. 组分

按组分分为单组分和多组分密封材料。

4. 材料组成及性能要求

按材料组成分为改性沥青密封材料和合成高分子密封材料。

性能要求：密封材料应具有良好的密闭性（包括水密性和气密性）、黏结性、耐老化性和温度适应性，一定的弹塑性和拉伸—压缩循环性能即能长期经受被粘附构件的收缩与振动而不破坏的性能。

11.4.2　聚氨酯建筑密封胶

1. 分类

（1）品种。聚氨酯建筑密封胶产品按包装形式分为单组分（Ⅰ）和多组分（Ⅱ）两个品种。

（2）类型。产品按流动性分为非下垂型（N）和自流平型（L）两个类型。

（3）级别。产品按位移能力分为25、20两个级别，见表11-13。

表 11 - 13　聚氨酯建筑密封胶级别

级别	试验拉压幅度（%）	位移能力（%）
25	±25	25
20	±20	20

（4）次级别。产品按拉伸模量分为高模量（HM）和低模量（LM）两个次级别。

2．要求

（1）外观。

1）产品应为细腻、均匀膏状物或黏稠液，不应有气泡。

2）产品的颜色与供需双方商定的样品相比，不得有明显差异。多组分产品各组分的颜色应有明显差异。

（2）物理力学性能。聚氨酯建筑密封胶的物理力学性能应符合表 11 - 14 的规定。

表 11 - 14　聚氨酯建筑密封胶的物理力学性能

试 验 项 目		技 术 指 标		
		20HM	25LM	20LM
密度（g/cm³）		规定值 ±0.1		
流动性	下垂度（N 型）（mm）	≤3		
	流平性（L 型）	光滑平整		
表干时间（h）		≤24		
挤出性ª（mL/min）		≥80		
适用期ᵇ（h）		≥1		
弹性恢复率（%）		≥70		
拉伸模量（MPa）	23℃	>0.4 或 >0.6		≤0.4 或 ≤0.6
	-20℃			
定伸黏结性		无破坏		
浸水后定伸黏结性		无破坏		
冷拉 - 热压后的黏结性		无破坏		
质量损失率（%）		≤7		

注：ª此项仅适用于单组分产品；

　　ᵇ此项仅适用于多组分产品，允许采用供需双方商定的其他指标值。

11.4.3　聚硫建筑密封胶

1．分类

（1）类型。产品按流动性分为非下垂型（N）和自流平型（L）两个类型。

（2）级别。产品按位移能力分为 25、20 两个级别，见表 11 - 15。

表 11 – 15　聚硫建筑密封胶的级别

级别	试验拉压幅度（%）	位移能力（%）
25	±25	25
20	±20	20

（3）次级别。产品按拉伸模量分为高模量（HM）和低模量（LM）两个次级别。

2．要求

（1）外观。

1）产品应为均匀膏状物、无结皮结块，组分间颜色应有明显差别。

2）产品的颜色与供需双方商定的样品相比，不得有明显差异。

（2）物理力学性能。聚硫建筑密封胶的物理力学性能应符合表 11 – 16 的规定。

表 11 – 16　聚硫建筑密封胶的物理力学性能

试 验 项 目		技 术 指 标		
		20HM	25LM	20LM
密度（g/cm³）		规定值 ±0.1		
流动性	下垂度（N 型）（mm）	≤3		
	流平性（L 型）	光滑平整		
表干时间（h）		≤24		
适用期ᵃ（h）		≥3		
弹性恢复率（%）		≥70		
拉伸模量/MPa	23℃	>0.4 或 >0.6	≤0.4 或 ≤0.6	
	−20℃			
定伸黏结性		无破坏		
浸水后定伸黏结性		无破坏		
冷拉 – 热压后的黏结性		无破坏		
质量损失率（%）		≤5		

注：ᵃ 适用期允许采用供需双方商定的其他指标值。

11.4.4　硅酮建筑密封胶

1．分类

（1）种类。

1）按固化机理分为 A 型——脱酸（酸性）和 B 型——脱醇（中性）。

2）按用途分为 G 类——镶装玻璃用和 F 类——建筑接缝用。不适用于建筑幕墙和中空玻璃。

（2）级别。产品按位移能力分为 25、20 两个级别，见表 11 – 17。

表 11 – 17　硅酮建筑密封胶级别 （％）

级别	试验拉压幅度	位移能力
25	±25	25
20	±20	20

（3）次级别。产品按拉伸模量分为高模量（HM）和低模量（LM）两个次级别。

2. 要求

（1）外观。

1）产品应为细腻、均匀的膏状物，不应有气泡、结皮和凝胶。

2）产品的颜色与供需双方商定的样品相比，不得有明显差异。

（2）理化性能。硅酮建筑密封胶的理化性能应符合表 11 – 18 的规定。

表 11 – 18　硅酮建筑密封胶的理化性能

试　验　项　目		技　术　指　标			
		25HM	20HM	25LM	20LM
密度（g/cm³）		规定值 ±0.1			
下垂直（mm）	垂直	≤3			
	水平	无变形			
表干时间（h）		≤3①			
挤出性ᵃ/（mL/min）		≥80			
弹性恢复率（％）		≥80			
拉伸模量（MPa）	23℃	>0.4 或 >0.6		≤0.4 或 ≤0.6	
	– 20℃				
定伸黏结性		无破坏			
紫外线辅照后黏结性ᵇ		无破坏			
冷拉 – 热压后黏结性		无破坏			
浸水后定伸黏结性		无破坏			
质量损失率（％）		≤10			

注：ᵃ允许采用供需双方商定的其他指标值；
　　ᵇ此项仅适用于 G 类产品。

11.4.5　密封材料的验收和储运

1. 资料验收

（1）建筑密封材料质量证明书验收。建筑密封材料在进入施工现场时应对质量证明

书进行验收。质量证明书必须字迹清楚，证明书中应证明：供方名称或厂标、产品标准、生产日期和批号、产品名称、规格及等级、产品标准中所规定的各项出厂检验结果等。质量证明书应加盖生产单位公章。

（2）建立材料台账。建筑密封材料进场后，施工单位应及时建立"建设工程材料采购验收检验使用综合台账"。监理单位可设立"建设工程材料监理监督台账"。内容包括：材料名称、规格品种、生产单位、供应单位、进货日期、送货单编号、进货数量、质量证明书编号、外观质量、材料检验日期、复验报告编号和结果、工程材料报审表确认日期、使用部位、审核人员签名等。

（3）产品包装和标志。建筑密封材料可用支装或桶装，包装容器应密闭。标志包括生产厂名、产品标记、产品颜色、生产日期或批号及保质期、净重或净容量、商标、使用说明及注意事项。

2．实物质量的验收

实物质量验收分为外观质量验收、物理性能验收两个部分。

（1）外观质量验收。密封材料应为均匀膏状物，无结皮、凝胶或不易分散的固体团块。产品的颜色与供需双方商定的样品相比，不得有明显差异。

（2）建筑密封材料的送样检验要求。进场的密封材料送样检验：

1）单组分密封材料以出厂的同等级同类型产品每2吨为一批，进行出厂检验。不足2吨也可为一批；双组分密封材料以同一等级、同一类型的200桶产品为一批（包括A组分和配套的B组分）。不足200桶也作一批。

2）将受检的密封材料进行外观质量检验，全部指标达到标准规定时为合格。

3）在外观质量检验合格的密封材料中，取样做物理性能检验，若物理性能有三项不合格，则为不合格产品；有二项以下不合格，可在该批产品中双倍取样进行单项复验，如仍有一项不合格，则该批为不合格产品。

4）进场的密封材料物理性能检验项目：

具体性能指标见表11–14、表11–16、表11–18。

3．密封材料的贮运与保管

不同品种、型号和规格的密封材料应分别堆放；聚硫建筑密封膏应贮存于阴凉、干燥、通风的仓库中，桶盖必须盖紧。在不高于27℃的条件下，自生产之日起贮存期为六个月。运输时应防止日晒雨淋，防止接近热源及撞击、挤压，保持包装完好无损。

12 建筑保温与隔热材料

12.1 建筑保温材料

12.1.1 建筑保温板材

1. 岩棉板

岩棉板是以玄武岩及其他天然矿石等为主要原料，经过高温熔融成纤维，加入适量黏结剂，固化加工而制成的保温板材，具有良好的隔声、绝热效果。施工及安装便利，节能效果显著，具有很高的性能价格比。外墙用岩棉板应符合《建筑外墙外保温用岩棉板》GB/T 25975—2010 执行标准。

2. STP 保温板

STP 保温板由隔热性能极强的超细玻璃棉芯材在真空状态下用高阻隔封装材料（铝箔膜）封装而成，具有优异绝热性能。STP 保温板保温材料的热导率低于 0.008W/（m·K），为无机保温材料，防火不燃，无毒、绿色环保，使用寿命长。单位质量轻，仅为瓷砖重量的 1/4。无法现场裁切，一旦裁切，真空腔就漏气，失去保温效果。STP 材料主要靠进口，价格较高。

3. 泡沫混凝土保温板

泡沫混凝土保温板是以水泥和发泡剂为主要原料，利用水泥发泡技术，通过工厂化制作而成多气孔状、低热导率、低密度、不燃的保温板。

泡沫混凝土保温板外保温系统由黏结层、保温层、抹面层和饰面层构成。

1）黏结层材料为胶粘剂。

2）保温层材料为泡沫混凝土保温板。

3）抹面层材料为抹面胶浆，抹面胶浆中满铺增强网。

4）饰面层材料可为涂料或饰面砂浆。

保温板主要依靠胶粘剂固定在基层上，必要时可使用锚栓辅助固定。泡沫混凝土保温板的性能应符合表 12-1 规定。

表 12-1 泡沫混凝土保温板性能要求

项目	计量单位	指　　标			
		超　轻　型		普　通　型	
干表观密度	kg/m³	120~140	140~160	160~180	180~250
热导率	W/（m·K）	≤0.048	≤0.05	≤0.053	≤0.060
抗拉强度	MPa	≥0.08	≥0.08	≥0.10	≥0.10

续表 12 – 1

项目	计量单位	指　标			
		超　轻　型		普　通　型	
抗压强度	MPa	≥0.25	≥0.30	≥0.30	≥0.40
尺寸稳定性	%	≤0.5	≤0.5	≤0.7	≤0.7
吸水率（体积）	%	≤10	≤10	≤10	≤10
燃烧性能	—	A1	A1	A1	A1
软化系数	—	≥0.6	≥0.6	≥0.7	≥0.7
碳化系数	—	≥0.7	≥0.7	≥0.8	≥0.8

4. 聚苯板

聚苯板按生产工艺不同，可分为：膨胀聚苯乙烯（EPS）板、挤塑聚苯乙烯（XPS）板两种，按防火等级不同分为阻燃型和普通型。

1）膨胀聚苯板是用聚苯乙烯颗粒经加热预发泡后，在模具中加热成型而制得的具有闭孔结构的适用温度不超过 75℃ 的聚苯乙烯泡沫塑料板材，也叫模塑聚苯乙烯板。模塑聚苯乙烯泡沫塑料按密度分为 I、II、III、VI、V、VI 类，其密度范围见表 12 – 2；规格尺寸和允许偏差要求见表 12 – 3；物理机械性能要求见表 12 – 4。

表 12 – 2　绝热用模塑聚苯乙烯泡沫密度范围（kg/m³）

类　别	密 度 范 围
I	≥15 ~ <20
II	≥20 ~ <30
III	≥30 ~ <40
IV	≥40 ~ <50
V	≥50 ~ <60
VI	≥60

表 12 – 3　模塑聚苯乙烯板规格尺寸和允许偏差（mm）

长度、宽度尺寸	允许偏差	厚度尺寸	允许偏差	对角线尺寸	对角线差
<1000	±5	<50	±2	<1000	5
1000 ~ 2000	±8	50 ~ 75	±3	1000 ~ 2000	7
>2000 ~ 4000	±10	>75 ~ 100	±4	>2000 ~ 4000	13
>4000	正偏差不限，–10	>100	供需双方决定	>4000	15

表12-4 阻燃型模塑聚苯板物理机械性能

项　　目		单位	性 能 指 标					
			Ⅰ	Ⅱ	Ⅲ	Ⅳ	Ⅴ	Ⅵ
表观密度，≥		kg/m³	15.0	20.0	30.0	40.0	50.0	60.0
压缩强度，≥		kPa	60	100	150	200	300	400
热导率，≤		W/(m·K)	0.041			0.039		
尺寸稳定性，≤		%	4	3	2	2	2	1
水蒸气移过系数，≤		ng/(Pa·m·s)	6	4.5	4.5	4	3	2
吸水率（体积分数），≤		%	6	4		2		
熔结性[a]	断裂弯曲负荷，≥	N	15	25	35	60	90	120
	弯曲变形，≥	mm	20			—		
燃烧性能[b]	氧指数，≥	%	30					
	燃烧分级		达到B₂级					

注：[a]断裂弯曲负荷或弯曲变形有一项能符合指标要求即为合格；
[b]普通型聚苯乙烯泡沫塑料板材不要求。

2）挤塑聚苯板是以聚苯乙烯树脂或其共聚物为主要成分，通过加热挤塑成型而制成的具有闭孔结构的硬质泡沫塑料板。挤塑聚苯板具有优异、持久的隔热保温性，热导率为0.028/m，远远低于其他保温材料，如EPS板、发泡聚氨酯。

5. 聚氨酯硬泡保温板

聚氨酯硬泡保温板是指在工厂的专业生产线上生产的、以聚氨酯硬泡为芯材、两面覆以某种非装饰面层的保温板材。面层通常是为了增加聚氨酯硬泡保温板与基层墙面的黏结强度，防紫外线和减少运输中的破损。

6. 聚氨酯硬泡保温装饰复合板

聚氨酯硬泡保温装饰复合板是指在工厂的专业生产线上生产的、以聚氨酯硬泡为芯材、两面或单面覆以某种装饰面层的复合板材。其允许尺寸偏差见表12-5。

表12-5 聚氨酯硬泡保温板允许尺寸偏差（mm）

项　　目		允许偏差
厚度	≥50	±1.5
	<50	±1.5
长度	≥1200	±2.0
	<1200	±1.5

续表 12 – 5

项　目		允许偏差
宽度	≥600	±1.5
	<600	±1.5
对角线差	≥1200	±2.0
	<1200	±1.5

注：其他规格的尺寸允许偏差可由供需双方商定。

7. 酚醛泡沫保温板

酚醛泡沫保温板采用低粘度、高分子 A 阶酚醛树脂为主要原料，在发泡剂、固化剂的作用下经交联发泡，形成泡沫状结构，具有优异的防火、绝热和隔声性能，适用于建筑的内外墙、楼层面和地面保温用的硬质板材。

酚醛泡沫保温板的物理性能指标应符合表 12 – 6 的规定。

表 12 – 6　酚醛泡沫保温板物理性能指标（mm）

试　验　项　目	性　能　指　标
表观密度（kg/m^2）	5.0 ±0.5
吸水率（体积分数）	≤7.5
热导率［W/（m·K）］	≤0.035
抗压强度（MPa）	≥0.10
压缩强度（kPa）	≥100
尺寸稳定性	≤2.0
燃烧性能	不燃性 A 级
烟气毒性	准安全 ZA1 级

12.1.2　建筑保温砂浆

保温砂浆主要有胶粉聚苯颗粒保温浆料与中空玻化微珠保温浆料两种。

1. 胶粉聚苯颗粒保温浆料

胶粉聚苯颗粒保温浆料可直接作为保温层材料的胶粉聚苯颗粒浆料，简称保温浆料。胶粉聚苯颗粒保温浆料由可再分散胶粉、无机胶凝材料、外加剂等制成的胶粉料与作为主要骨料的聚苯颗粒复合而成的保温灰浆。

胶粉聚苯颗粒保温浆料的性能指标按照行业标准《胶粉聚苯颗粒外墙外保温系统材料》JG/T 158—2013 要求，应符合表 12 – 7 的要求。

聚苯颗粒包装应放置于阴凉处，防止暴晒和雨淋；在运输时防止划损包装，交付时注意与保温胶粉料配套清点；保温胶粉料应在通风干燥条件下贮存。

表 12 - 7　胶粉聚苯颗粒保温浆料性能指标

项　目			单位	性能指标	
				保温浆料	贴砌浆料
干表观密度			kg/m³	180~250	250~350
抗压强度			MPa	≥0.20	≥0.30
软化系数			—	≥0.5	≥0.6
热导率			W/(m·K)	≤0.06	≤0.08
线性收缩率			%	≤0.3	≤0.3
抗拉强度			MPa	≥0.1	≥0.12
拉伸黏结强度	与水泥砂浆	标准状态	MPa	≥0.1	≥0.12
		浸水处理			≥0.10
	与聚苯板	标准状态		—	≥0.10
		浸水处理			≥0.08
燃烧性能等级			—	不应低于B₁级	A级

注: 破坏部位不应位于界面

2. 中空玻化微珠浆料

中空玻化微珠浆料是由中空玻化微珠保温干粉砂浆按比例加水搅拌均匀制成。其中中空玻化微珠是优质珍珠岩经高温玻化膨胀形成的中空微珠,具有一定粒度、级配。中空玻化微珠干粉保温砂浆为防水防潮包装,每袋体积为 0.04m³,重量为 12.5kg 左右,它是单组分的材料,在现场施工时只需直接加水搅拌均匀即可使用。中空玻化微珠及中空玻化微珠保温浆料性能指标见表 12 - 8、表 12 - 9。

表 12 - 8　中空玻化微珠主要技术指标

项　目	单　位	指　标
粒径	%	2.5mm 筛筛余量为 0
筒压强度	kPa	≥120
堆积密度	kg/m³	80~140
热导率 (25℃)	W/(m·K)	≤0.05
成球率	%	80~395
表面玻化率	%	≥95
体积吸水率	%	≤45

表 12 - 9　中空玻化微珠砂浆主要技术指标

项　　目		单　　位	指　　标
外观		—	无结块
湿表观密度		kg/m³	≤650
干表观密度		kg/m³	250 ~ 320
热导率		W/ (m·K)	≤0.07
蓄热系数		W/ (m·K)	≥1.1
抗压强度		kPa	≥400
压剪黏结强度		kPa	≥50
线性收缩率		%	≤3
难燃性		—	不燃
软化系数		—	≥0.5
放射性	IRa	—	≤1.0
	Iγ	—	≤1.0

玻化微珠保温砂浆必须使用由专业厂家严格按照专业配方配制好的袋装材料，在施工时按照干粉料:水 = 1:(1.1 ~ 1.3)，先将玻化微珠保温砂浆干粉料放入搅拌容器中，再按比例将水加入，搅拌 3 ~ 5min，使料浆成均匀膏状后即可使用。浆料必须随配随用，不得回收落地料再二次加水使用，浆料应在 3h 内用完。

12.2　建筑隔热材料

12.2.1　建筑有机绝热材料

1. 软木板

软木板是用栓树皮、栎树皮或黄菠萝树皮等为原料，经破碎后与皮胶溶液拌和，再加压成型，在 80℃的干燥室中干燥一昼夜而制成的一种板状材料。软木板具有表观密度小、导热性低、抗渗和防腐性能高等特点，表观密度小于 260kg/m³，热导率 λ < 0.058W/ (m·K)，是一种优良的绝热、防震材料。软木板多用于天花板、隔墙板或护墙板。

2. 蜂窝板

蜂窝板由两块较薄的面板，牢固地黏结在一层较厚的蜂窝状芯材两面而制成的板材，亦称蜂窝夹层结构。蜂窝状芯材是用浸渍过合成树脂（酚醛、聚酯等）的牛皮纸、玻璃布和铝片等，经加工粘合成六角形空腹（蜂窝状）的整块芯材。常用的面板为浸渍过树脂的牛皮纸、玻璃布或不经树脂浸渍的胶合板、纤维板、石膏板等。

面板必须采用合适的胶粘剂与芯材牢固地黏合在一起，才能显示出蜂窝板的优异特性，即具有强度大、导热性低和抗震性好等多种功能。

3．植物纤维复合板

植物纤维复合板是以植物纤维为主要材料加入胶结料和填料而制成。如木丝板是以木材下脚料制成木丝，加入硅酸钠溶液及普通硅酸盐水泥混合，经成型、冷压、养护、干燥而成。甘蔗板是以甘蔗渣为原料，经过蒸制、加压、干燥等工序制成的一种轻质、保温、吸声材料。

4．泡沫塑料

泡沫塑料是以各种合成树脂为基料，加入一定剂量的催化剂、发泡剂、稳定剂等辅助材料经加热发泡制成的一种新型轻质、吸声、保温、隔热、防震材料，常用于墙面、屋面绝热，冷库隔热。泡沫塑料的种类很多，均以所用树脂取名。目前我国生产的主要有聚氯乙烯、聚苯乙烯、聚氨酯及脲醛树脂等泡沫塑料。泡沫塑料制品种类、技术性能见表 12 - 10。

表 12 - 10　泡沫塑料的种类及技术性能

名称	堆积密度 (kg/m³)	热导率 [W/ (m·K)]	抗压强度 (MPa)	抗拉强度 (MPa)	吸水率 (%)	耐热性 (℃)
聚苯乙烯泡沫塑料	21 ~ 51	0.031 ~ 0.047	0.144 ~ 0.358	0.13 ~ 0.14	0.016 ~ 0.004	75
聚氯乙烯泡沫塑料	≤45	≤0.043	≥0.18	≥0.40	<0.2	80
聚氨酯泡沫塑料	0 ~ 40	0.037 ~ 0.055	≥0.11	≥0.244	—	—
脲醛泡沫塑料	≤15	0.028 ~ 0.041	0.015 ~ 0.025	—	—	—

材料在吸湿受潮后，其热导率会增大，这在多孔材料中最为明显。这是由于当材料的孔隙中有了水分（包括水蒸气）后，则孔隙中蒸汽的扩散和水分子的热传导将起主要传热作用，而水的热导率 λ 为 0.58W（m·K），比空气的热导率 $\lambda = 0.029$W（m·K）大 20 倍左右。如果孔隙中的水结成了冰，则冰的热导率 $\lambda = 2.33$W/（m·K），其结果使材料的热导率更加增大。因此绝热材料在应用时必须注意防水避潮。

12.2.2　建筑无机绝热材料

1．石棉及制品

石棉是一种天然矿物纤维，主要化学成分为含水硅酸镁，具有耐火、耐热、耐酸碱、防腐、绝热、隔声及绝缘等特性。常制成石棉粉、石棉纸板、石棉毡等制品，用于建筑工程的高效能保温及防火覆盖等。

2．矿棉及制品

矿棉一般包括矿渣棉和岩石棉。矿渣棉具有轻质、不燃、化学稳定性好、绝热和电绝缘好等性能，且原料来源广，成本相对较低。可制成矿棉板、矿棉毡及管壳等。可用作建筑物的墙壁、屋顶、天花板等处的保温和吸声材料，以及热力管道的保温材料。

3. 玻璃纤维及其制品

玻璃纤维是用玻璃原料或碎玻璃在玻璃窑炉中熔化后，经喷制而制成的纤维状材料，其中包括短纤维和超细纤维两种。短纤维由于相互纵横交错在一起，构成了多孔结构的玻璃棉，常用于绝热材料。

玻璃棉堆积密度为 $45 \sim 150 kg/m^3$，其热导率为 $0.041 \sim 0.035 W/(m \cdot K)$。玻璃纤维制品的纤维直径对其热导率有较大影响，热导率随纤维直径增大而增加。以玻璃纤维为主要原料的保温隔热制品主要有：沥青玻璃棉毡和酚醛玻璃棉板，以及各种玻璃毡、玻璃毯等，通常用于房屋建筑的墙体保温层。

4. 膨胀珍珠岩及制品

膨胀珍珠岩是以珍珠岩、墨曜岩或松脂岩矿石为原料，经破碎、筛分、预热，在高温煅烧体积急剧膨胀（约20倍）而得蜂窝状白色或灰白色松散颗粒状的材料，具有轻质、绝热、无毒、吸声、不燃烧、无臭味等特点。堆积密度为 $40 \sim 300 kg/m^3$，热导率 $\lambda = 0.025 \sim 0.048 W/(m \cdot K)$，耐热 800℃，为高效能保温保冷填充材料。膨胀珍珠岩制品是以膨胀珍珠岩为骨料，配以适量胶凝材料，经拌和、成型、养护（或干燥或焙烧）后而制成的砖、板、管等产品。

5. 膨胀蛭石及制品

蛭石是一种天然矿物，经 $850 \sim 1000℃$ 焙烧，体积急剧膨胀（$6 \sim 20$ 倍）而成的一种金黄色或灰白色的颗粒状材料，其堆积密度为 $80 \sim 200 kg/m^3$，热导率为 $0.046 \sim 0.07 W/(m \cdot K)$，用于填充墙壁、楼板及平屋顶，保温效果佳，可在 $1000 \sim 1100℃$ 下使用。膨胀蛭石也可与水泥、水玻璃等胶凝材料配合，制成砖、板、管壳等水泥膨胀蛭石制品、水玻璃膨胀蛭石制品，用于围护结构及管道保温。

6. 发泡黏土

特定矿物组成的黏土（或页岩）加热到一定温度会产生部分高温液体和气体，由于气体受热体积膨胀，冷却后即得发泡黏土（或发泡页岩）轻质骨料。

7. 泡沫玻璃

泡沫玻璃是采用碎玻璃加入 $1\% \sim 2\%$ 发泡剂（石灰石或碳化钙），经粉磨、混合、装模，在 800℃ 下烧成后，形成含有大量封闭气泡（直径 $0.1 \sim 5mm$）的制品。它具有热导率小、抗压强度和抗冻性高、耐久性好等特点，且易于进行锯切、钻孔等机械加工，为高级保温材料，也常用于冷藏库隔热。

8. 微孔硅酸钙制品

微孔硅酸钙制品是用粉状二氧化硅材料（硅藻土）、石灰、纤维增强材料及水等经搅拌、成型、蒸压处理和干燥等工序而制成多孔性保温隔热材料，用于围护结构及管道保温。

9. 多孔混凝土和轻骨料混凝土

多孔混凝土包括通过发泡剂发泡，将泡沫与水泥浆均匀混合，然后经过现浇施工或模具成型，经自然养护所形成的一种含有大量封闭气孔的泡沫混凝土，以及以硅质材料（砂、粉煤灰及含硅尾矿等）和钙质材料（石灰、水泥）为主要原料，掺加发气剂（铝粉），通过配料、搅拌、预养、浇注、切割、蒸压、养护等工艺过程制成的加气混凝土。

轻骨料混凝土指利用天然沸石岩、人造陶粒等轻质多孔骨料为载气体，将空气或者其他气体带进料浆中，经凝结硬化后得到载体多孔混凝土。

10. 反射型保温绝热材料

建筑工程中普遍采用多孔保温材料和在维护结构中设置普通空气层的方法来解决保温隔热。但如果围护结构较薄，仅利用上述方法来解决保温隔热问题就较困难。反射型保温绝热材料为解决上述问题提供了一条新途径。如铝箔波形纸保温高热板。

13 建筑防腐与吸声材料

13.1 建筑防腐材料

13.1.1 建筑常用防腐蚀涂料

1. 聚氨酯类涂料

聚氨酯类涂料技术指标见表 13 - 1。

表 13 - 1 聚氨酯类涂料技术指标

项目 涂料名称	技术指标				
	涂层颜色及外观	黏度 （涂 -4）（s）	含固量 （%）	干燥时间（h）	
				表干	实干
地面涂料	各色有光	—	—	≤4	≤24
各色聚氨酯耐油、防腐蚀面层涂料	各色有光，符合色标	15 ~ 40	—	≤6	≤22
聚氨酯防腐蚀涂料	平整光亮，符合色标	20 ~ 30	—	≤4	≤24
防水聚氨酯	符合色标	40 ~ 70	30	≤2	≤24

2. 环氧树脂涂料

环氧树脂涂料及其配套底层涂料技术指标见表 13 - 2。

表 13 - 2 环氧树脂涂料及其配套底层涂料技术指标

项目 涂料名称	技术指标				
	涂层颜色及外观	黏度 （涂 -4）（s）	附着力 （级）	干燥时间（h）	
				表干	实干
铁红环氧底层涂料	铁红，色调不规定，涂膜平整	50 ~ 80	1	<4	≤36
环氧厚膜涂料	透明、无机械杂质	60 ~ 90	1	<4	24
环氧沥青涂料	黑色光亮	40 ~ 100	3	—	24

3. 氯化橡胶涂料

氯化橡胶系列涂料及其配套底漆技术指标见表 13 - 3。

4. 锈面涂料

锈面涂料技术指标见表 13 - 4。

表 13 – 3　氯化橡胶系列涂料及其配套底漆技术指标

项目 涂料名称	技 术 指 标					
	涂层颜色及外观	黏度 （涂 – 4）（s）	密度 （g·m⁻³）	含固量 （%）	干燥时间（h）	
					表干	实干
氯化橡胶鳞片涂料	符合色泽	0.50 ± 0.15	1.2 ± 0.1	50 ± 5	≤2	≤8
氯化橡胶厚膜涂料	符合色泽 各色半光	—	1.2 ± 0.1	50 ± 5	≤2	≤8
氯化橡胶涂料	符合色泽 各色半光	—	1.25 ± 0.15	—	≤2	≤8

表 13 – 4　锈面涂料技术指标

涂料名称	涂层颜色及外观	黏度 （涂 – 4）（s）	含固量 （%）	干燥时间（h）	
				表干	实干
环氧稳定型锈面涂料	铁红色、半光	—	70 ~ 75	≤14	≤24
稳定型锈面涂料	红棕色	70 ~ 120	35 ~ 45	≤2	≤44
渗透型锈面涂料	红棕色、半光	50 ~ 0	40 ~ 45	≤4	≤24
转化型锈面涂料	红棕色、半光	50 ~ 80	40 ~ 50	≤4	≤24

13.1.2　聚氯乙烯塑料板防腐材料

1. 硬质聚氯乙烯板材

（1）包装。板面应有适当材料（如聚乙烯膜或纸）保护，包装方式由当事双方协商确定。

（2）外观。板面不能有明显的划伤、斑点、孔眼、气泡、水纹、异物等瑕疵，不能有其他在实际应用中不可接受的缺陷。除压花板外，板面应光滑。压花板面应有统一的花式。

（3）颜色。着色剂和颜料应均匀分散在原料中，板面及板间的色差应由当事双方协商确定。

（4）尺寸。

1）板材的长度和宽度由当事双方协商确定。对于随机抽取的一张板材，长度和宽度的极限偏差应符合表 13 – 5 的规定。

表 13 – 5　硬质聚氯乙烯板材长度和宽度的极限偏差（mm）

公称尺寸 l	长度、宽度极限偏差	
	层压板材	挤出板材
l ≤ 500	+4 0	+3 0
500 < l ≤ 1000		+4 0

续表 13－5

公称尺寸 l	长度、宽度极限偏差	
	层压板材	挤出板材
1000 < l ≤ 1500	+4 0	+5 0
1500 < l ≤ 2000		+6 0
2000 < l ≤ 4000		+7 0

2）直角度用对角线的差表示，对于随机抽取的一张板材，其极限偏差应符合表 13－6 的规定。

表 13－6　硬质聚氯乙烯板材直角度极限偏差（mm）

公称尺寸（长×宽）	极限偏差（两对角线的差）	
	层压板材	挤出板材
1800 × 910	5	7
2000 × 1000	5	7
2440 × 1220	7	9
3000 × 1500	8	11
4000 × 2500	13	17

表 13－6 规定的极限偏差是以板材的长度和宽度满足表 13－5 规定的极限偏差的前提下规定的。

3）厚度的极限偏差应符合表 13－7 中一般用途（T_1）或表 13－8 中特殊用途（T_2）的规定，由当事双方协商确定。

4）板材的基本力学性能、热性能及光学性能应符合表 13－9 的规定。

表 13－7　硬质聚氯乙烯板材厚度的极限偏差：一般用途（T_1）

厚度 d（mm）	极限偏差（%）	
	层压板材	挤出板材
1 ≤ d ≤ 5	±15	±13
5 < d ≤ 20	±10	±10
20 < d	±7	±7

注：压花板材厚度偏差由当事双方协商确定。

表 13－8　硬质聚氯乙烯板材厚度的极限偏差：特殊用途（T_2）

名　　称	极限偏差（mm）
层压板材	±（0.1 + 0.05 × 厚度）
挤出板材	±（0.1 + 0.03 × 厚度）

注：压花板材厚度偏差由当事双方协商确定。

表 13 – 9　硬质聚氯乙烯板材基本性能

性　能	单位	层 压 板 材					挤 出 板 材				
		第1类 一般用途级	第2类 透明级	第3类 高模量级	第4类 高抗冲级	第5类 耐热级	第1类 一般用途级	第2类 透明级	第3类 高模量级	第4类 高抗冲级	第5类 耐热级
拉伸屈服应力	MPa	≥50	≥45	≥60	≥45	≥50	≥50	≥45	≥60	≥45	≥50
拉伸断裂伸长率	%	≥5	≥5	≥8	≥10	≥8	≥8	≥5	≥3	≥8	≥10
拉伸弹性模量	MPa	≥2500	≥2500	≥3000	≥2000	≥2500	≥2500	≥2000	≥3200	≥2300	≥2500
缺口冲击强度（厚度小于4mm的板材不做缺口冲击强度）	kJ/m^2	≥2	≥1	≥2	≥10	≥2	≥2	≥1	≥2	≥5	≥2
维卡软化温度	℃	≥75	≥65	≥78	≥70	≥90	≥70	≥60	≥70	≥70	≥85
加热尺寸变化率	%	−3 ~ +3					厚度：1.0mm≤d≤2.0mm: −10 ~ +10；2.0mm<d≤5.0mm: −5 ~ +5；5.0mm<d≤10.0mm: −4 ~ +4；d>10.0mm: −4 ~ +4				
层积性（层间剥离力）		无气泡、破裂或剥落（分层剥离）					—				
总透光率（只适用于第2类）	%	厚度：d≤2.0mm: ≥82；2.0mm<d≤6.0mm: ≥78；6.0mm<d≤10.0mm: ≥75；d>10.0mm: —					—				

注：压花板材的基本性能由当事双方协商确定。

2．水玻璃类防腐蚀材料

1）钠水玻璃的质量应符合现行国家标准《工业硅酸钠》GB/T 4209—2008 及表 13 – 10的规定，其外观应为无色或略带色的透明或半透明黏稠液体。

表 13 – 10　钠水玻璃的质量

项　　目	指　　标
密度（20℃，g/cm³）	1.38 ~ 1.43
氧化钠（%）	≥10.20
二氧化硅（%）	≥25.70
模数	2.60 ~ 2.90

注：施工用钠水玻璃的密度（20℃，g/cm³）：用于胶泥，1.40 ~ 1.43；用于砂浆，1.40 ~ 1.42；用于混凝土，1.38 ~ 1.42。

2）钾水玻璃的质量应符合表 13 – 11 的规定，其外观应为白色或灰白色黏稠液体。

表 13 – 11　钾水玻璃的质量

项　　目	指　　标
密度（g/cm³）	1.40 ~ 1.46
模数	2.60 ~ 2.90
二氧化硅（%）	25.00 ~ 29.00
氧化钾（%）	>15
氧化钠（%）	<1

注：氧化钾、氧化钠含量宜按现行国家标准《水泥化学分析方法》GB/T 176—2008 的有关规定检测。

3）钠水玻璃固化剂为氟硅酸钠，其纯度不应小于 98%，含水率不应大于 1%，细度要求全部通过孔径 0.15mm 的方孔筛。当受潮结块时，应在不高于 100℃ 的温度下烘干并研细过筛后方可使用。

4）钾水玻璃的固化剂应为缩合磷酸铝，宜掺入钾水玻璃胶泥、砂浆、混凝土混合料内。

5）钠水玻璃材料的粉料、粗细骨料的质量应符合下列规定：

①粉料的耐酸度不应小于 95%，含水率不应大于 0.5%，细度要求 0.15mm 方孔筛筛余量不应大于 5%，0.075mm 方孔筛筛余量应为 10% ~ 30%。

②细骨料的耐酸度不应小于 95%，含水率不应大于 0.5%，并不得含有泥土。当细骨料采用天然砂时，含泥量不应大于 1%。钠水玻璃砂浆采用细骨料时，粒径不应大于 1.25mm。钠水玻璃混凝土用的细骨料的颗粒级配，应符合表 13 – 12 的规定。

表 13 – 12　钠水玻璃混凝土用细骨料的颗粒级配

方孔筛（mm）	4.75	1.18	0.30	0.15
累计筛余量（%）	0 ~ 10	20 ~ 55	70 ~ 95	95 ~ 100

③粗骨料的耐酸度不应小于 95% ，浸酸安定性应合格，含水率不应大于 0.5% ，吸水率不应大于 1.5% ，并不得含有泥土。粗骨料的最大粒径，不应大于结构最小尺寸的 1/4 ，粗骨料的颗粒级配，应符合表 13 – 13 的规定。

表 13 – 13　钠水玻璃混凝土用粗骨料的颗粒级配

方孔筛（mm）	最大粒径	1/2 最大粒径	4.75
累计筛余量（%）	0 ~ 5	30 ~ 60	90 ~ 100

6）钠水玻璃制成品的质量应符合表 13 – 14 的规定。

表 13 – 14　钠水玻璃制成品的质量

项　　目	密　实　型			普　通　型		
	胶泥	砂浆	混凝土	胶泥	砂浆	混凝土
初凝时间（min）	≥45	≥45	≥45	≥45	≥45	≥45
终凝时间（h）	≤12	≤12	≤12	≤12	≤12	≤12
抗压强度（MPa）	—	≥20.0	≥25.0	—	≥15.0	≥20.0
抗拉强度（MPa）	≥3.0	—	—	≥2.5	—	—
与耐酸砖黏结强度（MPa）	≥1.2	—	—	≥1.0	—	—
抗渗等级（MPa）	≥1.2	≥1.2	≥1.2	—	—	—
吸水率（%）	—	—	—	≤15.0	≤15.0	≤15.0
浸酸安定性	合格					

7）钾水玻璃胶泥、砂浆、混凝土混合料的质量应符合下列规定：

①钾水玻璃胶泥混合料的含水率不应大于 0.5% ，细度要求用 0.45mm 方孔筛筛余量不应大于 5% ， 0.15mm 方孔筛筛余量宜为 30% ~50% 。

②钾水玻璃砂浆混合料的含水率不应大于 0.5% ，细度宜符合表 13 – 15 的规定。

表 13 – 15　钾水玻璃砂浆混合料的细度

最大粒径（mm）	筛余量（%）	
	最大粒径的筛	0.15mm 的方孔筛
1.15	0 ~ 5	60 ~ 65
2.36	0 ~ 5	63 ~ 68
4.75	0 ~ 5	67 ~ 72

③钾水玻璃混凝土混合料的含水率不应大于 0.5% 。粗骨料的最大粒径不应大于结构截面最小尺寸的 1/4；用作整体地面面层时，不应大于面层厚度的 1/3 。

④钾水玻璃制成品的质量应符合表 13 – 16 的规定。

表 13 – 16　钾水玻璃制成品的质量

项　目		密　实　型			普　通　型		
		胶泥	砂浆	混凝土	胶泥	砂浆	混凝土
初凝时间（min）		≥45	—	—	≥45	—	—
终凝时间（h）		≤15	—	—	≤15	—	—
抗压强度（MPa）		—	≥25.0	≥25.0	—	≥20.0	≥20.0
抗拉强度（MPa）		≥3.0	≥3.0	—	≥2.5	≥2.5	—
与耐酸砖黏结强度（MPa）		≥1.2	≥1.2	—	≥1.2	≥1.2	—
抗渗等级（MPa）		≥1.2	≥1.2	≥1.2			
吸水率（%）		—			≤10.0		—
浸酸安定性		合格					
耐热极限温度（℃）	100 ~ 300	—			合格		
	301 ~ 900	—			合格		

注：1. 表中砂浆抗拉强度和黏结强度，仅用于最大粒径 1.18mm 的钾水玻璃砂浆；
　　2. 表中耐热极限温度，仅用于有耐热要求的防腐蚀工程。

13.2　建筑吸声材料

13.2.1　吸声材料

建筑工程中常用吸声材料有：石膏砂浆（掺有水泥、玻璃纤维）、水泥膨胀珍珠岩板、矿渣棉、超细玻璃棉、玻璃棉、沥青矿渣棉毡、泡沫玻璃、泡沫塑料、木丝板、软木板、穿孔纤维板、工业毛毡、地毯、帷幕等。其种类及使用情况见表 13 – 17。

表 13 – 17　吸声材料种类及使用情况

主　要　种　类		常用材料举例	使　用　情　况
纤维材料	有机纤维材料	动物纤维：毛毡	价格昂贵，使用较少
		植物纤维：麻绒、海草	防火防潮性能差，原料来源丰富
	无机纤维材料	玻璃纤维：中粗棉、超细棉、玻璃棉毡	吸声性能好，保温隔热，不自燃，防腐防潮，应用广泛
		矿渣棉：散棉、矿棉毡	吸声性能好，松散材料易自重下沉，施工扎手
	纤维材料制品	软质木纤维板、矿棉吸声板、岩棉吸声板、玻璃棉吸声板	装配式施工，多用于室内吸声装饰工程

续表 13 – 17

主 要 种 类		常用材料举例	使 用 情 况
颗粒材料	砌块	矿渣吸声砖、膨胀珍珠岩吸声砖、陶土吸声砖	多用于砌筑截面较大的消声器
	板材	膨胀珍珠岩吸声装饰板	质轻、不燃、保温、隔热、强度偏低
泡沫材料	泡沫塑料	聚氨酯及脲醛泡沫塑料	吸声性能不稳定，吸声系数使用前需实测
	其他	泡沫玻璃	强度高、防水、不燃、耐腐蚀，价格昂贵，使用较少
		加气混凝土	微孔不贯通，使用较少
		吸声剂	多用于不易施工的墙面等处

除采用多孔吸声材料吸声外，还可以将材料组成不同的吸声结构，以达到更好的吸声效果。常用的吸声结构形式有薄板共振吸声结构和穿孔板吸声结构。

薄板共振吸声结构系采用薄板钉牢在靠墙的木龙骨上，薄板与板后的空气层构成薄板共振吸声结构。

穿孔板吸声结构是用穿孔的纤维板、胶合板、金属板或石膏板等为结构主体，与板后的墙面之间的空气层（空气层中有时可填充多孔材料）构成吸声结构。该结构吸声的频带较宽，对中频的吸声能力最强。

13.2.2　隔声材料

能减弱或隔断声波传递的材料称为隔声材料。人们要隔绝的声音按其传播途径可分为空气声（由于空气的振动）和固体声（由于固体撞击或振动）两种。

对于隔绝空气传声，根据声学中的"质量定律"，墙或板传声的大小，主要取决于其单位面积质量，质量越大，越不易振动，则隔声效果越好，故对此必须选用密实、沉重的材料作为隔声材料。

隔绝撞击声的方法与隔绝空气声的方法是有区别的，因为在这种情况下，建筑构件（材料）本身成为声源而直接向四周传播声能。声波沿固体材料传播时声能衰减极少，因此对隔固体声最有效的措施是采用不连续的结构处理，即在墙壁和承重梁之间、房屋的框架和隔墙及楼板之间加弹性衬垫，如毛毡、软木、橡皮等材料，或在楼板上加弹性地毯。

参 考 文 献

[1] 全国水泥制品标准化技术委员会. GB 8077—2012 混凝土外加剂匀质性试验方法 [S]. 北京：中国标准出版社，2013.

[2] 全国墙体屋面及道路用建筑材料标准化技术委员会. GB/T 8239—2014 普通混凝土小型砌块 [S]. 北京：中国标准出版社，2014.

[3] 全国轻质与装饰装修建筑材料标准化技术委员会. GB/T 9776—2008 建筑石膏 [S]. 北京：中国标准出版社，2008.

[4] 全国建筑用玻璃标准化技术委员会. GB/T 11944—2012 中空玻璃 [S]. 北京：中国标准出版社，2013.

[5] 全国轻质与装饰装修建筑材料标准化技术委员会建筑防水材料分技术委员会. GB 12952—2011 聚氯乙烯（PVC）防水卷材 [S]. 北京：中国标准出版社，2012.

[6] 全国墙体屋面及道路用建筑材料标准化技术委员会. GB 13544—2011 烧结多孔砖和多孔砌块 [S]. 北京：中国标准出版社，2012.

[7] 全国墙体屋面及道路用建筑材料标准化技术委员会. GB/T 13545—2014 烧结空心砖和空心砌块 [S]. 北京：中国标准出版社，2015.

[8] 全国轻质与装饰装修建筑材料标准化技术委员会建筑防水材料分技术委员会. GB/T 19250—2013 聚氨酯防水涂料 [S]. 北京：中国标准出版社，2014.

[9] 中国建筑科学研究院. GB 50119—2013 混凝土外加剂应用技术规范 [S]. 北京：中国建筑工业出版社，2013.

[10] 中国工程建设标准化协会化工分会. GB 50212—2014 建筑防腐蚀工程施工规范 [S]. 北京：中国计划出版社，2015.

[11] 中国建筑材料联合会. JC/T 239—2014 蒸压粉煤灰砖 [S]. 北京：中国建材工业出版社，2015.

[12] 中国建设教育协会，苏州二建建筑集团有限公司. JGJ/T 250—2011 建筑与市政工程施工现场专业人员职业标准 [S]. 北京：中国建筑工业出版社，2012.

[13] 中国建筑材料联合会. JC/T 479—2013 建筑生石灰 [S]. 北京：中国建材工业出版社，2013.

[14] 陕西省建筑科学研究院，浙江八达建设集团有限公司. JGJ/T 98—2010 砌筑砂浆配合比设计规程 [S]. 北京：中国建筑工业出版社，2010.

[15] 住房和城乡建设部建筑制品与构配件标准化技术委员会. JG/T 158—2013 胶粉聚苯颗粒外墙外保温系统材料 [S]. 北京：中国标准出版社，2013.

[16] 高少霞. 材料员必知要点 [M]. 北京：化学工业出版社，2014.

[17] 刘斌. 材料员 [M]. 北京：中国建筑工业出版社，2014.